安徽省高等学校“十三五”省级规划教材

对口招生大学系列

规划教材

经济应用数学

（二）

线性代数

主　编◎宁　群

副主编◎梅　红　郭竹梅　王　娟

编　委◎（按姓氏笔画排序）

王　娟　宁　群　郭竹梅

梅　红

北京师范大学出版集团

BEIJING NORMAL UNIVERSITY PUBLISHING GROUP

安徽大学出版社

图书在版编目(CIP)数据

经济应用数学．二，线性代数/宁群主编．—合肥：安徽大学出版社，2019.9

对口招生大学系列规划教材

ISBN 978-7-5664-1938-5

Ⅰ.①经… Ⅱ.①宁… Ⅲ.①经济数学－高等学校－教材②线性代数－高等学校－教材 Ⅳ.①F224.0②O151.2

中国版本图书馆 CIP 数据核字(2019)第 215094 号

经济应用数学(二)　线性代数　　　宁　群 主编

出版发行：北京师范大学出版集团
安 徽 大 学 出 版 社
（安徽省合肥市肥西路 3 号 邮编 230039）
www.bnupg.com.cn
www.ahupress.com.cn

印　　刷：合肥现代印务有限公司
经　　销：全国新华书店
开　　本：170mm×240mm
印　　张：14.75
字　　数：310 千字
版　　次：2019 年 9 月第 1 版
印　　次：2019 年 9 月第 1 次印刷
定　　价：39.00 元
ISBN 978-7-5664-1938-5

策划编辑：刘中飞　杨　洁　张明举　　**装帧设计**：李　军
责任编辑：张明举　　**美术编辑**：李　军
责任印制：赵明炎

编审委员会名单

（按姓氏笔画排序）

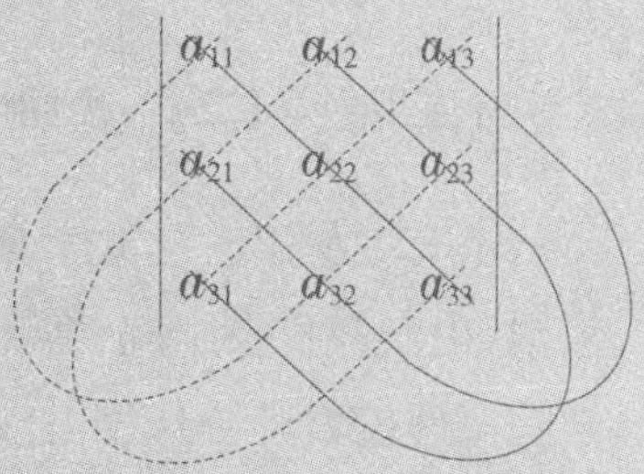

总 序

2014 年 6 月，国务院印发《国务院关于加快发展现代职业教育的决定》，提出引导一批普通本科高校向应用技术型高校转型，并明确了地方院校要“重点举办本科职业教育”. 2019 年中共中央、国务院印发《中国教育现代化 2035》，明确提出推进中等职业教育和普通高中教育协调发展，持续推动地方本科高等学校转型发展. 地方本科院校转型发展，培养应用型人才，是国家对高等教育作出的战略调整，是我国本世纪中叶以前完成优良人力资源积累并实现跨越式发展的重大举措.

安徽省应用型本科高校面向中职毕业生对口招生已经实施多年. 在培养对口招生本科生过程中，各高校普遍感到这类学生具有明显不同于“普高生”的特点，学校必须改革原有的针对“普高生”的培养模式，特别是课程体系. 2017 年 12 月，由安徽省教育厅指导、安徽省应用型本科高校联盟主办的对口招生专业通识教育课程教学改革研讨会在安徽科技学院举行，会议围绕对口招生专业大学英语、高等数学课程教学改革、课程标准研制、教材建设等议题，开展专题报告和深入研讨. 会议决定，由安徽科技学院、宿州学院牵头，联盟各高校协作，研制出台对口招生专业高等数学课程标准，且组织对口招生专业高等数学课程教材的编写工作，并成立对口招生专业高等数学教材编审委员会.

本套教材以大学数学教指委颁布的最新高等数学课程教学基本要求为依据,由安徽科技学院、宿州学院、巢湖学院、阜阳师范大学、蚌埠学院、黄山学院等高校教师协作编写.本套教材共6册,包括《工程应用数学(一) 微积分》《工程应用数学(二) 线性代数》《工程应用数学(三) 概率论与数理统计》《经济应用数学(一) 微积分》《经济应用数学(二) 线性代数》和《经济应用数学(三) 概率论与数理统计》.2018年,本套教材通过安徽省应用型本科高校联盟对口招生专业高等数学教材编审委员会的立项与审定,且被安徽省教育厅评为安徽省高等学校"十三五"省级规划教材(项目名称:应用数学,项目编号:2017ghjc177)(皖教秘高〔2018〕43号).

本套教材按照本科教学要求,参照中职数学教学知识点,注重中职教育与本科教育的衔接,结合对口招生本科生的基本素质、学习习惯与信息化教学趋势,编写老师充分吸收国内现有的工程类应用数学以及经济管理类应用数学教材的长处,对传统的教学内容和结构进行了整合.本套教材具有如下特色:

1.注重数学素养的养成.本套教材体现了几何观念与代数方法之间的联系,从具体概念抽象出公理化的方法以及严谨的逻辑推证、巧妙的归纳综合等,对于强化学生的数学训练,培养学生的逻辑推理和抽象思维能力、空间直观和想象能力,以及对数学素养的养成等方面具有重要的作用.

2.注重基本概念的把握.为了帮助学生理解学习,编者力求从一些比较简单的实际问题出发,引出基本概念.在教学理念上不强调严密论证与研究过程,而要求学生理解基本概念并加以应用.

3.注重运算能力的训练.本套教材剔除了一些单纯技巧性和难度较大的习题,配有较大比例的计算题,目的是让学生在理解基本概念的基础上掌握一些解题方法,熟悉计算过程,从而提高运算能力.

4.注重应用能力的培养.每章内容都有相关知识点的实际应用题,以培养学生应用数学方法解决实际问题的意识,掌握解决问题的方法,提高解决问题的能力.

5.注重学习兴趣的激发.例题和习题注意与专业背景相结合,增添实用性和趣味性的应用案例.每章内容后面都有相关的数学文化拓展阅读,一方面是对所学知识进行补充,另一方面是提高学生的学习兴趣.

本套教材适用于对口招生本科层次的学生，可以作为应用型本、专科学生的教学用书，亦可供工程技术以及经济管理人员参考选用.

安徽省应用型本科高校联盟 2009 年就出台了《高校联盟教学资源共建共享若干意见》，安徽省教育厅李和平厅长多次强调"要解决好课程建设与培养目标适切性问题，要加强应用型课程建设"，储常连副厅长反复要求向应用型转型要落实到课程层面. 这套教材的面世，是安徽省应用型本科高校联盟落实安徽省教育厅要求，深化转型发展的具体行动，也是安徽省应用型本科高校联盟的物化成果之一.

针对培养对口招生本科人才，编写教材还是首次尝试，不尽如人意之处在所难免，但有安徽省应用型本科高校联盟的支持，有联盟高校共建共享的机制，只要联盟高校在使用中及时总结，不断完善，一定能将这套教材打造成为应用型教材的精品.

编审委员会

2019 年 3 月

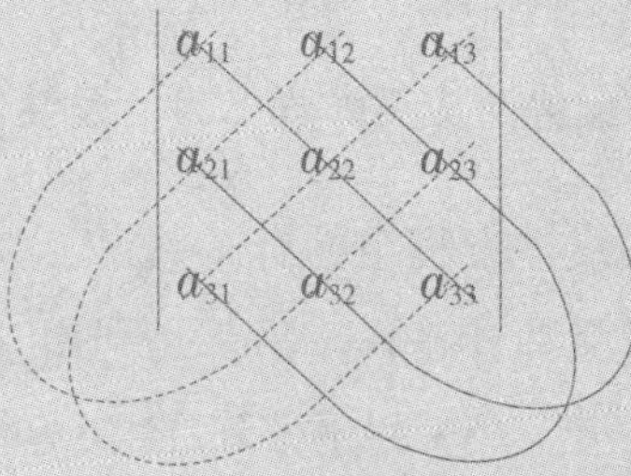

前　言

“线性代数”是经管类专业的一门专业基础课程.它是在矩阵、行列式、向量空间等工具的基础上,讨论线性方程组解的存在性及其表示方法.

本书包括3章内容:第1章利用两个“引例”,采用“开门见山”的方式引入矩阵,讨论矩阵的运算,并利用矩阵的“初等行变换”给出可逆矩阵的判断和逆矩阵的求法;利用“初等行变换”定义方阵的行列式,讨论行列式的性质及其展开定理;第2章利用线性方程组的表示,引入n维向量,讨论向量组的线性相关性和向量组的秩,并利用向量组的性质,给出一般线性方程组有解的判定和解的表示;第3章主要讨论了矩阵的相似与合同关系,给出了矩阵可对角化的充要条件和相似变换矩阵的求法,讨论了实对称矩阵正交相似于对角阵的标准形和正交相似变换矩阵的求法.

本书是为中等职业院校对口升入本科的学生而专门撰写的线性代数教材,编者在线性代数知识体系的构建上,作了一些尝试.具体有以下特色:

(1) 淡化线性代数理论知识体系,强化问题求解的方法.通过对“示例”求解过程的具体“描述与总结”,获得形式上严谨的知识体系.

(2) 把“初等变换”作为线性代数的基本算法.矩阵的求逆、

线性方程组的有解判定、向量组的线性相关性的判断、秩的求法、行列式的定义和计算，等等，都是利用“初等变换”进行讨论的.

(3) 利用方阵在“初等行变换”下化得的三角形定义行列式.将行列式的定义与计算实现统一.

(4) 精简了传统线性代数课程内容.将传统的线性代数知识，精简为“矩阵及其运算”“线性方程组与 m 维向量空间”“矩阵的相似与合同”3 章内容.

这些尝试体现了编者对线性代数的知识体系和蕴含在其中的数学思想方法的理解.由于编者水平的有限，这些尝试可能没有完全达到预期的目的，但尝试着去革新传统的线性代数知识体系，总是有益的.本书难免有错、漏、不足之处，敬请读者批评指正.本书由宿州学院宁群担任主编，由蚌埠学院梅红、安徽科技学院郭竹梅、安徽三联学院王娟担任副主编.

本书编写过程中，参阅了大量的相关文献，编者在此表示感谢!

编 者

2019 年 8 月

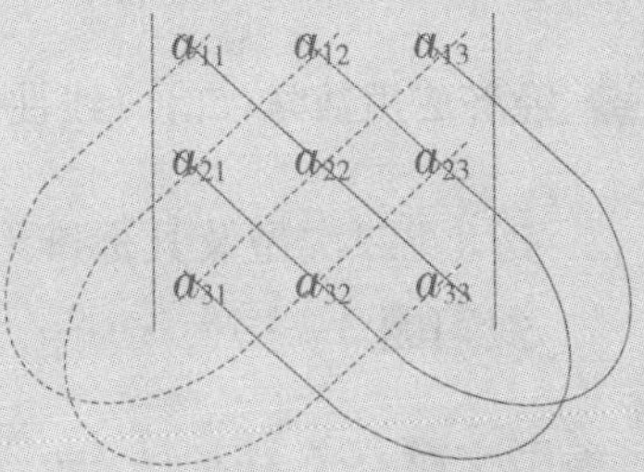

目 录

第1章 矩阵及其运算

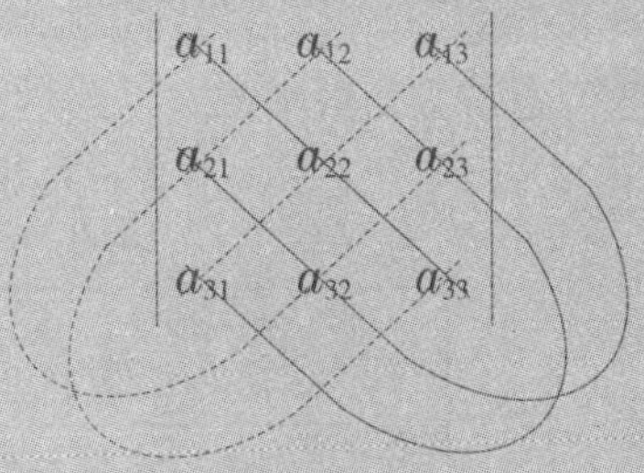

§1.1 矩阵的概念

例 1.1.1 安徽省是我国重要的煤炭生产基地之一，境内淮南、淮北、皖北三大矿业集团公司煤炭年生产能力均达亿吨.其生产的焦煤和动力煤除销售到安徽外，还销售到上海、江苏、浙江等地.

表 1.1.1 是淮南、淮北、皖北三大集团公司 2018 年度分别销售到安徽、上海、浙江、江苏的焦煤销售量表.

表 1.1.1 焦煤销售量表(单位:万吨)

销地 / 产地	安徽	上海	浙江	江苏
淮南	110	90	60	70
淮北	120	80	50	80
皖北	100	70	40	60

表 1.1.2 是淮南、淮北、皖北三大集团公司 2018 年度分别销售到安徽、上海、浙江、江苏的动力煤销售量表.

表 1.1.2 动力煤销售量表(单位:万吨)

销地 产地	安徽	上海	浙江	江苏
淮南	230	420	200	260
淮北	250	360	260	380
皖北	110	230	300	140

表 1.1.3 是淮南、淮北、皖北三大集团公司 2018 年度分别销售到安徽、上海、浙江、江苏的焦煤销售价格表.

表 1.1.3 焦煤销售价格表(单位:万元/万吨)

产地 销地	淮南	淮北	皖北
安徽	1330	1325	1340
上海	1350	1355	1353
浙江	1360	1362	1361
江苏	1345	1346	1348

表 1.1.4 是淮南、淮北、皖北三大集团公司 2018 年度分别销售到安徽、上海、浙江、江苏的动力煤销售价格表.

表 1.1.4 动力煤销售价格表(单位:万元/万吨)

产地 销地	淮南	淮北	皖北
安徽	680	685	680
上海	700	695	705
浙江	715	710	712
江苏	690	685	690

表 1.1.1—1.1.4 都是矩形的数表,可以简单地用数的表格表示.

数表 1

$$\begin{pmatrix} 110 & 90 & 60 & 70 \\ 120 & 80 & 50 & 80 \\ 100 & 70 & 40 & 60 \end{pmatrix}$$

数表 2

$$\begin{pmatrix} 230 & 420 & 200 & 260 \\ 250 & 360 & 260 & 380 \\ 110 & 230 & 300 & 140 \end{pmatrix}$$

数表 3

$$\begin{pmatrix} 1330 & 1325 & 1340 \\ 1350 & 1355 & 1353 \\ 1360 & 1362 & 1361 \\ 1345 & 1346 & 1348 \end{pmatrix}$$

数表 4

$$\begin{pmatrix} 680 & 685 & 680 \\ 700 & 695 & 705 \\ 715 & 710 & 712 \\ 690 & 685 & 690 \end{pmatrix}$$

数表 1、数表 2、数表 3、数表 4 分别记为 $\boldsymbol{A}$、$\boldsymbol{B}$、$\boldsymbol{C}$、$\boldsymbol{D}$，即

$$\boldsymbol{A}=\begin{pmatrix} 110 & 90 & 60 & 70 \\ 120 & 80 & 50 & 80 \\ 100 & 70 & 40 & 60 \end{pmatrix}, \quad \boldsymbol{B}=\begin{pmatrix} 230 & 420 & 200 & 260 \\ 250 & 360 & 260 & 380 \\ 110 & 230 & 300 & 140 \end{pmatrix},$$

$$\boldsymbol{C}=\begin{pmatrix} 1330 & 1325 & 1340 \\ 1350 & 1355 & 1353 \\ 1360 & 1362 & 1361 \\ 1345 & 1346 & 1348 \end{pmatrix}, \quad \boldsymbol{D}=\begin{pmatrix} 680 & 685 & 680 \\ 700 & 695 & 705 \\ 715 & 710 & 712 \\ 690 & 685 & 690 \end{pmatrix}.$$

$\boldsymbol{A}$ 和 $\boldsymbol{B}$ 都是由 12 个数字排成的 3 行 4 列的数表，是 3 行 4 列的矩阵，也称为 3×4 矩阵.

$\boldsymbol{C}$ 和 $\boldsymbol{D}$ 都是由 12 个数字排成的 4 行 3 列的数表，是 4 行 3 列的矩阵，也称为 4×3 矩阵.

$\boldsymbol{A}$ 的第 1 行 4 个数字分别是淮南矿业集团公司销售到安徽、上海、浙江、江苏的焦煤销量，第 2 行 4 个数字分别是淮北矿业集团公司销售到安徽、上海、浙江、江苏的焦煤销量，第 3 行 4 个数字分别是皖北矿业集团公司销售到安徽、上海、浙江、江苏的焦煤销量.

$\boldsymbol{B}$ 的第 1 行 4 个数字分别是淮南矿业集团公司销售到安徽、上海、浙江、江苏的动力煤销量，第 2 行 4 个数字分别是淮北矿业集团公司销售到安徽、上海、浙江、江苏的动力煤销量，第 3 行 4 个数字分别是皖北矿业集团公司销售到安徽、上海、浙江、江苏的动力煤销量.

将 $\boldsymbol{A}$ 与 $\boldsymbol{B}$ 进行“叠加”，得到另一个 3 行 4 列的矩阵，记作 $\boldsymbol{E}$. 即

$$E=\begin{pmatrix}110+230 & 90+420 & 60+200 & 70+260\\120+250 & 80+360 & 50+260 & 80+380\\100+110 & 70+230 & 40+300 & 60+140\end{pmatrix}$$

也就是将表 1.1.1 和表 1.1.2 叠加,即

表 1.1.5 表 1.1.1 和表 1.1.2 叠加

产地 \ 销地	安徽	上海	浙江	江苏
淮南	110+230	90+420	60+200	70+260
淮北	120+250	80+360	50+260	80+380
皖北	100+110	70+230	40+300	60+140

得到表 1.1.6.

表 1.1.6 煤炭总销售量表(单位:万吨)

产地 \ 销地	安徽	上海	浙江	江苏
淮南	340	510	260	330
淮北	370	440	310	460
皖北	210	300	340	200

表 1.1.6 是三大集团公司销售焦煤和动力煤分别到安徽、上海、浙江、江苏的总量汇总,用一个 3×4 矩阵表示,即为

$$E=\begin{pmatrix}340 & 510 & 260 & 330\\370 & 440 & 310 & 460\\210 & 300 & 340 & 200\end{pmatrix}$$

矩阵 $\boldsymbol{E}$ 是矩阵 $\boldsymbol{A}$ 和矩阵 $\boldsymbol{B}$ 的"和",记作 $\boldsymbol{E}=\boldsymbol{A}+\boldsymbol{B}$. 即

$$A+B=\begin{pmatrix}110 & 90 & 60 & 70\\120 & 80 & 50 & 80\\100 & 70 & 40 & 60\end{pmatrix}+\begin{pmatrix}230 & 420 & 200 & 260\\250 & 360 & 260 & 380\\110 & 230 & 300 & 140\end{pmatrix}$$

$$=\begin{pmatrix}340 & 510 & 260 & 330\\370 & 440 & 310 & 460\\210 & 300 & 340 & 200\end{pmatrix}.$$

煤炭的销售量与销售价格相乘，即得销售收入. 为了计算淮南矿业集团公司销售焦煤的总收入，需要取矩阵 $\boldsymbol{A}$ 的第一行的四个数字 $(110\quad 90\quad 60\quad 70)$，矩阵 $\boldsymbol{C}$ 的第一列的四个数字 $\begin{pmatrix}1330\\1350\\1360\\1345\end{pmatrix}$，将其对应相乘并相加，即

淮南矿业销售焦煤总收入

＝安徽销量×安徽价格＋上海销量×上海价格

＋浙江销量×浙江价格＋江苏销量×江苏价格

$=110\times1330+90\times1350+60\times1360+70\times1345$

$=443550$(万元)

即淮南矿业集团公司销售焦煤的总收入为 443550 万元.

类似地，可以计算得到

淮北矿业销售焦煤总收入

$=120\times1325+80\times1355+50\times1362+80\times1346$

$=443180$(万元)

皖北矿业销售焦煤总收入

$=100\times1340+70\times1353+40\times1361+60\times1348$

$=364030$(万元)

按照上述法则，取矩阵 $\boldsymbol{A}$ 的行，取矩阵 $\boldsymbol{C}$ 的列，并将其对应位置的数相乘并相加得到 9 个新的数，即

$\boldsymbol{A}$ 的第 1 行 $\boldsymbol{C}$ 的第 1 列确定的数

$$=(110\quad 90\quad 60\quad 70)\begin{pmatrix}1330\\1350\\1360\\1345\end{pmatrix}$$

$$=110\times1330+90\times1350+60\times1360+70\times1345=443550,$$

$\boldsymbol{A}$ 的第 1 行 $\boldsymbol{C}$ 的第 2 列确定的数

$$=(110\quad 90\quad 60\quad 70)\begin{pmatrix}1325\\1355\\1362\\1346\end{pmatrix}$$

$$=110\times1325+90\times1355+60\times1362+70\times1346=443640,$$

$\boldsymbol{A}$ 的第 1 行 $\boldsymbol{C}$ 的第 3 列确定的数

$$=(110\quad 90\quad 60\quad 70)\begin{pmatrix}1340\\1353\\1361\\1348\end{pmatrix}$$

$$=110\times1340+90\times1353+60\times1361+70\times1348=445190,$$

$\boldsymbol{A}$ 的第 2 行 $\boldsymbol{C}$ 的第 1 列确定的数

$$=(120\quad 80\quad 50\quad 80)\begin{pmatrix}1330\\1350\\1360\\1345\end{pmatrix}$$

$$=120\times1330+80\times1350+50\times1360+80\times1345=443200,$$

$\boldsymbol{A}$ 的第 2 行 $\boldsymbol{C}$ 的第 2 列确定的数

$$=(120\quad 80\quad 50\quad 80)\begin{pmatrix}1325\\1355\\1362\\1346\end{pmatrix}$$

$$=120\times1325+80\times1355+50\times1362+80\times1346=443180,$$

$\boldsymbol{A}$ 的第 2 行 $\boldsymbol{C}$ 的第 3 列确定的数

$$=(120\quad 80\quad 50\quad 80)\begin{pmatrix}1340\\1353\\1361\\1348\end{pmatrix}$$

$$=120\times1340+80\times1353+50\times1361+80\times1348=444930,$$

A 的第 3 行 **C** 的第 1 列确定的数

$$=(100\quad 70\quad 40\quad 60)\begin{pmatrix}1330\\1350\\1360\\1345\end{pmatrix}$$

$$=100\times1330+70\times1350+40\times1360+60\times1345=362600,$$

A 的第 3 行 **C** 的第 2 列确定的数

$$=(100\quad 70\quad 40\quad 60)\begin{pmatrix}1325\\1355\\1362\\1346\end{pmatrix}$$

$$=100\times1325+70\times1355+40\times1362+60\times1346=362590,$$

A 的第 3 行 **C** 的第 3 列确定的数

$$=(100\quad 70\quad 40\quad 60)\begin{pmatrix}1340\\1353\\1361\\1348\end{pmatrix}$$

$$=100\times1340+70\times1353+40\times1361+60\times1348=364030,$$

按照 **A** 的行、**C** 的列所确定的位置，排列组成一个数表，也就是一个 3 行 3 列的矩阵，记为 **F**，即

$$\boldsymbol{F}=\begin{pmatrix}\boldsymbol{A}\text{的第1行}\boldsymbol{C}\text{的第1列确定的数} & \boldsymbol{A}\text{的第1行}\boldsymbol{C}\text{的第2列确定的数} & \boldsymbol{A}\text{的第1行}\boldsymbol{C}\text{的第3列确定的数}\\ \boldsymbol{A}\text{的第2行}\boldsymbol{C}\text{的第1列确定的数} & \boldsymbol{A}\text{的第2行}\boldsymbol{C}\text{的第2列确定的数} & \boldsymbol{A}\text{的第2行}\boldsymbol{C}\text{的第3列确定的数}\\ \boldsymbol{A}\text{的第3行}\boldsymbol{C}\text{的第1列确定的数} & \boldsymbol{A}\text{的第3行}\boldsymbol{C}\text{的第2列确定的数} & \boldsymbol{A}\text{的第3行}\boldsymbol{C}\text{的第3列确定的数}\end{pmatrix}$$

$$=\begin{pmatrix}443550 & 443640 & 445190\\443200 & 443180 & 4444930\\362600 & 362590 & 364030\end{pmatrix}.$$

矩阵 **F** 完全由矩阵 **A** 和矩阵 **C** 按照给定的"法则"所确定，称这种"法则"为矩阵的乘法. 称 **F** 是矩阵 **A** 与 **C** 的"积"，记作 **F**=**AC**. 即

$$AC=\begin{pmatrix}110&90&60&70\\120&80&50&80\\100&70&40&60\end{pmatrix}\begin{pmatrix}1330&1325&1340\\1350&1355&1353\\1360&1362&1361\\1345&1346&1348\end{pmatrix}$$

$$=\begin{pmatrix}443550&443640&445190\\443200&443180&444930\\362600&362590&364030\end{pmatrix}.$$

类似地,计算矩阵 $\boldsymbol{B}$ 与 $\boldsymbol{D}$ 的乘积

$$BD=\begin{pmatrix}230&420&200&260\\250&360&260&380\\110&230&300&140\end{pmatrix}\begin{pmatrix}680&685&680\\700&695&705\\715&710&712\\690&685&690\end{pmatrix}$$

$$=\begin{pmatrix}772800&769550&774300\\870100&866350&871120\\546900&544100&547150\end{pmatrix},$$

矩阵 $\boldsymbol{BD}$ 的 9 个数中有 3 个是有实际意义的.

位置在第 1 行第 1 列的数是由 $\boldsymbol{B}$ 的第 1 行与 $\boldsymbol{D}$ 的第 1 列,按照"对应位置的数相乘并相加"的运算法则运算所得,是淮南矿业集团公司销售动力煤的总收入,即

$$(230\quad 420\quad 200\quad 260)\begin{pmatrix}680\\700\\715\\690\end{pmatrix}=772800,$$

淮南矿业集团公司销售动力煤的总收入为 772800 万元.

类似地,淮北矿业集团公司销售动力煤的总收入为 866350 万元($\boldsymbol{BD}$ 中位置在第 2 行第 2 列的数),皖北矿业集团公司销售动力煤的总收入为 547150 万元($\boldsymbol{BD}$ 中位置在第 3 行第 3 列的数).

例 1.1.2 某股份公司在生产过程中生产四种产品的生产成本以及在各季度的产量分别由表 1.1.7 和表 1.1.8 给出.

表 1.1.7　产品生产成本(单位:万元/吨)

消耗＼产品	A	B	C	D
原材料	0.5	0.8	0.7	0.65
劳动力	0.8	1.05	0.9	0.85
经营管理	0.3	0.6	0.7	0.5

表 1.1.8　各季度产量(单位:吨)

产品＼季度	春	夏	秋	冬
A	9000	10500	11000	8500
B	6500	6000	5500	7000
C	10500	9500	9500	10000
D	8500	9500	9000	8500

在年度股东大会上,公司总裁准备用一个简单的数表向股东们介绍所有产品在各季度的各项生产成本、各季度的总成本以及全年各项的总成本.

假设你就是这个公司的“总裁”,你如何制作这个表格?

解　表 1.1.7 是 12 个数组成的 3 行 4 列的数表,记为矩阵 $\boldsymbol{M}$,即

$$\boldsymbol{M}=\begin{pmatrix}0.5 & 0.8 & 0.7 & 0.65\\ 0.8 & 1.05 & 0.9 & 0.85\\ 0.3 & 0.6 & 0.7 & 0.5\end{pmatrix},$$

$\boldsymbol{M}$ 的第 1 行的 4 个数$(0.5\quad 0.8\quad 0.7\quad 0.65)$,自左至右分别是产品 A、B、C、D 的原材料的单位成本;

$\boldsymbol{M}$ 的第 2 行的 4 个数$(0.8\quad 1.05\quad 0.9\quad 0.85)$,自左至右分别是产品 A、B、C、D 的劳动力的单位成本;

$\boldsymbol{M}$ 的第 3 行的 4 个数$(0.3\quad 0.6\quad 0.7\quad 0.5)$,自左至右分别是产品 A、B、C、D 的经营管理的单位成本.

表 1.1.8 是 16 个数组成的 4 行 4 列的数表,记为矩阵 $\boldsymbol{N}$,即

$$\boldsymbol{N}=\begin{pmatrix} 9000 & 10500 & 11000 & 8500 \\ 6500 & 6000 & 5500 & 7000 \\ 10500 & 9500 & 9500 & 10000 \\ 8500 & 9500 & 9000 & 8500 \end{pmatrix},$$

$\boldsymbol{N}$ 的第 1 列 4 个数 $\begin{pmatrix} 9000 \\ 6500 \\ 10500 \\ 8500 \end{pmatrix}$,自上至下分别是春季产品 A、B、C、D 的产量;$\boldsymbol{N}$ 的第 2 列 4 个数 $\begin{pmatrix} 10500 \\ 6000 \\ 9500 \\ 9500 \end{pmatrix}$,自上至下分别是夏季产品 A、B、C、D 的产量;$\boldsymbol{N}$ 的第 3 列 4 个数 $\begin{pmatrix} 11000 \\ 5500 \\ 9500 \\ 9000 \end{pmatrix}$,自上至下分别是秋季产品 A、B、C、D 的产量;$\boldsymbol{N}$ 的第 4 列 4 个数 $\begin{pmatrix} 8500 \\ 7000 \\ 10000 \\ 8500 \end{pmatrix}$,自上至下分别是冬季产品 A、B、C、D 的产量.

$\boldsymbol{M}$ 的第 1 行与 $\boldsymbol{N}$ 的第 1 列"对应位置的数相乘并相加"即为春季原材料的"总成本",即

$$(0.5 \quad 0.8 \quad 0.7 \quad 0.65)\begin{pmatrix} 9000 \\ 6500 \\ 10500 \\ 8500 \end{pmatrix}$$

$$=0.5\times9000+0.8\times6500+0.7\times10500+0.65\times8500=22575.$$

春季原材料总成本为 22575 万元.

按照 $\boldsymbol{M}$ 的行、$\boldsymbol{N}$ 的列"对应位置的数相乘并相加"法则,作矩阵的乘积,即

$$K=MN=\begin{pmatrix}0.5 & 0.8 & 0.7 & 0.65\\0.8 & 1.05 & 0.9 & 0.85\\0.3 & 0.6 & 0.7 & 0.5\end{pmatrix}\begin{pmatrix}9000 & 10500 & 11000 & 8500\\6500 & 6000 & 5500 & 7000\\10500 & 9500 & 9500 & 10000\\8500 & 9500 & 9000 & 8500\end{pmatrix}$$

$$=\begin{pmatrix}22575 & 22875 & 22400 & 22375\\30700 & 31325 & 30775 & 30375\\18200 & 18150 & 17750 & 18000\end{pmatrix}.$$

$\boldsymbol{K}$ 的第 1 行的 4 个数(22575　22875　22400　22375),自左至右分别是春、夏、秋、冬季原材料的总成本;$\boldsymbol{K}$ 的第 2 行的 4 个数(30700　31325　30775　30375),自左至右分别是春、夏、秋、冬季劳动力的总成本;$\boldsymbol{K}$ 的第 3 行的 4 个数(18200　18150　17750　18000),自左至右分别是春、夏、秋、冬季经营管理的总成本(万元).

$\boldsymbol{K}$ 的第 1 列的 3 个数 $\begin{pmatrix}22575\\30700\\18200\end{pmatrix}$,自上至下分别是春季原材料、劳动力、经营管理的总成本;$\boldsymbol{K}$ 的第 2 列的 3 个数 $\begin{pmatrix}22875\\31325\\18150\end{pmatrix}$,自上至下分别是夏季原材料、劳动力、经营管理的总成本;$\boldsymbol{K}$ 的第 3 列的 3 个数 $\begin{pmatrix}22400\\30775\\17750\end{pmatrix}$,自上至下分别是秋季原材料、劳动力、经营管理的总成本;$\boldsymbol{K}$ 的第 4 列的 3 个数 $\begin{pmatrix}22375\\30375\\18000\end{pmatrix}$,自上至下分别是冬季原材料、劳动力、经营管理的总成本.

$\boldsymbol{K}$ 的各行(第 1、2、3 行)的 4 个数之和,分别是原材料、劳动力、经营管理的总成本. 按"对应位置的数相乘并相加"的矩阵"乘法"法则,计算矩阵 $\boldsymbol{K}$ 与 $\boldsymbol{L}=\begin{pmatrix}1\\1\\1\\1\end{pmatrix}$ 的乘积,即得矩阵 $\boldsymbol{K}$ 各行的 4 个数的和. 即

$$
\boldsymbol{KL}=\begin{pmatrix}22575 & 22875 & 22400 & 22375\\ 30700 & 31325 & 30775 & 30375\\ 18200 & 18150 & 17750 & 18000\end{pmatrix}\begin{pmatrix}1\\1\\1\\1\end{pmatrix}
$$

$$
=\begin{pmatrix}22575\times1+22875\times1+22400\times1+22375\times1\\ 30700\times1+31325\times1+30775\times1+30375\times1\\ 18200\times1+18150\times1+17750\times1+18000\times1\end{pmatrix}=\begin{pmatrix}90225\\123175\\72100\end{pmatrix},
$$

即原材料、劳动力、经营管理的总成本分别是 90225 万元、123175 万元、72100 万元.

$\boldsymbol{K}$ 的各列(第 1、2、3、4 列)的 3 个数之和，分别是春、夏、秋、冬季的总成本. 按“对应位置的数相乘并相加”的矩阵“乘法”法则，计算矩阵 $\boldsymbol{G}=(1\quad 1\quad 1)$ 与 $\boldsymbol{K}$ 的乘积，即得矩阵 $\boldsymbol{K}$ 的各列的 3 个数的和. 即

$$
\boldsymbol{GK}=(1\quad 1\quad 1)\begin{pmatrix}22575 & 22875 & 22400 & 22375\\ 30700 & 31325 & 30775 & 30375\\ 18200 & 18150 & 17750 & 18000\end{pmatrix}
$$

$$
=(71475\quad 72350\quad 70925\quad 70750),
$$

即春、夏、秋、冬季的总成本分别是 71475 万元、72350 万元、70925 万元、70750 万元.

计算 $\boldsymbol{G}$ 与 $\boldsymbol{KL}$ 的乘积，即得公司的总成本. 即

$$
\text{总成本}=\boldsymbol{G}(\boldsymbol{KL})=(1\quad 1\quad 1)\begin{pmatrix}90225\\123175\\72100\end{pmatrix}
$$

$$
=1\times90225+1\times123175+1\times72100=285500.
$$

将计算所得数绘制成表 1.1.9.

表 1.1.9 成本汇总(单位:万元)

	春	夏	秋	冬	全年
原材料	22575	22875	22400	22375	90225
劳动力	30700	31325	30775	30375	123175
经营管理	18200	18150	17750	18000	721000
总成本	71475	72350	70925	70750	285500

表 1.1.9 直观地反映了股份公司全年消耗成本的总体情况.

加减消元法解线性方程组是中学阶段已经熟知的内容.

例 1.1.3 用加减消元法解关于 x,y,z 的线性方程组

$$\begin{cases} x+y+z=3, \\ x+2y+3z=6, \\ 2x+y-z=2. \end{cases}$$

解 $\begin{cases} x+y+z=3, & ① \\ x+2y+3z=6, & ② \\ 2x+y-z=2. & ③ \end{cases}$ 方程①的(-1)倍加到方程②，方程①的(-2)倍加到方程③，

得 $\begin{cases} x+y+z=3, & ① \\ y+2z=3, & ④ \\ -y-3z=-4, & ⑤ \end{cases}$ 方程④加到方程⑤，

得 $\begin{cases} x+y+z=3, & ① \\ y+2z=3, & ④ \\ -z=-1, & ⑥ \end{cases}$ 方程⑥的(2)倍加到方程④，方程⑥加到方程①，方程⑥乘以(-1)，

得 $\begin{cases} x+y=2, & ⑧ \\ y=1, & ⑦ \\ z=1, \end{cases}$ 方程⑦的(-1)倍加到方程⑧，

得方程组的解 $\begin{cases} x=1, \\ y=1, \\ z=1. \end{cases}$

加减消元法解线性方程组的过程中，参与运算的仅仅是未知量的系数和常数项. 因而，可以缺省未知量符号、运算符号、等号，仅用“位置”和“系数”来表示线性方程组.

用 3×4 矩阵$\overline{\mathbf{A}}=\begin{pmatrix} 1 & 1 & 1 & 3 \\ 1 & 2 & 3 & 6 \\ 2 & 1 & -1 & 2 \end{pmatrix}$表示线性方程组$\begin{cases} x+y+z=3, \\ x+2y+3z=6, \\ 2x+y-z=2. \end{cases}$

矩阵$\overline{\mathbf{A}}$的第 1 行$(1\quad 1\quad 1\quad 3)$的 4 个数分别是方程①的未知量 x,y,z 的

系数以及常数项;第 2 行(1 2 3 6)的 4 个数分别是方程②的未知量 x,y,z 的系数以及常数项;第 3 行(2 1 −1 2)的 4 个数分别是方程③的未知量 x,y,z 的系数以及常数项.

加减消元解方程组的过程,也可以用"矩阵"的"变形"过程来表述,即 $\overline{\boldsymbol{A}}$ 的第 1 行的(−1)倍加到第 2 行[方程①的(−1)倍加到方程②],第 1 行的(−2)倍加到第 3 行[方程①的(−2)倍加到方程③],得 $\begin{pmatrix}1 & 1 & 1 & 3\\0 & 1 & 2 & 3\\0 & -1 & -3 & -4\end{pmatrix}$,第 2 行加到第 3 行(方程④加到方程⑤),得 $\begin{pmatrix}1 & 1 & 1 & 3\\0 & 1 & 2 & 3\\0 & 0 & -1 & -1\end{pmatrix}$,第 3 行的 2 倍加到第 2 行[方程⑥的(2)倍加到方程④],第 3 行加到第 1 行[方程⑥加到方程①],第 3 行乘(−1)[方程⑥乘(−1)],得 $\begin{pmatrix}1 & 1 & 0 & 2\\0 & 1 & 0 & 1\\0 & 0 & 1 & 1\end{pmatrix}$,第 2 行的(−1)倍加到第 1 行[方程⑦的(−1)倍加到方程⑧],得 $\begin{pmatrix}1 & 0 & 0 & 1\\0 & 1 & 0 & 1\\0 & 0 & 1 & 1\end{pmatrix}$.

按照未知量位置系数和常数项,最后一个矩阵对应的方程组为 $\begin{cases}x=1,\\y=1,\\z=1,\end{cases}$ 也就是原方程组的解.

什么是矩阵?如何定义矩阵的关系与运算?矩阵的概念最简单的表述是:由 $m\times n$ 个数构成 m 行、n 列的矩形数表,即为 m 行、n 列的矩阵.

定义 1.1.1　由 $m\times n$ 个数 $a_{ij}(i=1,2,\cdots,m;\ j=1,2,\cdots,n)$ 组成的 m 行、n 列的矩形数表

$$\begin{pmatrix} a_{11} & a_{12} & \cdots & a_{1n} \\ a_{21} & a_{22} & \cdots & a_{2n} \\ \vdots & \vdots & \cdots & \vdots \\ a_{m1} & a_{m2} & \cdots & a_{mn} \end{pmatrix},$$

称为 m 行、n 列矩阵，也称为 $m\times n$ 阶矩阵. 记为符号 $(a_{ij})_{m\times n}$.

通常用大写的字母 $\boldsymbol{A}$、$\boldsymbol{B}$、$\boldsymbol{C}$ 等表示矩阵.

a_{ij} 称为矩阵 $(a_{ij})_{m\times n}$ 的第 i 行第 j 列的元素，$(a_{i1}\ \ a_{i2}\ \ \cdots\ \ a_{in})$ 为矩阵 $(a_{ij})_{m\times n}$ 的第 i 行 $(i=1,2,\cdots,m)$，$\begin{pmatrix} a_{1j} \\ a_{2j} \\ \vdots \\ a_{mj} \end{pmatrix}$ 为矩阵 $(a_{ij})_{m\times n}$ 的第 j 列 $(j=1,2,\cdots,n)$.

数集 F 上所有的 $m\times n$ 阶矩阵组成的集合，记作 $F^{m\times n}$.

矩阵本质上是一个数的表格，根据矩阵的"外形"特征，对矩阵可以进行简单的分类.

1. 方阵.

若矩阵 $\boldsymbol{A}=(a_{ij})_{m\times n}$ 的行数与列数相等，即 $m=n$，$\boldsymbol{A}=(a_{ij})_{m\times m}$，则称 $\boldsymbol{A}$ 为 m 阶方程.

2. 对角阵.

设矩阵 $\boldsymbol{D}=(d_{ij})_{m\times m}$ 是一个 m 阶方阵，若对所有的 $i\neq j$ $(1,2,\cdots,m;\ j=1,2,\cdots,m)$，都有 $d_{ij}=0$，即

$$\boldsymbol{D}=\begin{pmatrix} d_{11} & 0 & \cdots & 0 \\ 0 & d_{22} & \cdots & 0 \\ \vdots & \vdots & \ddots & \vdots \\ 0 & 0 & \cdots & d_{mm} \end{pmatrix},$$

则称 $\boldsymbol{D}$ 是 m 阶对角阵. $d_{ii}(i=1,2,\cdots,m)$ 称为对角阵 $\boldsymbol{D}$ 的对角元.

3. 数量阵.

设对角矩阵 $\boldsymbol{D}$ 的对角元素 d_{ii} 均相等,即

$$\boldsymbol{D}=\begin{pmatrix} d & 0 & \cdots & 0 \\ 0 & d & \cdots & 0 \\ \vdots & \vdots & \ddots & \vdots \\ 0 & 0 & \cdots & d \end{pmatrix}_{m\times m},$$

则称 $\boldsymbol{D}$ 是由 d 确定的 m 阶数量阵.

4. 单位阵.

由 $d=1$ 确定的 m 阶数量阵称为 m 阶单位矩阵,记为 $\boldsymbol{I}_m$. 即

$$\boldsymbol{I}_m=\begin{pmatrix} 1 & 0 & \cdots & 0 \\ 0 & 1 & \cdots & 0 \\ \vdots & \vdots & \ddots & \vdots \\ 0 & 0 & \cdots & 1 \end{pmatrix}_{m\times m}.$$

5. 三角形矩阵.

若 m 阶方阵 $\boldsymbol{A}=(a_{ij})_{m\times m}$ 的元素满足 $i>j$ 时,都有 $a_{ij}=0$,即

$$\boldsymbol{A}=\begin{pmatrix} a_{11} & a_{12} & \cdots & a_{1m} \\ 0 & a_{22} & \cdots & a_{2m} \\ \vdots & \vdots & \ddots & \vdots \\ 0 & 0 & \cdots & a_{mm} \end{pmatrix}_{m\times m},$$

则称 $\boldsymbol{A}$ 是上三角矩阵.

若 m 阶方阵 $\boldsymbol{A}=(a_{ij})_{m\times m}$ 的元素满足 $i<j$ 时,都有 $a_{ij}=0$,即

$$\boldsymbol{A}=\begin{pmatrix} a_{11} & 0 & \cdots & 0 \\ a_{12} & a_{22} & \cdots & 0 \\ \vdots & \vdots & \ddots & \vdots \\ a_{m1} & a_{m2} & \cdots & 0 \end{pmatrix}_{m\times m},$$

则称 $\boldsymbol{A}$ 是下三角矩阵.

对角矩阵既是上三角矩阵,又是下三角矩阵.

6. 阶梯形矩阵.

矩阵 $\boldsymbol{A}=(a_{ij})_{m\times n}$ 的每一行自左至右的第一个非零元素,称为这一行的主元.

例如，$A=\begin{pmatrix}-1 & 0 & -2 & 3\\ 0 & 0 & 3 & -1\\ 0 & -3 & 2 & 0\end{pmatrix}$，它的第 1 行元素 -1、第 2 行的元素 3、第 3 行的元素 -3，分别是矩阵 A 的第 1、2、3 行的主元. 每一行最多只有一个主元，元素全为零的行没有主元.

若 $m\times n$ 矩阵 $A=(a_{ij})_{m\times n}$ 的元素满足：

(1) 元素全为零的行在下面(若有全为零的行)；

(2) 每个主元所在的列数随行数的增加严格递增.

即，若第 i 行主元所在的列数 l，第 $i+1$ 行主元所在的列数 k，则一定满足 $k>l$. 则称矩阵 A 为阶梯形矩阵.

例如

$$A_1=\begin{pmatrix}1 & 1 & 1 & 10\\ 0 & 0 & 2 & 1\\ 0 & 0 & -2 & 3\end{pmatrix},\ A_2=\begin{pmatrix}1 & 1 & 0 & 6\\ 0 & 0 & 0 & 3\\ 0 & 0 & 1 & 0\end{pmatrix},\ A_3=\begin{pmatrix}1 & 0 & 2 & -3\\ 0 & 0 & 0 & 0\\ 0 & -1 & 1 & 0\end{pmatrix},$$

都不是阶梯形矩阵.

A_1 第 2 行的主元和第 3 行的主元在同一列(第 3 列)；A_2 第 2 行主元所在的列数(第 4 列)大于第 3 行主元所在的列数(第 3 列)；A_3 元素全为零的行不在下面.

7. 标准阶梯形矩阵.

设 A 是阶梯形矩阵，若 A 的每一个主元都是 1，且主元所在的列除主元 1 以外，其他元素都是零，则称这样的阶梯形矩阵为标准阶梯形矩阵.

例如 $B_1=\begin{pmatrix}1 & 0 & 0 & 1\\ 0 & 1 & 0 & 1\\ 0 & 0 & 1 & 1\end{pmatrix}$，$B_2=\begin{pmatrix}1 & 1 & 0 & 0\\ 0 & 0 & 1 & 0\\ 0 & 0 & 0 & 1\end{pmatrix}$，$B_3=\begin{pmatrix}1 & 1 & 0 & 1\\ 0 & 1 & 1 & 1\\ 0 & 0 & 1 & 1\end{pmatrix}$，都是阶梯形矩阵，而 B_1，B_2 是标准阶梯形矩阵，B_3 仅是阶梯形矩阵，不是标准阶梯形矩阵.

8. 三角形矩阵与阶梯形矩阵的关系.

三角形矩阵必须是方阵，而阶梯形矩阵不一定是方阵；对于方阵，阶梯形矩阵一定是三角形矩阵，而三角形矩阵未必是阶梯形矩阵.

例如，$A=\begin{pmatrix}1 & 0 & 0\\ 0 & 0 & 1\\ 0 & 0 & 1\end{pmatrix}$ 是三角形矩阵，但不是阶梯形矩阵.

9. 矩阵的迹.

设 $A=(a_{ij})_{m\times m}$ 是 m 阶方阵,其左上至右下对角线上的元素

$$\begin{pmatrix} a_{11} & & & \\ & a_{22} & & \\ & & \ddots & \\ & & & a_{mm} \end{pmatrix}$$

称为 $\boldsymbol{A}$ 的主对角元. $\sum\limits_{k=1}^{m} a_{kk}=a_{11}+a_{22}+\cdots+a_{mm}$ 称为矩阵 $\boldsymbol{A}$ 的迹,记作 $\mathrm{tr}(\boldsymbol{A})$.

例如,在例 1.1.1 中,计算淮南、淮北、皖北三大集团公司销售焦煤的总收入,即是计算矩阵 $\boldsymbol{F}$ 的迹,$\mathrm{tr}(\boldsymbol{F})=443550+443180+364030=1250760$,即淮南、淮北、皖北三大集团公司销售焦煤的总收入为 1250760 万元.

计算淮南、淮北、皖北三大集团公司销售动力煤的总收入,即是计算矩阵 $\boldsymbol{BD}$ 的迹,$\mathrm{tr}(\boldsymbol{BD})=772800+866350+547150=2186300$,即淮南、淮北、皖北三大集团公司销售动力煤的总收入为 2186300 万元.

习题 1.1

1. 无向图在电路分析等课程中有着广泛的应用. 无向图是由定点 $v_1,v_2,\cdots,v_m$ 和与之相关联的边 $e_1,e_2,\cdots,e_n$ 组成. 用 g_{ij} 记顶点 v_i 与边 e_j 的关联次数,称以 g_{ij} 为元素的矩阵 $\boldsymbol{G}=(g_{ij})_{m\times n}$ 是无向图的关联矩阵. 下面两个图是无向图,请写出它们各自的关联矩阵.

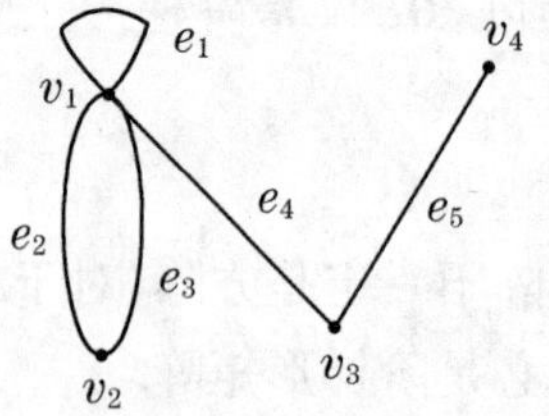

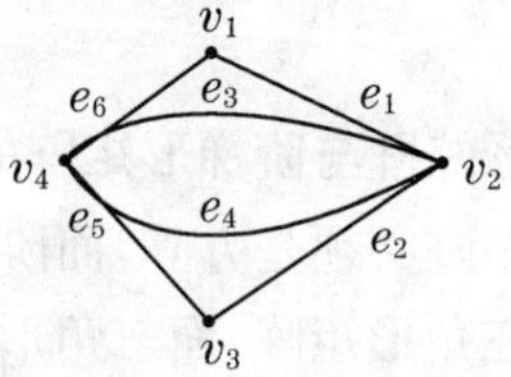

2. 右图是四个城市间的单向航线图.

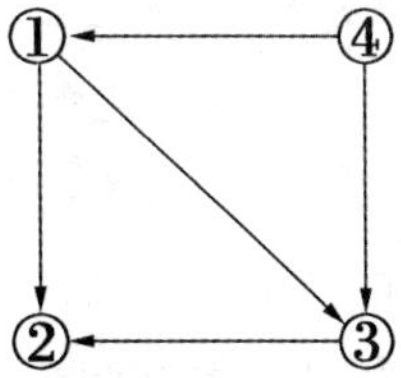

记 $a_{ij}=\begin{cases}1, & \text{从 } i \text{ 市到 } j \text{ 市有 1 条单向航线},\\ 0, & \text{从 } i \text{ 市到 } j \text{ 市没有单向航线},\end{cases}$

则四个城市之间的单向航线可以用矩阵 $\boldsymbol{A}=(a_{ij})_{4\times 4}$ 表示.

请给出上面航线图的单向航线矩阵 $\boldsymbol{A}$.

3. 把自然数 1 到 n^2 排成一个 n 行 n 列的数表,使得每一行、每一列以及两条对角线的数字之和相等,称为 n 阶幻方. n 阶幻方可以看作一个 n 阶方阵. 比如,矩阵 $\boldsymbol{A}=\begin{pmatrix}8&3&4\\1&5&9\\6&7&2\end{pmatrix}$ 就是一个 3 阶幻方. 请尝试写出所有的 3 阶幻方的矩阵.

4. 选择题:

(1) 下列符号中,能正确表示矩阵的是(　　).

A. $\begin{matrix}1&2&3\\4&5&6\\7&0&1\end{matrix}$;　B. $\begin{vmatrix}1&2&3\\4&5&6\\7&0&1\end{vmatrix}$;　C. $\begin{pmatrix}1&2&3\\4&5&6\\7&0&1\end{pmatrix}$;　D. $\begin{Bmatrix}1&2&3\\4&5&6\\7&0&1\end{Bmatrix}$.

(2) 设 $\boldsymbol{A}=\begin{pmatrix}1&-1&2\\2&1&3\\3&2&-1\end{pmatrix}$, $\boldsymbol{B}=\begin{pmatrix}4&3&1\\2&4&3\\1&2&4\end{pmatrix}$, 则 $\mathrm{tr}(\boldsymbol{A})+\mathrm{tr}(\boldsymbol{B})=$(　　).

A. 10;　B. 11;　C. 12;　D. 13.

(3) 设 $\boldsymbol{A}=\begin{pmatrix}1&2\\3&4\end{pmatrix}$; $\boldsymbol{B}=\begin{pmatrix}4&3\\2&1\end{pmatrix}$, 则 $\mathrm{tr}(\boldsymbol{A}+\boldsymbol{B})=$(　　).

A. 9;　B. 10;　C. 11;　D. 12.

(4) 设 $\boldsymbol{A}_1=\begin{pmatrix}1&2&3\\0&1&0\\0&0&-1\end{pmatrix}$, $\boldsymbol{A}_2=\begin{pmatrix}1&0&0\\0&0&0\\0&0&-1\end{pmatrix}$, $\boldsymbol{A}_3=\begin{pmatrix}0&0&0\\0&0&0\\0&0&0\end{pmatrix}$, $\boldsymbol{A}_4=\begin{pmatrix}0&1&0\\0&0&0\\0&0&0\end{pmatrix}$, 其中为对角阵的是(　　).

A. $\boldsymbol{A}_1$ 和 $\boldsymbol{A}_2$;　B. $\boldsymbol{A}_2$ 和 $\boldsymbol{A}_3$;　C. $\boldsymbol{A}_3$ 和 $\boldsymbol{A}_4$;　D. $\boldsymbol{A}_4$ 和 $\boldsymbol{A}_1$.

(5) 既是上三角矩阵,又是下三角矩阵的矩阵一定是对角阵.(　　).

A. 此陈述是正确的;　B. 此陈述是错误的.

(6) 下列关于阶梯形矩阵的正确表述是(　　).

A. 第一行从左至右的第一个元素不是0;

B. 下一行从左至右的第一个非0元素所在的列数不小于上一行从左至右的第一个非0元素所在的列数;

C. 最后一行都是0元素;

D. 每一行从左至右的第一个非0元素所在的列数随行数的增加严格递增,且元素全为0的行在最下面.

(7) 设 $\boldsymbol{A}_1=\begin{pmatrix}1&1&1&1&10\\0&-1&0&0&-15\\0&0&0&0&24\\0&0&0&0&0\end{pmatrix}$, $\boldsymbol{A}_2=\begin{pmatrix}1&1&1&0&6\\0&-1&0&0&0\\0&0&0&1&0\\0&0&0&0&0\end{pmatrix}$, $\boldsymbol{A}_3=\begin{pmatrix}1&0&0&0&0\\0&1&0&0&0\\0&0&1&0&0\\0&0&0&1&0\end{pmatrix}$,

$\boldsymbol{A}_4=\begin{pmatrix}1&0&0&0&1\\0&1&0&0&2\\0&0&0&0&0\\0&0&0&1&0\end{pmatrix}$,则其中不是阶梯形矩阵的是( ).

A. $\boldsymbol{A}_1$; B. $\boldsymbol{A}_2$; C. $\boldsymbol{A}_3$; D. $\boldsymbol{A}_4$.

(8) 设 $\boldsymbol{A}_1=\begin{pmatrix}0&1&0&1\\0&0&1&1\\0&0&0&0\end{pmatrix}$, $\boldsymbol{A}_2=\begin{pmatrix}1&1&0&1\\0&1&1&1\\0&0&0&0\end{pmatrix}$, $\boldsymbol{A}_3=\begin{pmatrix}1&0&0&1\\0&1&0&1\\0&1&1&1\end{pmatrix}$, $\boldsymbol{A}_4=\begin{pmatrix}1&1&0&0\\0&0&1&1\\0&0&0&0\end{pmatrix}$,

则上述四个矩阵中,是标准阶梯形矩阵的是( ).

A. $\boldsymbol{A}_1$ 和 $\boldsymbol{A}_3$; B. $\boldsymbol{A}_1$ 和 $\boldsymbol{A}_4$; C. $\boldsymbol{A}_2$ 和 $\boldsymbol{A}_3$; D. $\boldsymbol{A}_2$ 和 $\boldsymbol{A}_4$.

(9) 某公司生产甲、乙两种产品分别销往淮北、蚌埠、阜阳三地,甲产品销往淮北、蚌埠、阜阳的销量(单位:吨)分别是10、15、20,销售价格(万元/吨)分别是15、16、17,乙产品销往淮北、蚌埠、阜阳的销量(单位:吨)分别是20、25、30,销售价格(万元/吨)分别是12、13、14. 记 $\boldsymbol{A}=\begin{pmatrix}10&15&20\\20&25&30\end{pmatrix}$, $\boldsymbol{B}=\begin{pmatrix}15&12\\16&13\\17&14\end{pmatrix}$, $\boldsymbol{F}=\boldsymbol{AB}=\begin{pmatrix}f_{11}&f_{12}\\f_{21}&f_{22}\end{pmatrix}$. 则 $f_{11}+f_{22}=$( ).

A. 730; B. 985; C. 1715; D. 1517.

(10) 某公司生产甲、乙两种产品分别销往淮北、蚌埠、阜阳三地,甲产品销往淮北、蚌埠、阜阳的销量(单位:吨)分别是10、15、20,销售价格(万元/吨)分别是15、16、17,乙产品销往淮北、蚌埠、阜阳的销量(单位:吨)分别是20、25、30,销售价格(万元/吨)分别是 12、13、14. 记 $\boldsymbol{A}=\begin{pmatrix}10 & 15 & 20\\20 & 25 & 30\end{pmatrix}$，$\boldsymbol{B}=\begin{pmatrix}15 & 12\\16 & 13\\17 & 14\end{pmatrix}$，

$\boldsymbol{F}=\boldsymbol{AB}=\begin{pmatrix}f_{11} & f_{12}\\f_{21} & f_{22}\end{pmatrix}$. 则下列表述不正确的是(　　).

A. f_{11}为公司销售甲种产品的总收入；

B. f_{12}为公司销售乙种产品的总收入；

C. $f_{11}+f_{12}$为公司销售甲、乙两种产品的总收入；

D. f_{22}为公司销售乙种产品的总收入.

§1.2　矩阵的关系及运算

矩阵作为一个新的数学对象,本节将讨论它的运算和运算性质.

定义 1.2.1(矩阵的相等)　设 $\boldsymbol{A}=(a_{ij})_{m\times n}$,$\boldsymbol{B}=(b_{kl})_{s\times t}$,若满足

(1) $m=s,n=t$. 即 $\boldsymbol{A},\boldsymbol{B}$ 阶数相同；

(2) $a_{ij}=b_{ij}$，$i=1,2,\cdots,m$；$j=1,2,\cdots,n$. 即对应位置的元素相同.

则称矩阵 $\boldsymbol{A},\boldsymbol{B}$ 相等,记作 $\boldsymbol{A}=\boldsymbol{B}$.

两个矩阵的相等是一种“全等”,它们既要有相同的行数和相同的列数,且对应位置的元素也要相同.

例 1.2.1　已知 $\boldsymbol{A}=\begin{pmatrix}1 & -1 & 0\\0 & 8 & -4\end{pmatrix}$,$\boldsymbol{B}=(b_{ij})_{m\times n}$. 若 $\boldsymbol{A}=\boldsymbol{B}$,求 m,n 以及 b_{ij} $(i=1,2,\cdots,m;\ j=1,2,\cdots,n)$.

解　因为 $\boldsymbol{A}=\boldsymbol{B}$ 且 $\boldsymbol{A}$ 是一个 2×3 阶矩阵,所以 $\boldsymbol{B}$ 也是一个 2×3 阶矩阵,即 $m=2,n=3$.

又因为 $\boldsymbol{A}=\begin{pmatrix}1 & -1 & 0\\0 & 8 & -4\end{pmatrix}$,且 $\boldsymbol{A}=\boldsymbol{B}=\begin{pmatrix}b_{11} & b_{12} & b_{13}\\b_{21} & b_{22} & b_{23}\end{pmatrix}$,

所以,$b_{11}=1$，$b_{12}=-1$，$b_{13}=0$，$b_{21}=0$，$b_{22}=8$，$b_{23}=-4$.

定义 1.2.2(矩阵的加法) 设

$$A=(a_{ij})_{m\times n}=\begin{pmatrix} a_{11} & a_{12} & \cdots & a_{1n} \\ a_{21} & a_{22} & \cdots & a_{2n} \\ \vdots & \vdots & \cdots & \vdots \\ a_{m1} & a_{m2} & \cdots & a_{mn} \end{pmatrix},$$

$$B=(b_{ij})_{m\times n}=\begin{pmatrix} b_{11} & b_{12} & \cdots & b_{1n} \\ b_{21} & b_{22} & \cdots & b_{2n} \\ \vdots & \vdots & \cdots & \vdots \\ b_{m1} & b_{m2} & \cdots & b_{mn} \end{pmatrix}$$

是两个相同阶数的矩阵,将其对应位置元素相加,作为矩阵 C 相应位置的元素,即

$$C=(a_{ij}+b_{ij})_{m\times n}=\begin{pmatrix} a_{11}+b_{11} & a_{12}+b_{12} & \cdots & a_{1n}+b_{1n} \\ a_{21}+b_{21} & a_{22}+b_{22} & \cdots & a_{2n}+b_{2n} \\ \vdots & \vdots & \cdots & \vdots \\ a_{m1}+b_{m1} & a_{m2}+b_{m2} & \cdots & a_{mn}+b_{mn} \end{pmatrix}.$$

称矩阵 C 为 A 与 B 的和,记作 $C=A+B$. 即

$$\begin{pmatrix} a_{11} & a_{12} & \cdots & a_{1n} \\ a_{21} & a_{22} & \cdots & a_{2n} \\ \vdots & \vdots & \cdots & \vdots \\ a_{m1} & a_{m2} & \cdots & a_{mn} \end{pmatrix}+\begin{pmatrix} b_{11} & b_{12} & \cdots & b_{1n} \\ b_{21} & b_{22} & \cdots & b_{2n} \\ \vdots & \vdots & \cdots & \vdots \\ b_{m1} & b_{m2} & \cdots & b_{mn} \end{pmatrix}$$

$$=\begin{pmatrix} a_{11}+b_{11} & a_{12}+b_{12} & \cdots & a_{1n}+b_{1n} \\ a_{21}+b_{21} & a_{22}+b_{22} & \cdots & a_{2n}+b_{2n} \\ \vdots & \vdots & \cdots & \vdots \\ a_{m1}+b_{m1} & a_{m2}+b_{m2} & \cdots & a_{mn}+b_{mn} \end{pmatrix}.$$

矩阵的加法只能对同阶的矩阵进行,且两个 $m\times n$ 阶矩阵相加,和仍是一个 $m\times n$ 阶矩阵,只要将它们对应位置的元素相加.

例 1.2.2 设 $A=\begin{pmatrix} a_1 & a_2 \\ b_1 & b_2 \end{pmatrix}$, $B=\begin{pmatrix} x_1 & x_2 \\ y_1 & y_2 \end{pmatrix}$, $C=\begin{pmatrix} f_1 & f_2 \\ g_1 & g_2 \end{pmatrix}$ 是 3 个

2×2 阶矩阵，求 $\boldsymbol{A}+\boldsymbol{B}$，$\boldsymbol{B}+\boldsymbol{A}$，$(\boldsymbol{A}+\boldsymbol{B})+\boldsymbol{C}$，$\boldsymbol{A}+(\boldsymbol{B}+\boldsymbol{C})$.

解

$$\boldsymbol{A}+\boldsymbol{B}=\begin{pmatrix}a_1 & a_2\\ b_1 & b_2\end{pmatrix}+\begin{pmatrix}x_1 & x_2\\ y_1 & y_2\end{pmatrix}=\begin{pmatrix}a_1+x_1 & a_2+x_2\\ b_1+y_1 & b_2+y_2\end{pmatrix},$$

$$\boldsymbol{B}+\boldsymbol{A}=\begin{pmatrix}x_1 & x_2\\ y_1 & y_2\end{pmatrix}+\begin{pmatrix}a_1 & a_2\\ b_1 & b_2\end{pmatrix}=\begin{pmatrix}x_1+a_1 & x_2+a_2\\ y_1+b_1 & y_2+b_2\end{pmatrix},$$

$$\begin{aligned}(\boldsymbol{A}+\boldsymbol{B})+\boldsymbol{C}&=\left(\begin{pmatrix}a_1 & a_2\\ b_1 & b_2\end{pmatrix}+\begin{pmatrix}x_1 & x_2\\ y_1 & y_2\end{pmatrix}\right)+\begin{pmatrix}f_1 & f_2\\ g_1 & g_2\end{pmatrix}\\ &=\begin{pmatrix}a_1+x_1 & a_2+x_2\\ b_1+y_1 & b_2+y_2\end{pmatrix}+\begin{pmatrix}f_1 & f_2\\ g_1 & g_2\end{pmatrix}\\ &=\begin{pmatrix}(a_1+x_1)+f_1 & (a_2+x_2)+f_2\\ (b_1+y_1)+g_1 & (b_2+y_2)+g_2\end{pmatrix},\end{aligned}$$

$$\begin{aligned}\boldsymbol{A}+(\boldsymbol{B}+\boldsymbol{C})&=\begin{pmatrix}a_1 & a_2\\ b_1 & b_2\end{pmatrix}+\left(\begin{pmatrix}x_1 & x_2\\ y_1 & y_2\end{pmatrix}+\begin{pmatrix}f_1 & f_2\\ g_1 & g_2\end{pmatrix}\right)\\ &=\begin{pmatrix}a_1 & a_2\\ b_1 & b_2\end{pmatrix}+\begin{pmatrix}x_1+f_1 & x_2+f_2\\ y_1+g_1 & y_2+g_2\end{pmatrix}\\ &=\begin{pmatrix}a_1+(x_1+f_1) & a_2+(x_2+f_2)\\ b_1+(y_1+g_1) & b_2+(y_2+g_2)\end{pmatrix}.\end{aligned}$$

性质 1.2.1　矩阵的加法满足交换律与结合律.

即对任意的 $m\times n$ 阶矩阵 $\boldsymbol{A}=(a_{ij})_{m\times n}$，$\boldsymbol{B}=(b_{ij})_{m\times n}$，$\boldsymbol{C}=(c_{ij})_{m\times n}$，都有

$$\boldsymbol{A}+\boldsymbol{B}=\boldsymbol{B}+\boldsymbol{A},\quad (\boldsymbol{A}+\boldsymbol{B})+\boldsymbol{C}=\boldsymbol{A}+(\boldsymbol{B}+\boldsymbol{C}).$$

定义 1.2.3　元素全为数零的矩阵，称为零矩阵，$m\times n$ 阶零矩阵记为 $\boldsymbol{O}_{m\times n}$.

例如，$\boldsymbol{O}_1=\begin{pmatrix}0 & 0\\ 0 & 0\end{pmatrix}$，$\boldsymbol{O}_2=\begin{pmatrix}0 & 0 & 0\\ 0 & 0 & 0\end{pmatrix}$，$\boldsymbol{O}_3=\begin{pmatrix}0 & 0\\ 0 & 0\\ 0 & 0\end{pmatrix}$都是零矩阵，但它们彼此并不相等.

设$\boldsymbol{A}=\begin{pmatrix} a_1 & a_2 \\ b_1 & b_2 \\ c_1 & c_2 \end{pmatrix}$是任意的 3×2 阶矩阵,则存在 3×2 阶零矩阵

$\boldsymbol{O}=\begin{pmatrix} 0 & 0 \\ 0 & 0 \\ 0 & 0 \end{pmatrix}$,满足

$$\boldsymbol{A}+\boldsymbol{O}=\begin{pmatrix} a_1 & a_2 \\ b_1 & b_2 \\ c_1 & c_2 \end{pmatrix}+\begin{pmatrix} 0 & 0 \\ 0 & 0 \\ 0 & 0 \end{pmatrix}=\begin{pmatrix} a_1+0 & a_2+0 \\ b_1+0 & b_2+0 \\ c_1+0 & c_2+0 \end{pmatrix}=\boldsymbol{A}.$$

即任意的 $m\times n$ 阶矩阵 $\boldsymbol{A}_{m\times n}$,都存在 $m\times n$ 阶零矩阵 $\boldsymbol{O}_{m\times n}=(0)_{m\times n}$,满足

$$\boldsymbol{A}_{m\times n}+\boldsymbol{O}_{m\times n}=\boldsymbol{O}_{m\times n}+\boldsymbol{A}_{m\times n}=\boldsymbol{A}_{m\times n}.$$

例 1.2.3 设$\boldsymbol{A}=\begin{pmatrix} -1 & 2 & 0 \\ 3 & -2 & 4 \end{pmatrix}$, $\boldsymbol{B}=\begin{pmatrix} a & b \\ c & d \\ e & f \end{pmatrix}$,求矩阵 $\boldsymbol{X},\boldsymbol{Y}$,满足

$\boldsymbol{A}+\boldsymbol{X}=\boldsymbol{O}$, $\boldsymbol{B}+\boldsymbol{Y}=\boldsymbol{O}$.

解 $\boldsymbol{A}$ 是 2×3 矩阵,$\boldsymbol{A}$ 与 $\boldsymbol{X}$ 能求和,所以,$\boldsymbol{X}$ 也是 2×3 矩阵.

设$\boldsymbol{X}=\begin{pmatrix} x_1 & x_2 & x_3 \\ y_1 & y_2 & y_3 \end{pmatrix}$,则$\boldsymbol{A}+\boldsymbol{X}=\begin{pmatrix} -1+x_1 & 2+x_2 & 0+x_3 \\ 3+y_1 & -2+y_2 & 4+y_3 \end{pmatrix}$,

由 $\boldsymbol{A}+\boldsymbol{X}=\boldsymbol{O}$,得$\begin{cases} -1+x_1=0, \\ 2+x_2=0, \\ 0+x_3=0, \\ 3+y_1=0, \\ -2+y_2=0, \\ 4+y_3=0, \end{cases}$ 即$\begin{cases} x_1=1, \\ x_2=-2, \\ x_3=0, \\ y_1=-3, \\ y_2=2, \\ y_3=-4. \end{cases}$

所以,$\boldsymbol{X}=\begin{pmatrix} 1 & -2 & 0 \\ -3 & 2 & -4 \end{pmatrix}$.

$\boldsymbol{B}$ 是 3×2 矩阵,$\boldsymbol{B}$ 能与 $\boldsymbol{Y}$ 求和,所以,$\boldsymbol{Y}$ 也是 3×2 矩阵.

设$\boldsymbol{Y}=\begin{pmatrix} x_1 & x_2 \\ y_1 & y_2 \\ z_1 & z_2 \end{pmatrix}$,则$\boldsymbol{B}+\boldsymbol{Y}=\begin{pmatrix} a+x_1 & b+x_2 \\ c+y_1 & d+y_2 \\ e+z_1 & f+z_2 \end{pmatrix}$,

由 $\boldsymbol{B}+\boldsymbol{Y}=\boldsymbol{O}$，得 $\begin{cases} a+x_1=0, \\ b+x_2=0, \\ c+y_1=0, \\ d+y_2=0, \\ e+z_1=0, \\ f+z_2=0, \end{cases}$ 即 $\begin{cases} x_1=-a, \\ x_2=-b, \\ y_1=-c, \\ y_2=-d, \\ z_1=-e, \\ z_2=-f. \end{cases}$

所以，$\boldsymbol{Y}=\begin{pmatrix} -a & -b \\ -c & -d \\ -e & -f \end{pmatrix}$.

性质 1.2.2　任意的 $m\times n$ 阶矩阵 $\boldsymbol{A}=(a_{ij})_{m\times n}$ 都存在 $\boldsymbol{B}=(-a_{ij})_{m\times n}$，满足 $\boldsymbol{A}+\boldsymbol{B}=(a_{ij})_{m\times n}+(-a_{ij})_{m\times n}=(a_{ij}+(-a_{ij}))_{m\times n}=\boldsymbol{O}_{m\times n}$.

若矩阵 $\boldsymbol{A}$,$\boldsymbol{B}$ 满足 $\boldsymbol{A}+\boldsymbol{B}=\boldsymbol{O}$,则称 $\boldsymbol{B}$ 是 $\boldsymbol{A}$ 的负矩阵,记作 $\boldsymbol{B}=-\boldsymbol{A}$.

负矩阵 $(-\boldsymbol{A})$ 就是将 $\boldsymbol{A}$ 的每一个元素都乘 (-1) 得到的矩阵，且 $\boldsymbol{A}+(-\boldsymbol{A})=\boldsymbol{O}$.

定义 1.2.4(矩阵的减法)　设

$$\boldsymbol{A}=(a_{ij})_{m\times n}=\begin{pmatrix} a_{11} & a_{12} & \cdots & a_{1n} \\ a_{21} & a_{22} & \cdots & a_{2n} \\ \vdots & \vdots & \cdots & \vdots \\ a_{m1} & a_{m2} & \cdots & a_{mn} \end{pmatrix},$$

$$\boldsymbol{B}=(b_{ij})_{m\times n}=\begin{pmatrix} b_{11} & b_{12} & \cdots & b_{1n} \\ b_{21} & b_{22} & \cdots & b_{2n} \\ \vdots & \vdots & \cdots & \vdots \\ b_{m1} & b_{m2} & \cdots & b_{mn} \end{pmatrix}$$

是两个相同阶数的矩阵,称

$$(a_{ij}-b_{ij})_{m\times n}=\begin{pmatrix} a_{11}-b_{11} & a_{12}-b_{12} & \cdots & a_{1n}-b_{1n} \\ a_{21}-b_{21} & a_{22}-b_{22} & \cdots & a_{2n}-b_{2n} \\ \vdots & \vdots & \cdots & \vdots \\ a_{m1}-b_{m1} & a_{m2}-b_{m2} & \cdots & a_{mn}-b_{mn} \end{pmatrix},$$

为矩阵 $\boldsymbol{A}$ 与 $\boldsymbol{B}$ 的差,记作 $\boldsymbol{A}-\boldsymbol{B}$.

例 1.2.4 设$\boldsymbol{A}=\begin{pmatrix}2&-3&4\\1&0&5\end{pmatrix}$，$\boldsymbol{B}=\begin{pmatrix}3&-5&2\\-1&2&4\end{pmatrix}$，求$\boldsymbol{A}+\boldsymbol{B}$，$\boldsymbol{A}-\boldsymbol{B}$，$\boldsymbol{B}-\boldsymbol{A}$，$-\boldsymbol{B}$.

解 $\boldsymbol{A}+\boldsymbol{B}=\begin{pmatrix}2+3&-3+(-5)&4+2\\1+(-1)&0+2&5+4\end{pmatrix}=\begin{pmatrix}5&-8&6\\0&2&9\end{pmatrix}$，

$\boldsymbol{A}-\boldsymbol{B}=\begin{pmatrix}2-3&-3-(-5)&4-2\\1-(-1)&0-2&5-4\end{pmatrix}=\begin{pmatrix}-1&2&2\\2&-2&1\end{pmatrix}$，

$\boldsymbol{B}-\boldsymbol{A}=\begin{pmatrix}3-2&-5-(-3)&2-4\\-1-1&2-0&4-5\end{pmatrix}=\begin{pmatrix}1&-2&-2\\-2&2&-1\end{pmatrix}$，

$-\boldsymbol{B}=\begin{pmatrix}-3&5&-2\\1&-2&-4\end{pmatrix}$.

注：$(-\boldsymbol{B})$就是将$\boldsymbol{B}$的每一个元素都乘(-1)，且$\boldsymbol{A}-\boldsymbol{B}=\boldsymbol{A}+(-\boldsymbol{B})$.

定义 1.2.5（数与矩阵的乘积） 设

$$\boldsymbol{A}=(a_{ij})_{m\times n}\begin{pmatrix}a_{11}&a_{12}&\cdots&a_{1n}\\a_{21}&a_{22}&\cdots&a_{2n}\\\vdots&\vdots&\cdots&\vdots\\a_{m1}&a_{m2}&\cdots&a_{mn}\end{pmatrix}$$

是$m\times n$阶矩阵，k是一个数，称矩阵

$$(ka_{ij})_{m\times n}=\begin{pmatrix}ka_{11}&ka_{12}&\cdots&ka_{1n}\\ka_{21}&ka_{22}&\cdots&ka_{2n}\\\vdots&\vdots&\cdots&\vdots\\ka_{m1}&ka_{m2}&\cdots&ka_{mn}\end{pmatrix}$$

为数k与矩阵$\boldsymbol{A}$的乘积，也称为数积，记作$k\boldsymbol{A}$.

注：数k与矩阵$\boldsymbol{A}$的数积仍是一个与$\boldsymbol{A}$同阶的矩阵，且将$\boldsymbol{A}$的每一个元素都乘k，即得到$k\boldsymbol{A}$.

例 1.2.5 设$\boldsymbol{A}=\begin{pmatrix}2&-3&4\\1&0&5\end{pmatrix}$，$\boldsymbol{B}=\begin{pmatrix}3&-5&2\\-1&2&4\end{pmatrix}$，求$2\boldsymbol{A}+3\boldsymbol{B}$，

$3\boldsymbol{A}-4\boldsymbol{B}$，$(-5)\boldsymbol{A}$，$(-1)\boldsymbol{B}$.

解　$2\boldsymbol{A}+3\boldsymbol{B}$

$$=\begin{pmatrix} 2\times2 & 2\times(-3) & 2\times4 \\ 2\times1 & 2\times0 & 2\times5 \end{pmatrix}+\begin{pmatrix} 3\times3 & 3\times(-5) & 3\times2 \\ 3\times(-1) & 3\times2 & 3\times4 \end{pmatrix}$$

$$=\begin{pmatrix} 4+9 & -6+(-15) & 8+6 \\ 2+(-3) & 0+6 & 10+12 \end{pmatrix}=\begin{pmatrix} 13 & -21 & 14 \\ -1 & 6 & 22 \end{pmatrix},$$

$3\boldsymbol{A}-4\boldsymbol{B}$

$$=\begin{pmatrix} 3\times2 & 3\times(-3) & 3\times4 \\ 3\times1 & 3\times0 & 3\times5 \end{pmatrix}-\begin{pmatrix} 4\times3 & 4\times(-5) & 4\times2 \\ 4\times(-1) & 4\times2 & 4\times4 \end{pmatrix}$$

$$=\begin{pmatrix} 6-12 & -9-(-20) & 12-8 \\ 3-(-4) & 0-8 & 15-16 \end{pmatrix}=\begin{pmatrix} -6 & 11 & 4 \\ 7 & -8 & -1 \end{pmatrix},$$

$$(-5)\boldsymbol{A}=\begin{pmatrix} (-5)\times2 & (-5)\times(-3) & (-5)\times4 \\ (-5)\times1 & (-5)\times0 & (-5)\times5 \end{pmatrix}$$

$$=\begin{pmatrix} -10 & 15 & -20 \\ -5 & 0 & -25 \end{pmatrix},$$

$$(-1)\boldsymbol{B}=\begin{pmatrix} (-1)\times3 & (-1)\times(-5) & (-1)\times2 \\ (-1)\times(-1) & (-1)\times2 & (-1)\times4 \end{pmatrix}$$

$$=\begin{pmatrix} -3 & 5 & -2 \\ 1 & -2 & -4 \end{pmatrix}.$$

注：(-1)与矩阵 $\boldsymbol{A}$ 的乘积$(-1)\boldsymbol{A}$ 就是$-\boldsymbol{A}$，即$-\boldsymbol{A}=(-1)\boldsymbol{A}$.

性质 1.2.3　设 k,l 是任意的数，$\boldsymbol{A},\boldsymbol{B}$ 是任意两个同阶矩阵. 则

(1) $(kl)\boldsymbol{A}=k(l\boldsymbol{A})$；(2) $(k+l)\boldsymbol{A}=k\boldsymbol{A}+l\boldsymbol{A}$；

(3) $k(\boldsymbol{A}+\boldsymbol{B})=k\boldsymbol{A}+k\boldsymbol{B}$.

定义 1.2.6(矩阵的乘法) 设 $\boldsymbol{A}=(a_{ij})_{m\times s}$ 是 $m\times s$ 矩阵，$\boldsymbol{B}=(b_{ij})_{s\times n}$ 是 $s\times n$ 矩阵，矩阵 $\boldsymbol{A}$ 的列数与矩阵 $\boldsymbol{B}$ 的行数相同.

$\boldsymbol{A}$ 的第 k 行 $(a_{k1}\quad a_{k2}\quad\cdots\quad a_{ks})$，$\boldsymbol{B}$ 的第 l 列 $\begin{pmatrix} b_{1l}\\ b_{2l}\\ \vdots\\ b_{sl}\end{pmatrix}$，将它们对应位置的数相乘并相加，得到的数记作 c_{kl}. 即 $c_{kl}=a_{k1}b_{1l}+a_{k2}b_{2l}+\cdots+a_{ks}b_{sl}$，得到 $m\times n$ 个数 $c_{kl}(k=1,2,\cdots,m;\ l=1,2,\cdots,n)$.

由 $m\times n$ 个数 $c_{kl}(k=1,2,\cdots,m;\ l=1,2,\cdots,n)$，构成矩阵

$$\boldsymbol{C}=(c_{kl})_{m\times n}=\begin{pmatrix} c_{11} & c_{12} & \cdots & c_{1n}\\ c_{21} & c_{22} & \cdots & c_{2n}\\ \vdots & \vdots & \cdots & \vdots\\ c_{m1} & c_{m2} & \cdots & c_{mn}\end{pmatrix},$$

称为矩阵 $\boldsymbol{A}$ 与 $\boldsymbol{B}$ 的乘积，记作 $\boldsymbol{AB}$，即 $\boldsymbol{C}=\boldsymbol{AB}$.

例 1.2.6 设 $\boldsymbol{A}=\begin{pmatrix} a_1 & a_2\\ b_1 & b_2\end{pmatrix}$，$\boldsymbol{B}=\begin{pmatrix} x_1 & x_2 & x_3\\ y_1 & y_2 & y_3\end{pmatrix}$，求 $\boldsymbol{AB}$.

解 $\boldsymbol{A}$ 是 2×2 矩阵，$\boldsymbol{B}$ 是 2×3 矩阵，所以积矩阵 $\boldsymbol{AB}$ 是 2×3 矩阵.

$\boldsymbol{A}$ 的第 1 行元素 $(a_1\quad a_2)$ 与 $\boldsymbol{B}$ 的第 1 列元素 $\begin{pmatrix} x_1\\ y_1\end{pmatrix}$ 对应相乘并相加，得 $\boldsymbol{AB}$ 的第 1 行第 1 列的元素 $a_1x_1+a_2y_1$；

$\boldsymbol{A}$ 的第 1 行元素 $(a_1\quad a_2)$ 与 $\boldsymbol{B}$ 的第 2 列元素 $\begin{pmatrix} x_2\\ y_2\end{pmatrix}$ 对应相乘并相加，得 $\boldsymbol{AB}$ 的第 1 行第 2 列的元素 $a_1x_2+a_2y_2$；

$\boldsymbol{A}$ 的第 1 行元素 $(a_1\quad a_2)$ 与 $\boldsymbol{B}$ 的第 3 列元素 $\begin{pmatrix} x_3\\ y_3\end{pmatrix}$ 对应相乘并相加，得 $\boldsymbol{AB}$ 的第 1 行第 3 列的元素 $a_1x_3+a_2y_3$；

$\boldsymbol{A}$ 的第 2 行元素 $(b_1\quad b_2)$ 与 $\boldsymbol{B}$ 的第 1 列元素 $\begin{pmatrix} x_1\\ y_1\end{pmatrix}$ 对应相乘并相加，得 $\boldsymbol{AB}$ 的第 2 行第 1 列的元素 $b_1x_1+b_2y_1$；

$\boldsymbol{A}$ 的第 2 行元素 $(b_1 \quad b_2)$ 与 $\boldsymbol{B}$ 的第 2 列元素 $\begin{pmatrix} x_2 \\ y_2 \end{pmatrix}$ 对应相乘并相加，得 $\boldsymbol{AB}$ 的第 2 行第 2 列的元素 $b_1x_2+b_2y_2$；

$\boldsymbol{A}$ 的第 2 行元素 $(b_1 \quad b_2)$ 与 $\boldsymbol{B}$ 的第 3 列元素 $\begin{pmatrix} x_3 \\ y_3 \end{pmatrix}$ 对应相乘并相加，得 $\boldsymbol{AB}$ 的第 2 行第 3 列的元素 $b_1x_3+b_2y_3$.

所以，$\boldsymbol{AB}=\begin{pmatrix} a_1x_1+a_2y_1 & a_1x_2+a_2y_2 & a_1x_3+a_2y_3 \\ b_1x_1+b_2y_1 & b_1x_2+b_2y_2 & b_1x_3+b_2y_3 \end{pmatrix}$.

例 1.2.7 设 $\boldsymbol{A}=\begin{pmatrix} -1 & 1 \\ 1 & -1 \end{pmatrix}$，$\boldsymbol{B}=\begin{pmatrix} 1 & 3 \\ 2 & 4 \end{pmatrix}$，$\boldsymbol{C}=\begin{pmatrix} 2 & 5 \\ 3 & 6 \end{pmatrix}$，求 $\boldsymbol{AB}$，$\boldsymbol{AC}$，$\boldsymbol{BA}$，$\boldsymbol{A}(\boldsymbol{B}-\boldsymbol{C})$.

解

$$\boldsymbol{AB}=\begin{pmatrix} -1 & 1 \\ 1 & -1 \end{pmatrix}\begin{pmatrix} 1 & 3 \\ 2 & 4 \end{pmatrix}$$

$$=\begin{pmatrix} (-1)\times1+1\times2 & (-1)\times3+1\times4 \\ 1\times1+(-1)\times2 & 1\times3+(-1)\times4 \end{pmatrix}=\begin{pmatrix} 1 & 1 \\ -1 & -1 \end{pmatrix},$$

$$\boldsymbol{AC}=\begin{pmatrix} -1 & 1 \\ 1 & -1 \end{pmatrix}\begin{pmatrix} 2 & 5 \\ 3 & 6 \end{pmatrix}$$

$$=\begin{pmatrix} (-1)\times2+1\times3 & (-1)\times5+1\times6 \\ 1\times2+(-1)\times3 & 1\times5+(-1)\times6 \end{pmatrix}=\begin{pmatrix} 1 & 1 \\ -1 & -1 \end{pmatrix},$$

$$\boldsymbol{BA}=\begin{pmatrix} 1 & 3 \\ 2 & 4 \end{pmatrix}\begin{pmatrix} -1 & 1 \\ 1 & -1 \end{pmatrix}$$

$$=\begin{pmatrix} 1\times(-1)+3\times1 & 1\times1+3\times(-1) \\ 2\times(-1)+4\times1 & 2\times1+4\times(-1) \end{pmatrix}=\begin{pmatrix} 2 & -2 \\ 2 & -2 \end{pmatrix},$$

$$\boldsymbol{A}(\boldsymbol{B}-\boldsymbol{C})=\begin{pmatrix} -1 & 1 \\ 1 & -1 \end{pmatrix}\left(\begin{pmatrix} 1 & 3 \\ 2 & 4 \end{pmatrix}-\begin{pmatrix} 2 & 5 \\ 3 & 6 \end{pmatrix}\right)$$

$$=\begin{pmatrix} -1 & 1 \\ 1 & -1 \end{pmatrix}\begin{pmatrix} 1-2 & 3-5 \\ 2-3 & 4-6 \end{pmatrix}=\begin{pmatrix} -1 & 1 \\ 1 & -1 \end{pmatrix}\begin{pmatrix} -1 & -2 \\ -1 & -2 \end{pmatrix}$$

$$=\begin{pmatrix} (-1)\times(-1)+1\times(-1) & (-1)\times(-2)+1\times(-2) \\ 1\times(-1)+(-1)\times(-1) & 1\times(-2)+(-1)\times(-2) \end{pmatrix}$$

$$=\begin{pmatrix} 0 & 0 \\ 0 & 0 \end{pmatrix}.$$

性质 1.2.4 矩阵的乘法不满足交换律.

即,积矩阵 $\boldsymbol{AB}$ 与积矩阵 $\boldsymbol{BA}$ 不一定相等.

性质 1.2.5 矩阵的乘法不满足消去律.

即,由 $\boldsymbol{AB}=\boldsymbol{AC}$ 且 $\boldsymbol{A}\neq\boldsymbol{O}$,消不掉矩阵 $\boldsymbol{A}$,得不到 $\boldsymbol{B}=\boldsymbol{C}$.

注:都不是零矩阵的两个矩阵之积可能是零矩阵. 即,$\boldsymbol{A}\neq\boldsymbol{O}$ 且 $\boldsymbol{B}\neq\boldsymbol{O}$,但积矩阵 $\boldsymbol{AB}$ 可能是零矩阵.

例 1.2.8 设 $\boldsymbol{A}=\begin{pmatrix}-1 & 2\\ 3 & -4\end{pmatrix}$,$\boldsymbol{B}=\begin{pmatrix}-2 & 2 & -1\\ 0 & 3 & -5\end{pmatrix}$,$\boldsymbol{C}=\begin{pmatrix}3 & 1\\ 2 & 4\\ -1 & 0\end{pmatrix}$,求$(\boldsymbol{AB})\boldsymbol{C}$,$\boldsymbol{A}(\boldsymbol{BC})$.

解
$$(\boldsymbol{AB})\boldsymbol{C}=\left(\begin{pmatrix}-1 & 2\\ 3 & -4\end{pmatrix}\begin{pmatrix}-2 & 2 & -1\\ 0 & 3 & -5\end{pmatrix}\right)\begin{pmatrix}3 & 1\\ 2 & 4\\ -1 & 0\end{pmatrix}$$

$$=\begin{pmatrix}(-1)\times(-2)+2\times 0 & (-1)\times 2+2\times 3 & (-1)\times(-1)+2\times(-5)\\ 3\times(-2)+(-4)\times 0 & 3\times 2+(-4)\times 3 & 3\times(-1)+(-4)\times(-5)\end{pmatrix}\begin{pmatrix}3 & 1\\ 2 & 4\\ -1 & 0\end{pmatrix}$$

$$=\begin{pmatrix}2 & 4 & -9\\ -6 & -6 & 17\end{pmatrix}\begin{pmatrix}3 & 1\\ 2 & 4\\ -1 & 0\end{pmatrix}$$

$$=\begin{pmatrix}2\times 3+4\times 2+(-9)\times(-1) & 2\times 1+4\times 4+(-9)\times 0\\ (-6)\times 3+(-6)\times 2+17\times(-1) & (-6)\times 1+(-6)\times 4+17\times 0\end{pmatrix}$$

$$=\begin{pmatrix}23 & 18\\ -47 & -30\end{pmatrix};$$

$$\boldsymbol{A}(\boldsymbol{BC})=\begin{pmatrix}-1 & 2\\ 3 & -4\end{pmatrix}\left(\begin{pmatrix}-2 & 2 & -1\\ 0 & 3 & -5\end{pmatrix}\begin{pmatrix}3 & 1\\ 2 & 4\\ -1 & 0\end{pmatrix}\right)$$

$$=\begin{pmatrix}-1 & 2\\ 3 & -4\end{pmatrix}\begin{pmatrix}(-2)\times 3+2\times 2+(-1)\times(-1) & (-2)\times 1+2\times 4+(-1)\times 0\\ 0\times 3+3\times 2+(-5)\times(-1) & 0\times 1+3\times 4+(-5)\times 0\end{pmatrix}$$

$$=\begin{pmatrix}-1 & 2\\ 3 & -4\end{pmatrix}\begin{pmatrix}-1 & 6\\ 11 & 12\end{pmatrix}$$

$$=\begin{pmatrix}(-1)\times(-1)+2\times 11 & (-1)\times 6+2\times 12\\ 3\times(-1)+(-4)\times 11 & 3\times 6+(-4)\times 12\end{pmatrix}$$

$$=\begin{pmatrix}23 & 18\\ -47 & -30\end{pmatrix}.$$

性质 1.2.6　矩阵的乘法满足结合律.

即,任意的矩阵 $\boldsymbol{A}=(a_{ij})_{m\times s}$, $\boldsymbol{B}=(b_{ij})_{s\times t}$, $\boldsymbol{C}=(b_{ij})_{t\times n}$,都有 $(\boldsymbol{AB})\boldsymbol{C}=\boldsymbol{A}(\boldsymbol{BC})$.

例 1.2.9　设 $\boldsymbol{A}=\begin{pmatrix}1 & -2 & 3\\ 3 & 1 & 2\end{pmatrix}$, $\boldsymbol{B}=\begin{pmatrix}3 & 4\\ -5 & 2\\ 0 & 1\end{pmatrix}$, $\boldsymbol{C}=\begin{pmatrix}4 & -1\\ 6 & 0\\ -1 & 2\end{pmatrix}$,求 $\boldsymbol{A}(\boldsymbol{B}+\boldsymbol{C})$, $\boldsymbol{AB}+\boldsymbol{AC}$, $(\boldsymbol{B}+\boldsymbol{C})\boldsymbol{A}$, $\boldsymbol{BA}+\boldsymbol{CA}$.

解　$$\boldsymbol{A}(\boldsymbol{B}+\boldsymbol{C})=\begin{pmatrix}1 & -2 & 3\\ 3 & 1 & 2\end{pmatrix}\left(\begin{pmatrix}3 & 4\\ -5 & 2\\ 0 & 1\end{pmatrix}+\begin{pmatrix}4 & -1\\ 6 & 0\\ -1 & 2\end{pmatrix}\right)$$

$$=\begin{pmatrix}1 & -2 & 3\\ 3 & 1 & 2\end{pmatrix}\begin{pmatrix}7 & 3\\ 1 & 2\\ -1 & 3\end{pmatrix}$$

$$=\begin{pmatrix}1\times 7+(-2)\times 1+3\times(-1) & 1\times 3+(-2)\times 2+3\times 3\\ 3\times 7+1\times 1+2\times(-1) & 3\times 3+1\times 2+2\times 3\end{pmatrix}$$

$$=\begin{pmatrix}2 & 8\\ 20 & 17\end{pmatrix};$$

$$\boldsymbol{AB}+\boldsymbol{AC}=\begin{pmatrix}1 & -2 & 3\\ 3 & 1 & 2\end{pmatrix}\begin{pmatrix}3 & 4\\ -5 & 2\\ 0 & 1\end{pmatrix}+\begin{pmatrix}1 & -2 & 3\\ 3 & 1 & 2\end{pmatrix}\begin{pmatrix}4 & -1\\ 6 & 0\\ -1 & 2\end{pmatrix}$$

$$=\begin{pmatrix}1\times 3+(-2)\times(-5)+3\times 0 & 1\times 4+(-2)\times 2+3\times 1\\ 3\times 3+1\times(-5)+2\times 0 & 3\times 4+1\times 2+2\times 1\end{pmatrix}$$

$$+\begin{pmatrix}1\times 4+(-2)\times 6+3\times(-1) & 1\times(-1)+(-2)\times 0+3\times 2\\ 3\times 4+1\times 6+2\times(-1) & 3\times(-1)+1\times 0+2\times 2\end{pmatrix}$$

$$=\begin{pmatrix}13&3\\4&16\end{pmatrix}+\begin{pmatrix}-11&5\\16&1\end{pmatrix}$$

$$=\begin{pmatrix}2&8\\20&17\end{pmatrix};$$

$$(\boldsymbol{B}+\boldsymbol{C})\boldsymbol{A}=\left(\begin{pmatrix}3&4\\-5&2\\0&1\end{pmatrix}+\begin{pmatrix}4&-1\\6&0\\-1&2\end{pmatrix}\right)\begin{pmatrix}1&-2&3\\3&1&2\end{pmatrix}$$

$$=\begin{pmatrix}7&3\\1&2\\-1&3\end{pmatrix}\begin{pmatrix}1&-2&3\\3&1&2\end{pmatrix}$$

$$=\begin{pmatrix}7\times1+3\times3&7\times(-2)+3\times1&7\times3+3\times2\\1\times1+2\times3&1\times(-2)+2\times1&1\times3+2\times2\\(-1)\times1+3\times3&(-1)\times(-2)+3\times1&(-1)\times3+3\times2\end{pmatrix}$$

$$=\begin{pmatrix}16&-11&27\\7&0&7\\8&5&3\end{pmatrix};$$

$$\boldsymbol{BA}+\boldsymbol{CA}=\begin{pmatrix}3&4\\-5&2\\0&1\end{pmatrix}\begin{pmatrix}1&-2&3\\3&1&2\end{pmatrix}+\begin{pmatrix}4&-1\\6&0\\-1&2\end{pmatrix}\begin{pmatrix}1&-2&3\\3&1&2\end{pmatrix}$$

$$=\begin{pmatrix}3\times1+4\times3&3\times(-2)+4\times1&3\times3+4\times2\\(-5)\times1+2\times3&(-5)\times(-2)+2\times1&(-5)\times3+2\times2\\0\times1+1\times3&0\times(-2)+1\times1&0\times3+1\times2\end{pmatrix}$$

$$+\begin{pmatrix}4\times1+(-1)\times3&4\times(-2)+(-1)\times1&4\times3++(-1)\times2\\6\times1+0\times3&6\times(-2)+0\times1&6\times3+0\times2\\(-1)\times1+2\times3&(-1)\times(-2)+2\times1&(-1)\times3+2\times2\end{pmatrix}$$

$$=\begin{pmatrix}15&-2&17\\1&12&-11\\3&1&2\end{pmatrix}+\begin{pmatrix}1&-9&10\\6&-12&18\\5&4&1\end{pmatrix}$$

$$=\begin{pmatrix}16&-11&27\\7&0&7\\8&5&3\end{pmatrix}.$$

性质 1.2.7　矩阵的乘法对矩阵的加法满足左、右分配律.

即,任意的 $\boldsymbol{A}=(a_{ij})_{m\times s}$, $\boldsymbol{B}=(b_{ij})_{s\times n}$, $\boldsymbol{C}=(c_{ij})_{s\times n}$, 都有 $\boldsymbol{A}(\boldsymbol{B}+\boldsymbol{C})=\boldsymbol{AB}+\boldsymbol{AC}$;任意的 $\boldsymbol{B}=(b_{ij})_{m\times s}$, $\boldsymbol{C}=(c_{ij})_{m\times s}$, $\boldsymbol{A}=(a_{ij})_{s\times n}$,都有 $(\boldsymbol{B}+\boldsymbol{C})\boldsymbol{A}=\boldsymbol{BA}+\boldsymbol{CA}$.

例 1.2.10　设 $\boldsymbol{D}=\begin{pmatrix} d_1 & 0 & 0 \\ 0 & d_2 & 0 \\ 0 & 0 & d_3 \end{pmatrix}$, $\boldsymbol{A}=\begin{pmatrix} 2 & -3 \\ -4 & 5 \\ 7 & 10 \end{pmatrix}$, $\boldsymbol{B}=\begin{pmatrix} -1 & 4 & 3 \\ 2 & 7 & 5 \end{pmatrix}$,

求 $\boldsymbol{DA}$, $\boldsymbol{BD}$.

解

$$\boldsymbol{DA}=\begin{pmatrix} d_1 & 0 & 0 \\ 0 & d_2 & 0 \\ 0 & 0 & d_3 \end{pmatrix}\begin{pmatrix} 2 & -3 \\ -4 & 5 \\ 7 & 10 \end{pmatrix}$$

$$=\begin{pmatrix} d_1\times 2+0\times(-4)+0\times 7 & d_1\times(-3)+0\times 5+0\times 10 \\ 0\times 2+d_2\times(-4)+0\times 7 & 0\times(-3)+d_2\times 5+0\times 10 \\ 0\times 2+0\times(-4)+d_3\times 7 & 0\times(-3)+0\times 5+d_3\times 10 \end{pmatrix}$$

$$=\begin{pmatrix} 2d_1 & -3d_1 \\ -4d_2 & 5d_2 \\ 7d_3 & 10d_3 \end{pmatrix},$$

$$\boldsymbol{BD}=\begin{pmatrix} -1 & 4 & 3 \\ 2 & 7 & 5 \end{pmatrix}\begin{pmatrix} d_1 & 0 & 0 \\ 0 & d_2 & 0 \\ 0 & 0 & d_3 \end{pmatrix}$$

$$=\begin{pmatrix} (-1)\times d_1+4\times 0+3\times 0 & (-1)\times 0+4\times d_2+3\times 0 & (-1)\times 0+4\times 0+3\times d_3 \\ 2\times d_1+7\times 0+5\times 0 & 2\times 0+7\times d_2+5\times 0 & 2\times 0+7\times 0+5\times d_3 \end{pmatrix}$$

$$=\begin{pmatrix} -d_1 & 4d_2 & 3d_3 \\ 2d_1 & 7d_2 & 5d_3 \end{pmatrix}.$$

注:对角阵 $\boldsymbol{D}=\begin{pmatrix} d_1 & 0 & \cdots & 0 \\ 0 & d_2 & \cdots & 0 \\ \vdots & \vdots & \ddots & \vdots \\ 0 & 0 & \cdots & d_m \end{pmatrix}$ 与 $\boldsymbol{A}=\begin{pmatrix} a_{11} & a_{12} & \cdots & a_{1n} \\ a_{21} & a_{22} & \cdots & a_{2n} \\ \vdots & \vdots & \cdots & \vdots \\ a_{m1} & a_{m2} & \cdots & a_{mn} \end{pmatrix}$ 的乘积,

等于将 $\boldsymbol{A}$ 的第 k $(k=1,2,\cdots,m)$ 行元素全乘以 $\boldsymbol{D}$ 的对角元 d_k. 即

$$\boldsymbol{DA}=\begin{pmatrix} d_1a_{11} & d_1a_{12} & \cdots & d_1a_{1n} \\ d_2a_{21} & d_2a_{22} & \cdots & d_2a_{2n} \\ \vdots & \vdots & \cdots & \vdots \\ d_ma_{m1} & d_ma_{m2} & \cdots & d_ma_{mn} \end{pmatrix}.$$

$\boldsymbol{A}=\begin{pmatrix} a_{11} & a_{12} & \cdots & a_{1n} \\ a_{21} & a_{22} & \cdots & a_{2n} \\ \vdots & \vdots & \cdots & \vdots \\ a_{m1} & a_{m2} & \cdots & a_{mn} \end{pmatrix}$ 与对角阵 $\boldsymbol{D}=\begin{pmatrix} d_1 & 0 & \cdots & 0 \\ 0 & d_2 & \cdots & 0 \\ \vdots & \vdots & \ddots & \vdots \\ 0 & 0 & \cdots & d_n \end{pmatrix}$ 的乘积,等于将 $\boldsymbol{A}$ 的第 k $(k=1,2,\cdots,n)$ 列元素乘以 $\boldsymbol{D}$ 的对角元 d_k. 即

$$\boldsymbol{AD}=\begin{pmatrix} d_1a_{11} & d_2a_{12} & \cdots & d_na_{1n} \\ d_1a_{21} & d_2a_{22} & \cdots & d_na_{2n} \\ \vdots & \vdots & \cdots & \vdots \\ d_1a_{m1} & d_2a_{m2} & \cdots & d_na_{mn} \end{pmatrix}.$$

特别地,

(1) 两个 m 阶对角阵的乘积,积矩阵仍是 m 阶对角矩阵,且对角元素是相应对角元素的乘积. 即

$$\begin{pmatrix} x_1 & 0 & \cdots & 0 \\ 0 & x_2 & \cdots & 0 \\ \vdots & \vdots & \ddots & \vdots \\ 0 & 0 & \cdots & x_m \end{pmatrix}\begin{pmatrix} y_1 & 0 & \cdots & 0 \\ 0 & y_2 & \cdots & 0 \\ \vdots & \vdots & \ddots & \vdots \\ 0 & 0 & \cdots & y_m \end{pmatrix}=\begin{pmatrix} x_1y_1 & 0 & \cdots & 0 \\ 0 & x_2y_2 & \cdots & 0 \\ \vdots & \vdots & \ddots & \vdots \\ 0 & 0 & \cdots & x_my_m \end{pmatrix};$$

(2) 数 k 确定的 m 阶数量阵 $\boldsymbol{K}_m=\begin{pmatrix} k & \cdots & 0 \\ \vdots & \ddots & \vdots \\ 0 & \cdots & k \end{pmatrix}_m$ 与 $\boldsymbol{A}=(a_{ij})_{m\times n}$ 的乘积,等于 $\boldsymbol{A}$ 的每一个元素都乘以数 k,也等于数 k 与 $\boldsymbol{A}$ 的乘积.

$$\boldsymbol{K}_m\boldsymbol{A}=\begin{pmatrix} ka_{11} & ka_{12} & \cdots & ka_{1n} \\ ka_{21} & ka_{22} & \cdots & ka_{2n} \\ \vdots & \vdots & \cdots & \vdots \\ ka_{m1} & ka_{m2} & \cdots & ka_{mn} \end{pmatrix}=k\boldsymbol{A}.$$

$\boldsymbol{A}=(a_{ij})_{m\times n}$ 与数 k 确定的 n 阶数量阵 $\boldsymbol{K}_n=\begin{pmatrix} k & \cdots & 0 \\ \vdots & \ddots & \vdots \\ 0 & \cdots & k \end{pmatrix}_n$ 的乘积,等于

$\boldsymbol{A}$ 的每一个元素都乘以数 k，也等于数 k 与 $\boldsymbol{A}$ 的乘积.

$$\boldsymbol{AK}_n=\begin{pmatrix} ka_{11} & ka_{12} & \cdots & ka_{1n} \\ ka_{21} & ka_{22} & \cdots & ka_{2n} \\ \vdots & \vdots & \cdots & \vdots \\ ka_{m1} & ka_{m2} & \cdots & ka_{mn} \end{pmatrix}=k\boldsymbol{A}.$$

当 $k=1$ 时，$\boldsymbol{K}_m=\boldsymbol{I}_m$，$\boldsymbol{K}_n=\boldsymbol{I}_n$ 分别是 m 阶、n 阶单位矩阵，且 $\boldsymbol{I}_m A=\boldsymbol{AI}_n=\boldsymbol{A}$. 即在矩阵乘法中，单位矩阵很像数 1，任何矩阵与单位矩阵的乘积（在可乘积时）都不变.

当 $k=0$ 时，$\boldsymbol{K}_m=\boldsymbol{O}_m$，$\boldsymbol{K}_n=\boldsymbol{O}_n$ 分别是 m 阶、n 阶零方阵，且 $\boldsymbol{O}_m\boldsymbol{A}=\boldsymbol{AO}_n=\boldsymbol{O}$. 即在矩阵乘法中，零矩阵与任意矩阵的乘积（在可乘积时）都是零矩阵.

定义 1.2.7　两个相同方阵 $\boldsymbol{A}$ 的乘积，称为 $\boldsymbol{A}$ 的"二次方幂"，记作 $\boldsymbol{A}^2$；三个相同方阵 $\boldsymbol{B}$ 的乘积，称为 $\boldsymbol{B}$ 的"三次方幂"，记作 $\boldsymbol{B}^3$.

一般地，k 个相同方阵 $\boldsymbol{A}$ 的乘积，称为 $\boldsymbol{A}$ 的"k 次方幂"，记作 $\boldsymbol{A}^k$.

注：m 阶对角阵 $\boldsymbol{D}=\begin{pmatrix} d_1 & 0 & \cdots & 0 \\ 0 & d_2 & \cdots & 0 \\ \vdots & \vdots & \ddots & \vdots \\ 0 & 0 & \cdots & d_m \end{pmatrix}$ 的 k 次幂 $\boldsymbol{D}^k=\begin{pmatrix} d_1^k & 0 & \cdots & 0 \\ 0 & d_2^k & \cdots & 0 \\ \vdots & \vdots & \ddots & \vdots \\ 0 & 0 & \cdots & d_m^k \end{pmatrix}$.

例 1.2.11　设 $\boldsymbol{A}=\begin{pmatrix} 1 & -1 \\ 1 & -1 \end{pmatrix}$，$\boldsymbol{B}=\begin{pmatrix} 0 & 1 & 0 \\ 0 & 0 & 1 \\ 0 & 0 & 0 \end{pmatrix}$，求 $\boldsymbol{A}^2$，$\boldsymbol{B}^2$，$\boldsymbol{B}^3$.

解　$$\boldsymbol{A}^2=\begin{pmatrix} 1 & -1 \\ 1 & -1 \end{pmatrix}\begin{pmatrix} 1 & -1 \\ 1 & -1 \end{pmatrix}$$

$$=\begin{pmatrix} 1\times1+(-1)\times1 & 1\times(-1)+(-1)\times(-1) \\ 1\times1+(-1)\times1 & 1\times(-1)+(-1)\times(-1) \end{pmatrix}$$

$$=\begin{pmatrix} 0 & 0 \\ 0 & 0 \end{pmatrix};$$

$$\boldsymbol{B}^2=\begin{pmatrix} 0 & 1 & 0 \\ 0 & 0 & 1 \\ 0 & 0 & 0 \end{pmatrix}\begin{pmatrix} 0 & 1 & 0 \\ 0 & 0 & 1 \\ 0 & 0 & 0 \end{pmatrix}$$

$$=\begin{pmatrix}0\times0+1\times0+0\times0 & 0\times1+1\times0+0\times0 & 0\times0+1\times1+0\times0\\0\times0+0\times0+1\times0 & 0\times1+0\times0+1\times0 & 0\times0+0\times1+1\times0\\0\times0+0\times0+0\times0 & 0\times1+0\times0+0\times0 & 0\times0+0\times1+0\times0\end{pmatrix}$$

$$=\begin{pmatrix}0&0&1\\0&0&0\\0&0&0\end{pmatrix};$$

$$\boldsymbol{B}^3=\boldsymbol{B}^2\boldsymbol{B}=\begin{pmatrix}0&0&1\\0&0&0\\0&0&0\end{pmatrix}\begin{pmatrix}0&1&0\\0&0&1\\0&0&0\end{pmatrix}$$

$$=\begin{pmatrix}0\times0+0\times0+1\times0 & 0\times1+0\times0+1\times0 & 0\times0+0\times1+1\times0\\0\times0+0\times0+0\times0 & 0\times1+0\times0+0\times0 & 0\times0+0\times1+0\times0\\0\times0+0\times0+0\times0 & 0\times1+0\times0+0\times0 & 0\times0+0\times1+0\times0\end{pmatrix}$$

$$=\begin{pmatrix}0&0&0\\0&0&0\\0&0&0\end{pmatrix}.$$

注:若矩阵 $\boldsymbol{A}$ 的某 k 次幂为零矩阵,则称 $\boldsymbol{A}$ 为幂零矩阵.

例子中,$\boldsymbol{A}^2=\boldsymbol{O},\boldsymbol{B}^3=\boldsymbol{O}$. 即 $\boldsymbol{A},\boldsymbol{B}$ 都是幂零矩阵.

例 1.2.12 设 $\boldsymbol{A}=\begin{pmatrix}-1&2\\0&1\end{pmatrix},\boldsymbol{B}=\begin{pmatrix}1&0&0\\1&-1&0\\x&0&1\end{pmatrix}$,$x$ 是任意数.
求 $\boldsymbol{A}^2,\boldsymbol{B}^2$.

解 $\boldsymbol{A}^2=\begin{pmatrix}-1&2\\0&1\end{pmatrix}\begin{pmatrix}-1&2\\0&1\end{pmatrix}$

$$=\begin{pmatrix}(-1)\times(-1)+2\times0 & (-1)\times2+2\times1\\0\times(-1)+1\times0 & 0\times2+1\times1\end{pmatrix}$$

$$=\begin{pmatrix}1&0\\0&1\end{pmatrix};$$

$$\boldsymbol{B}^2=\begin{pmatrix}1&0&0\\1&-1&0\\x&0&-1\end{pmatrix}\begin{pmatrix}1&0&0\\1&-1&0\\x&0&-1\end{pmatrix}$$

$$=\begin{pmatrix}1\times1+0\times1+0\times x & 1\times0+0\times(-1)+0\times0 & 1\times0+0\times0+0\times(-1)\\ 1\times1+(-1)\times1+0\times x & 1\times0+(-1)\times(-1)+0\times0 & 1\times0+(-1)\times0+0\times(-1)\\ x\times1+0\times1+(-1)\times x & x\times0+0\times(-1)+(-1)\times0 & x\times0+0\times0+(-1)\times(-1)\end{pmatrix}$$

$$=\begin{pmatrix}1&0&0\\0&1&0\\0&0&1\end{pmatrix}.$$

注:二次方幂等于单位矩阵的方阵为对合阵.上例中矩阵 $\boldsymbol{A},\boldsymbol{B}$ 都是对合阵.

例 1.2.13　设 $\boldsymbol{A}=\begin{pmatrix}1&1\\0&1\end{pmatrix}$, $\boldsymbol{B}=\begin{pmatrix}-1&0\\-1&-1\end{pmatrix}$, $\boldsymbol{C}=\begin{pmatrix}2&1\\1&2\end{pmatrix}$, $\boldsymbol{D}=\begin{pmatrix}0&1\\1&0\end{pmatrix}$,求(1) $(\boldsymbol{A}+\boldsymbol{B})^2$, $\boldsymbol{A}^2+2\boldsymbol{AB}+\boldsymbol{B}^2$;(2) $(\boldsymbol{C}+\boldsymbol{D})^2$, $\boldsymbol{C}^2+2\boldsymbol{CD}+\boldsymbol{D}^2$.

解　(1) $(\boldsymbol{A}+\boldsymbol{B})^2=\left(\begin{pmatrix}1&1\\0&1\end{pmatrix}+\begin{pmatrix}-1&0\\-1&-1\end{pmatrix}\right)^2$

$$=\begin{pmatrix}0&1\\-1&0\end{pmatrix}^2=\begin{pmatrix}-1&0\\0&-1\end{pmatrix},$$

$$\boldsymbol{A}^2+2\boldsymbol{AB}+\boldsymbol{B}^2=\begin{pmatrix}1&1\\0&1\end{pmatrix}^2+2\begin{pmatrix}1&1\\0&1\end{pmatrix}\begin{pmatrix}-1&0\\-1&-1\end{pmatrix}+\begin{pmatrix}-1&0\\-1&-1\end{pmatrix}^2$$

$$=\begin{pmatrix}1&2\\0&1\end{pmatrix}+2\begin{pmatrix}-2&-1\\-1&-1\end{pmatrix}+\begin{pmatrix}1&0\\2&1\end{pmatrix}=\begin{pmatrix}-2&0\\0&0\end{pmatrix};$$

$$(\boldsymbol{A}+\boldsymbol{B})^2\neq\boldsymbol{A}^2+2\boldsymbol{AB}+\boldsymbol{B}^2.$$

(2) $(\boldsymbol{C}+\boldsymbol{D})^2=\left(\begin{pmatrix}2&1\\1&2\end{pmatrix}+\begin{pmatrix}0&1\\1&0\end{pmatrix}\right)^2=\begin{pmatrix}2&2\\2&2\end{pmatrix}^2=\begin{pmatrix}8&8\\8&8\end{pmatrix}$,

$$\boldsymbol{C}^2+2\boldsymbol{CD}+\boldsymbol{D}^2=\begin{pmatrix}2&1\\1&2\end{pmatrix}^2+2\begin{pmatrix}2&1\\1&2\end{pmatrix}\begin{pmatrix}0&1\\1&0\end{pmatrix}+\begin{pmatrix}0&1\\1&0\end{pmatrix}^2$$

$$=\begin{pmatrix}5&4\\4&5\end{pmatrix}+2\begin{pmatrix}1&2\\2&1\end{pmatrix}+\begin{pmatrix}1&0\\0&1\end{pmatrix}=\begin{pmatrix}8&8\\8&8\end{pmatrix},$$

$$(\boldsymbol{C}+\boldsymbol{D})^2=\boldsymbol{C}^2+2\boldsymbol{CD}+\boldsymbol{D}^2.$$

注:平方和公式“$(x+y)^2=x^2+2xy+y^2$”对矩阵运算不成立.

事实上,对两个同阶方阵 $\boldsymbol{A},\boldsymbol{B}$, $(\boldsymbol{A}+\boldsymbol{B})^2=(\boldsymbol{A}+\boldsymbol{B})(\boldsymbol{A}+\boldsymbol{B})=\boldsymbol{A}^2+\boldsymbol{AB}+\boldsymbol{BA}+\boldsymbol{B}^2$,而矩阵乘法不满足交换律($\boldsymbol{AB}\neq\boldsymbol{BA}$),从而“$\boldsymbol{A}^2+2\boldsymbol{AB}+\boldsymbol{B}^2$

$\neq(\boldsymbol{A}^2+2\boldsymbol{AB}+\boldsymbol{B}^2)$".若 $\boldsymbol{A}^2+\boldsymbol{AB}+\boldsymbol{BA}+\boldsymbol{B}^2=\boldsymbol{A}^2+2\boldsymbol{AB}+\boldsymbol{B}^2$,必有 $\boldsymbol{AB}=\boldsymbol{BA}$.

若矩阵 $\boldsymbol{A},\boldsymbol{B}$ 满足 $\boldsymbol{AB}=\boldsymbol{BA}$,则称 $\boldsymbol{A}$ 与 $\boldsymbol{B}$ 可交换.

例子中的矩阵 $\boldsymbol{C}$ 和 $\boldsymbol{D}$ 是可交换矩阵,所以满足

$$(\boldsymbol{C}+\boldsymbol{D})^2=\boldsymbol{C}^2+2\boldsymbol{CD}+\boldsymbol{D}^2.$$

定义 1.2.8 设 $\boldsymbol{A}=\begin{pmatrix} a_{11} & a_{12} & \cdots & a_{1n} \\ a_{21} & a_{22} & \cdots & a_{2n} \\ \vdots & \vdots & \cdots & \vdots \\ a_{m1} & a_{m2} & \cdots & a_{mn} \end{pmatrix}$ 是 $m\times n$ 阶矩阵,将 $\boldsymbol{A}$ 的第 k ($k=1,2,\cdots,m$) 行写成第 k 列,得到 $n\times m$ 矩阵 $\begin{pmatrix} a_{11} & a_{21} & \cdots & a_{m1} \\ a_{12} & a_{22} & \cdots & a_{m2} \\ \vdots & \vdots & \cdots & \vdots \\ a_{1n} & a_{2n} & \cdots & a_{mn} \end{pmatrix}$,称为 $\boldsymbol{A}$ 的转置矩阵. 记作 $\boldsymbol{A}^T$. 即

$$\boldsymbol{A}^T=\begin{pmatrix} a_{11} & a_{12} & \cdots & a_{1n} \\ a_{21} & a_{22} & \cdots & a_{2n} \\ \vdots & \vdots & \cdots & \vdots \\ a_{m1} & a_{m2} & \cdots & a_{mn} \end{pmatrix}^T=\begin{pmatrix} a_{11} & a_{21} & \cdots & a_{m1} \\ a_{12} & a_{22} & \cdots & a_{m2} \\ \vdots & \vdots & \cdots & \vdots \\ a_{1n} & a_{2n} & \cdots & a_{mn} \end{pmatrix}.$$

例如,$\boldsymbol{A}=\begin{pmatrix} a_1 & a_2 \\ b_1 & b_2 \\ c_1 & c_2 \end{pmatrix}$ 是 3×2 矩阵,$\boldsymbol{A}^T=\begin{pmatrix} a_1 & b_1 & c_1 \\ a_2 & b_2 & c_2 \end{pmatrix}$ 是 2×3 矩阵.

矩阵的转置就是将矩阵的行换为列,所以,转置的转置是矩阵自身,即

性质 1.2.8 $(\boldsymbol{A}^T)^T=\boldsymbol{A}$.

例 1.2.14 设 $\boldsymbol{A}=\begin{pmatrix} 1 & -1 & 2 \\ -3 & 5 & 4 \end{pmatrix}$,$\boldsymbol{B}=\begin{pmatrix} 2 & -3 & 1 \\ 4 & -1 & 5 \end{pmatrix}$,$\boldsymbol{C}=\begin{pmatrix} 3 & -2 \\ 5 & 8 \\ -3 & 1 \end{pmatrix}$,求 $\boldsymbol{A}^T+\boldsymbol{B}^T$,$(\boldsymbol{A}+\boldsymbol{B})^T$,$(\boldsymbol{BC})^T$,$\boldsymbol{C}^T\boldsymbol{B}^T$,$(\boldsymbol{CB})^T$,$\boldsymbol{B}^T\boldsymbol{C}^T$.

解　$A^T+B^T=\begin{pmatrix}1&-3\\-1&5\\2&4\end{pmatrix}+\begin{pmatrix}2&4\\-3&-1\\1&5\end{pmatrix}=\begin{pmatrix}3&1\\-4&4\\3&9\end{pmatrix}$,

$$(A+B)^T=\left(\begin{pmatrix}1&-1&2\\-3&5&4\end{pmatrix}+\begin{pmatrix}2&-3&1\\4&-1&5\end{pmatrix}\right)^T$$

$$=\begin{pmatrix}3&-4&3\\1&4&9\end{pmatrix}^T=\begin{pmatrix}3&1\\-4&4\\3&9\end{pmatrix}.$$

$$(BC)^T=\left(\begin{pmatrix}2&-3&1\\4&-1&5\end{pmatrix}\begin{pmatrix}3&-2\\5&8\\-3&1\end{pmatrix}\right)^T=\begin{pmatrix}-12&-27\\-8&-11\end{pmatrix}^T$$

$$=\begin{pmatrix}-12&-8\\-27&-11\end{pmatrix},$$

$$C^TB^T=\begin{pmatrix}3&-2\\5&8\\-3&1\end{pmatrix}^T\begin{pmatrix}2&-3&1\\4&-1&5\end{pmatrix}^T=\begin{pmatrix}3&5&-3\\-2&8&1\end{pmatrix}\begin{pmatrix}2&4\\-3&-1\\1&5\end{pmatrix}$$

$$=\begin{pmatrix}-12&-8\\-27&-11\end{pmatrix},$$

$$(CB)^T=\left(\begin{pmatrix}3&-2\\5&8\\-3&1\end{pmatrix}\begin{pmatrix}2&-3&1\\4&-1&5\end{pmatrix}\right)^T=\begin{pmatrix}-2&-7&-7\\42&-23&45\\-2&8&2\end{pmatrix}^T$$

$$=\begin{pmatrix}-2&42&-2\\-7&-23&8\\-7&45&2\end{pmatrix},$$

$$B^TC^T=\begin{pmatrix}2&-3&1\\4&-1&5\end{pmatrix}^T\begin{pmatrix}3&-2\\5&8\\-3&1\end{pmatrix}^T=\begin{pmatrix}2&4\\-3&-1\\1&5\end{pmatrix}\begin{pmatrix}3&5&-3\\-2&8&1\end{pmatrix}$$

$$=\begin{pmatrix}-2&42&-2\\-7&-23&8\\-7&45&2\end{pmatrix}.$$

性质 1.2.9 矩阵和的转置等于它们转置的和.

即任意的两个同阶矩阵 $\boldsymbol{A}$,$\boldsymbol{B}$,都有 $(\boldsymbol{A}+\boldsymbol{B})^T=\boldsymbol{A}^T+\boldsymbol{B}^T$.

性质 1.2.10 矩阵乘积的转置一般不等于转置的乘积,而是等于颠倒顺序的转置的积.

即任意的 $m\times s$ 阶矩阵 $\boldsymbol{A}$, $s\times n$ 阶矩阵 $\boldsymbol{B}$,都有 $(\boldsymbol{AB})^T=\boldsymbol{B}^T\boldsymbol{A}^T$.

定义 1.2.9 设 $\boldsymbol{A}=(a_{ij})_{n\times n}$ 是一个 n 阶方阵,若 $\boldsymbol{A}^T=\boldsymbol{A}$,则称 $\boldsymbol{A}$ 为对称矩阵;若 $\boldsymbol{A}^T=-\boldsymbol{A}$,则称 $\boldsymbol{A}$ 为反对称矩阵.

例 1.2.15 $\boldsymbol{A}=\begin{pmatrix}1 & x & 2\\ -1 & 0 & y\\ z & 3 & 5\end{pmatrix}$ 是对称矩阵,$\boldsymbol{B}=\begin{pmatrix}0 & 2 & a\\ b & c & -5\\ 6 & d & e\end{pmatrix}$ 是反对称矩阵,求 x,y,z; a,b,c,d,e.

解 $\boldsymbol{A}$ 是对称矩阵,$\boldsymbol{A}=\boldsymbol{A}^T$,即

$$\begin{pmatrix}1 & x & 2\\ -1 & 0 & y\\ z & 3 & 5\end{pmatrix}=\begin{pmatrix}1 & x & 2\\ -1 & 0 & y\\ z & 3 & 5\end{pmatrix}^T,\quad \begin{pmatrix}1 & x & 2\\ -1 & 0 & y\\ z & 3 & 5\end{pmatrix}=\begin{pmatrix}1 & -1 & z\\ x & 0 & 3\\ 2 & y & 5\end{pmatrix},$$

比较等式两边矩阵的元素,得 $x=-1,y=3,z=2$.

$\boldsymbol{B}$ 是反对称矩阵,$\boldsymbol{B}^T=-\boldsymbol{B}$,即

$$\begin{pmatrix}0 & 2 & a\\ b & c & -5\\ 6 & d & e\end{pmatrix}^T=-\begin{pmatrix}0 & 2 & a\\ b & c & -5\\ 6 & d & e\end{pmatrix},\quad \begin{pmatrix}0 & b & 6\\ 2 & c & d\\ a & -5 & e\end{pmatrix}=\begin{pmatrix}0 & -2 & -a\\ -b & -c & 5\\ -6 & -d & -e\end{pmatrix},$$

比较等式两边矩阵的元素,得 $a=-6,b=-2,c=0,d=5,e=0$.

注:对称矩阵 $\boldsymbol{A}=(a_{ij})_{n\times n}$ 的元素满足 $a_{ij}=a_{ji}$,即 $\boldsymbol{A}$ 的第 i $(i=1,2,\cdots,n)$ 行、第 j $(j=1,2,\cdots,n)$ 列的元素 a_{ij} 与第 j 行、第 i 列的元素 a_{ji} 相等.

反对称矩阵 $\boldsymbol{A}=(a_{ij})_{n\times n}$ 的元素满足 $a_{ij}=-a_{ji}$,即 $\boldsymbol{A}$ 的第 i $(i=1,2,\cdots,n)$ 行、第 j $(j=1,2,\cdots,n)$ 列的元素 a_{ij} 与第 j 行、第 i 列的元素 a_{ji} 相差(-1)倍.

特别地,反对称矩阵 $\boldsymbol{A}$ 的主对角元素 a_{ii} 全为零,即 $a_{ii}=0$, $i=1,2,\cdots,n$.

习题 1.2

1. 计算下列矩阵的乘积.

(1) $\begin{pmatrix} 7 & -1 \\ -2 & 5 \\ 3 & -4 \end{pmatrix}\begin{pmatrix} 1 & 4 \\ -5 & 2 \end{pmatrix}$；

(2) $\begin{pmatrix} a_1 & a_2 & a_3 \\ b_1 & b_2 & b_3 \\ c_1 & c_2 & c_3 \end{pmatrix}\begin{pmatrix} 1 \\ 1 \\ 1 \end{pmatrix}$；

(3) $(4\quad 7\quad 9)\begin{pmatrix} 1 \\ 2 \\ -1 \end{pmatrix}$；

(4) $\begin{pmatrix} 1 \\ 2 \\ -1 \end{pmatrix}(4\quad 7\quad 9)$；

(5) $\begin{pmatrix} 2 & -1 & 4 & 0 \\ 1 & -1 & 3 & 2 \end{pmatrix}\begin{pmatrix} 1 & 3 & 1 \\ 0 & 1 & -1 \\ 1 & -1 & 2 \\ 2 & 0 & -2 \end{pmatrix}$；

(6) $\begin{pmatrix} 1 & 2 & 3 \\ 0 & 4 & 5 \\ 0 & 0 & 6 \end{pmatrix}\begin{pmatrix} 1 & -1 & 2 \\ 0 & 2 & 1 \\ 0 & 0 & 1 \end{pmatrix}$；

(7) $\begin{pmatrix} 1 & 0 & 0 \\ 0 & 2 & 0 \\ 0 & 0 & -3 \end{pmatrix}\begin{pmatrix} a_1 & a_2 & a_3 \\ b_1 & b_2 & b_3 \\ c_1 & c_2 & c_3 \end{pmatrix}$；

(8) $\begin{pmatrix} a_1 & a_2 & a_3 \\ b_1 & b_2 & b_3 \\ c_1 & c_2 & c_3 \end{pmatrix}\begin{pmatrix} 1 & 0 & 0 \\ 0 & 2 & 0 \\ 0 & 0 & -3 \end{pmatrix}$；

(9) $(1\quad -1\quad 2)\begin{pmatrix} 1 & 2 & -1 \\ 0 & 1 & 0 \\ 3 & 0 & 2 \end{pmatrix}\begin{pmatrix} 1 \\ -1 \\ 2 \end{pmatrix}$；

(10) $(x\quad y\quad z)\begin{pmatrix} a & a_{12} & a_{13} \\ a_{21} & b & a_{23} \\ a_{31} & a_{32} & c \end{pmatrix}\begin{pmatrix} x \\ y \\ z \end{pmatrix}$.

2. 设 $\boldsymbol{A}=\begin{pmatrix} 1 & -1 & 3 \\ -2 & 1 & -2 \end{pmatrix}$, $\boldsymbol{B}=\begin{pmatrix} -1 & 2 & 0 \\ -2 & 1 & -1 \end{pmatrix}$.

(1) 求 $\boldsymbol{A}+\boldsymbol{B}$, $\boldsymbol{A}-\boldsymbol{B}$, $2\boldsymbol{A}-3\boldsymbol{B}$；(2) 若 $3\boldsymbol{A}-4\boldsymbol{B}+\frac{1}{2}\boldsymbol{C}=0$,求 $\boldsymbol{C}$.

3. 设 $\boldsymbol{A}=\begin{pmatrix} 1 & 2 \\ -1 & 2 \\ 2 & 0 \end{pmatrix}$, $\boldsymbol{B}=\begin{pmatrix} 3 & 2 \\ -1 & 0 \\ -2 & 2 \end{pmatrix}$.

(1) 求 $2\boldsymbol{A}+\boldsymbol{B}$, $\boldsymbol{A}-\frac{1}{2}\boldsymbol{B}$；(2) 设 k 是任意数,计算 $k\boldsymbol{A}+k\boldsymbol{B}$；

(3) 若 $2\boldsymbol{A}=3\boldsymbol{B}+2\boldsymbol{C}$,求 $\boldsymbol{C}$.

4. 若 $\boldsymbol{A},\boldsymbol{B}\in\mathbf{R}^{n\times n}$满足 $\boldsymbol{AB}=\boldsymbol{BA}$,则称 $\boldsymbol{A}$ 与 $\boldsymbol{B}$ 可交换.

(1) 若 $\boldsymbol{A}=\begin{pmatrix} 1 & -1 \\ -1 & 1 \end{pmatrix}$与 $\boldsymbol{B}=\begin{pmatrix} 2 & -3 \\ x & y \end{pmatrix}$可交换,求 x,y 的值；

(2) 若 $\boldsymbol{A}=\begin{pmatrix} a & b \\ 3 & 2 \end{pmatrix}$ 与 $\begin{pmatrix} 1 & 2 \\ 1 & -1 \end{pmatrix}$ 可交换,求 a,b 的值;

(3) 验证:若 $\boldsymbol{B}_1,\boldsymbol{B}_2$ 都与 $\boldsymbol{A}$ 可交换,则 $\boldsymbol{B}_1+\boldsymbol{B}_2,\boldsymbol{B}_1\boldsymbol{B}_2$ 也都与 $\boldsymbol{A}$ 可交换.

5. 选择题:

(1) 设 $\boldsymbol{A}_1=\begin{pmatrix} 1 & -2 & 3 \\ 3 & 0 & -3 \end{pmatrix}$, $\boldsymbol{A}_2=(a_{kl})_{s\times t}$,若 $\boldsymbol{A}_1=\boldsymbol{A}_2$,则下列正确的是(　　).

A. $s=t=2$, $a_{12}=2$;　　B. $s=t=3$, $a_{13}=3$;

C. $s=2,t=3,a_{21}=3$;　　D. $s=3$, $t=2$, $a_{23}=-3$.

(2) 设矩阵 $\boldsymbol{A}=(a_{ij})_{m\times n}$, $\boldsymbol{B}=(b_{kl})_{s\times t}$, 则 $m=s,n=t$ 是 $\boldsymbol{A}=\boldsymbol{B}$ 的(　　).

A. 充分但非必要条件;　　B. 必要但非充分条件;

C. 充分必要条件;　　D. 既不是充分条件,也不是必要条件.

(3) 元素全为 0 的矩阵称为零矩阵. 所有零矩阵都相等.(　　).

A. 此陈述是正确的;　　B. 此陈述是错误的.

(4) 已知矩阵 $\boldsymbol{A}=\begin{pmatrix} 2 & -2 & -1 \\ 2 & -1 & -2 \end{pmatrix}$, $\boldsymbol{B}=\begin{pmatrix} -1 & 2 & 1 \\ -2 & 1 & 3 \end{pmatrix}$, $\boldsymbol{A}+\boldsymbol{B}=\begin{pmatrix} a & 0 & 0 \\ 0 & 0 & b \end{pmatrix}$,则 $a+b$ =(　　)

A. 0;　　B. 1;　　C. 2;　　D. 3.

(5) 设 $\boldsymbol{A}=\begin{pmatrix} 1 & -1 \\ -1 & 1 \end{pmatrix}$,且矩阵 $\boldsymbol{B},\boldsymbol{C}$ 满足 $\boldsymbol{AB}=\boldsymbol{AC}$, 则 $\boldsymbol{B}=\boldsymbol{C}$.(　　).

A. 此陈述是正确的;　　B. 此陈述是错误的.

(6) 设 $\boldsymbol{A}=\begin{pmatrix} 1 & -1 \\ 1 & 1 \end{pmatrix}$,且矩阵 $\boldsymbol{B},\boldsymbol{C}$ 满足 $\boldsymbol{AB}=\boldsymbol{AC}$, 则 $\boldsymbol{B}=\boldsymbol{C}$.(　　).

A. 此陈述是正确的;　　B. 此陈述是错误的.

(7) 两个可以求积的非零矩阵之积非零. 即假设 $\boldsymbol{A}\neq\boldsymbol{O},\boldsymbol{B}\neq\boldsymbol{O}$,且 $\boldsymbol{AB}$ 有意义,则 $\boldsymbol{AB}\neq\boldsymbol{O}$. (　　).

A. 此陈述是正确的;　　B. 此陈述是错误的.

(8) 设 $\boldsymbol{A}=\begin{pmatrix} 1 & -1 \\ 1 & 1 \end{pmatrix}$, $\boldsymbol{B}=\begin{pmatrix} 1 & 2 \\ -1 & -2 \end{pmatrix}$, $\boldsymbol{A}+\boldsymbol{B}=\begin{pmatrix} a & 1 \\ 0 & b \end{pmatrix}$,则 $a+b=$(　　).

A. 0;　　B. 1;　　C. 2;　　D. 3.

(9) 设 $\boldsymbol{A}_{m\times s}$, $B_{s\times n}$, $\boldsymbol{C}_{s\times n}$ 是三个矩阵,则 $\boldsymbol{AB}=\boldsymbol{AC}$ 是 $\boldsymbol{B}=\boldsymbol{C}$ 的(　　).

A. 充分但非必要条件;　　B. 必要但非充分条件;

C. 充分必要条件;　　D. 既不是充分条件,也不是必要条件.

(10) 设 $\boldsymbol{A},\boldsymbol{B}$ 是两个 $n\times n$ 阶矩阵,则 $\boldsymbol{AB}=\boldsymbol{BA}$ 是 $(\boldsymbol{A}+\boldsymbol{B})^2=\boldsymbol{A}^2+2\boldsymbol{AB}+\boldsymbol{B}^2$ 成立的(　　).

A. 充分但非必要条件；　　B. 必要但非充分条件；

C. 充分必要条件；　　D. 既不是充分条件，也不是必要条件.

(11) 设 $\boldsymbol{A}_1=\begin{pmatrix} a_1 & a_2 & a_3 \\ b_1 & b_2 & b_3 \\ c_1 & c_2 & c_3 \end{pmatrix}$，将 $\boldsymbol{A}_1$ 的第一行所有元素都乘(−2)，第二行所有元素都乘 3，第三行所有元素都乘 2，得到矩阵 $\boldsymbol{A}_2$，则(　　).

A. $\boldsymbol{A}_2=\boldsymbol{A}_1\begin{pmatrix} 2 & 0 & 0 \\ 0 & 3 & 0 \\ 0 & 0 & -2 \end{pmatrix}$；　B. $\boldsymbol{A}_2=\boldsymbol{A}_1\begin{pmatrix} -2 & 0 & 0 \\ 0 & 3 & 0 \\ 0 & 0 & 2 \end{pmatrix}$；

C. $\boldsymbol{A}_2=\begin{pmatrix} 2 & 0 & 0 \\ 0 & 3 & 0 \\ 0 & 0 & -2 \end{pmatrix}\boldsymbol{A}_1$；　D. $\boldsymbol{A}_2=\begin{pmatrix} -2 & 0 & 0 \\ 0 & 3 & 0 \\ 0 & 0 & 2 \end{pmatrix}\boldsymbol{A}_1$.

(12) 设 $\boldsymbol{A}_1=\begin{pmatrix} a_1 & a_2 & a_3 \\ b_1 & b_2 & b_3 \\ c_1 & c_2 & c_3 \end{pmatrix}$，将 $\boldsymbol{A}_1$ 的第一列所有元素都乘(−2)，第二列所有元素都乘 3，第三列所有元素都乘 2，得到矩阵 $\boldsymbol{A}_2$，则(　　).

A. $\boldsymbol{A}_2=\boldsymbol{A}_1\begin{pmatrix} 2 & 0 & 0 \\ 0 & 3 & 0 \\ 0 & 0 & 2 \end{pmatrix}$；　B. $\boldsymbol{A}_2=\boldsymbol{A}_1\begin{pmatrix} -2 & 0 & 0 \\ 0 & 3 & 0 \\ 0 & 0 & 2 \end{pmatrix}$；

C. $\boldsymbol{A}_2=\begin{pmatrix} 2 & 0 & 0 \\ 0 & 3 & 0 \\ 0 & 0 & -2 \end{pmatrix}\boldsymbol{A}_1$；　D. $\boldsymbol{A}_2=\begin{pmatrix} -2 & 0 & 0 \\ 0 & 3 & 0 \\ 0 & 0 & 2 \end{pmatrix}\boldsymbol{A}_1$.

(13) 设 $\boldsymbol{A}=\begin{pmatrix} 1 & 2 & 3 \\ 4 & 5 & 6 \\ 7 & 8 & 9 \end{pmatrix}$，$\boldsymbol{X}=\begin{pmatrix} x \\ y \\ z \end{pmatrix}$，则 $\boldsymbol{X}^T\boldsymbol{A}\boldsymbol{X}=(x \quad y \quad z)\begin{pmatrix} 1 & 2 & 3 \\ 4 & 5 & 6 \\ 7 & 8 & 9 \end{pmatrix}\begin{pmatrix} x \\ y \\ z \end{pmatrix}=(f(x,y,z))$，则多项式 $f(x,y,z)$ 中，交叉项 xy 的系数是(　　).

A. 1；　B. 6；　C. 10；　D. 14.

(14) 设 $\boldsymbol{A}=\begin{pmatrix} 1 & 2 & 3 \\ 4 & 5 & 6 \\ 7 & 8 & 9 \end{pmatrix}$，$\boldsymbol{X}=\begin{pmatrix} x \\ y \\ z \end{pmatrix}$，则 $\boldsymbol{X}^T\boldsymbol{A}\boldsymbol{X}=(x \quad y \quad z)\begin{pmatrix} 1 & 2 & 3 \\ 4 & 5 & 6 \\ 7 & 8 & 9 \end{pmatrix}\begin{pmatrix} x \\ y \\ z \end{pmatrix}=(f(x,y,z))$，则多项式 $f(x,y,z)$ 中，交叉项 yz 的系数是(　　).

A. 1；　B. 6；　C. 10；　D. 14.

(15) 设 $\begin{pmatrix}1&2&3\\0&4&5\\0&0&6\end{pmatrix}\begin{pmatrix}7&8&9\\0&10&11\\0&0&12\end{pmatrix}=\begin{pmatrix}7&a&67\\0&b&104\\0&c&72\end{pmatrix}$,则 $\begin{pmatrix}a\\b\\c\end{pmatrix}=($ $)$.

A. $\begin{pmatrix}40\\28\\0\end{pmatrix}$; B. $\begin{pmatrix}0\\28\\40\end{pmatrix}$; C. $\begin{pmatrix}28\\0\\40\end{pmatrix}$; D. $\begin{pmatrix}28\\40\\0\end{pmatrix}$.

§1.3 初等变换与初等矩阵

用矩阵 $\overline{\mathbf{A}}=\begin{pmatrix}1&1&1&3\\1&2&3&6\\2&1&-1&2\end{pmatrix}$ 表示线性方程组 $\begin{cases}x+y+z=3,\\x+2y+3z=6,\\2x+y-z=2,\end{cases}$ 加减消元法解线性方程组的过程,就是对矩阵 $\overline{\mathbf{A}}$ 变形,变形包括:

(1) 交换两个方程的位置,就是交换矩阵 $\overline{\mathbf{A}}$ 的某两行;

(2) 将某个方程乘非零数 k,就是将 $\overline{\mathbf{A}}$ 的某一行的所有元素都乘以同一个非零数 k;

(3) 将某一个方程的倍数加到另一个方程,就是将 $\overline{\mathbf{A}}$ 的某一行的倍数加到另一行.

定义 1.3.1 设 $\mathbf{A}$ 是 $m\times n$ 矩阵,对矩阵 $\mathbf{A}$ 进行以下变形:

(1) 交换 $\mathbf{A}$ 的某两行;

(2) 将 $\mathbf{A}$ 的某一行的所有元素都乘以同一个非零数;

(3) 将 $\mathbf{A}$ 的某一行的倍数加到另一行.

称为对矩阵 $\mathbf{A}$ 的初等行变换.

定理 1.3.1 任何一个 $m\times n$ 矩阵,经过初等行变换,都可以化为阶梯形,也都可以进一步化为标准阶梯形.

例 1.3.1 利用初等行变换,将下列矩阵分别化为阶梯形,并进一步化为标准阶梯形.

$$A=\begin{pmatrix}1&1&-2&3\\2&2&6&-4\\-1&-1&-8&7\end{pmatrix},\quad B=\begin{pmatrix}1&1&0\\0&1&1\\1&0&1\end{pmatrix}.$$

解　(1) $A\xrightarrow[\text{第 1 行加到第 3 行}]{\text{第 1 行的}(-2)\text{倍加到第 2 行}}\begin{pmatrix}1&1&-2&3\\0&0&10&-10\\0&0&-10&10\end{pmatrix}$

$$\xrightarrow{\text{第 2 行加到第 3 行}}\begin{pmatrix}1&1&-2&3\\0&0&10&-10\\0&0&0&0\end{pmatrix},$$

已经是阶梯形矩阵,再进一步化为标准阶梯形

$$\xrightarrow{\text{第 2 行乘}\left(\frac{1}{10}\right)}\begin{pmatrix}1&1&-2&3\\0&0&1&-1\\0&0&0&0\end{pmatrix}$$

$$\xrightarrow{\text{第 2 行的 2 倍加到第 1 行}}\begin{pmatrix}1&1&0&1\\0&0&1&-1\\0&0&0&0\end{pmatrix}.$$

初等行变换化 A 为阶梯形 $\begin{pmatrix}1&1&-2&3\\0&0&10&-10\\0&0&0&0\end{pmatrix}$,标准阶梯形是 $\begin{pmatrix}1&1&0&1\\0&0&1&-1\\0&0&0&0\end{pmatrix}$.

(2) $B\xrightarrow{\text{第 1 行的}(-1)\text{倍加到第 3 行}}\begin{pmatrix}1&1&0\\0&1&1\\0&-1&1\end{pmatrix}$

$$\xrightarrow{\text{第 2 行加到第 3 行}}\begin{pmatrix}1&1&0\\0&1&1\\0&0&2\end{pmatrix},$$

已经是阶梯形矩阵,再进一步化为标准阶梯形

$$\xrightarrow{\text{第 3 行乘}\frac{1}{2}}\begin{pmatrix}1&1&0\\0&1&1\\0&0&1\end{pmatrix}$$

$$\xrightarrow[\text{第 2 行的}(-1)\text{倍加到第 1 行}]{\text{第 3 行的}(-1)\text{倍加到第 2 行}} \begin{pmatrix} 1 & 0 & 0 \\ 0 & 1 & 0 \\ 0 & 0 & 1 \end{pmatrix}.$$

初等行变换化 $\boldsymbol{B}$ 为阶梯形 $\begin{pmatrix} 1 & 1 & 0 \\ 0 & 1 & 1 \\ 0 & 0 & 2 \end{pmatrix}$，标准阶梯形是 $\begin{pmatrix} 1 & 0 & 0 \\ 0 & 1 & 0 \\ 0 & 0 & 1 \end{pmatrix}$.

注：初等行变换所得新的矩阵，一般与原来的矩阵不相等，连接的每一步不能用等号“=”，习惯上，都用箭号“→”连接.

将对 $\boldsymbol{A}$ 实施的初等行变换用在 3 阶单位矩阵上，

(1) $\begin{pmatrix} 1 & 0 & 0 \\ 0 & 1 & 0 \\ 0 & 0 & 1 \end{pmatrix} \xrightarrow{\text{第 1 行的}(-2)\text{倍加到第 2 行}} \begin{pmatrix} 1 & 0 & 0 \\ -2 & 1 & 0 \\ 0 & 0 & 1 \end{pmatrix}$，记

$$\boldsymbol{P}(1(-2),2) = \begin{pmatrix} 1 & 0 & 0 \\ -2 & 1 & 0 \\ 0 & 0 & 1 \end{pmatrix};$$

(2) $\begin{pmatrix} 1 & 0 & 0 \\ 0 & 1 & 0 \\ 0 & 0 & 1 \end{pmatrix} \xrightarrow{\text{第 1 行加到第 3 行}} \begin{pmatrix} 1 & 0 & 0 \\ 0 & 1 & 0 \\ 1 & 0 & 1 \end{pmatrix}$，记

$$\boldsymbol{P}(1(1),3) = \begin{pmatrix} 1 & 0 & 0 \\ 0 & 1 & 0 \\ 1 & 0 & 1 \end{pmatrix};$$

(3) $\begin{pmatrix} 1 & 0 & 0 \\ 0 & 1 & 0 \\ 0 & 0 & 1 \end{pmatrix} \xrightarrow{\text{第 2 行加到第 3 行}} \begin{pmatrix} 1 & 0 & 0 \\ 0 & 1 & 0 \\ 0 & 1 & 1 \end{pmatrix}$，记

$$\boldsymbol{P}(2(1),3) = \begin{pmatrix} 1 & 0 & 0 \\ 0 & 1 & 0 \\ 0 & 1 & 1 \end{pmatrix};$$

(4) $\begin{pmatrix} 1 & 0 & 0 \\ 0 & 1 & 0 \\ 0 & 0 & 1 \end{pmatrix} \xrightarrow{\text{第 2 行乘}\left(\frac{1}{10}\right)} \begin{pmatrix} 1 & 0 & 0 \\ 0 & \frac{1}{10} & 0 \\ 0 & 0 & 1 \end{pmatrix}$，记

$$P\left(2\left(\frac{1}{10}\right)\right)=\begin{pmatrix}1&0&0\\0&\frac{1}{10}&0\\0&0&1\end{pmatrix};$$

(5) $\begin{pmatrix}1&0&0\\0&1&0\\0&0&1\end{pmatrix}\xrightarrow{\text{第 2 行的 2 倍加到第 1 行}}\begin{pmatrix}1&2&0\\0&1&0\\0&0&1\end{pmatrix}$，记

$$P(2(2),1)=\begin{pmatrix}1&2&0\\0&1&0\\0&0&1\end{pmatrix}.$$

定义 1.3.2　m 阶单位矩阵经过一次初等行变换得到的矩阵称为 m 阶初等矩阵.

交换单位矩阵 I_m 的第 i 行和第 j 行得到的 m 阶初等矩阵，记作 $P(i,j)$；

单位矩阵 I_m 的第 i 行乘非零数 k 得到的 m 阶初等矩阵，记作 $P(i(k))$；

单位矩阵 I_m 的第 i 行 k 倍加到第 j 行得到的 m 阶初等矩阵，记作 $P(i(k),j)$.

上述中 $P(1(-2),2)$，$P(1(1),3)$，$P(2(1),3)$，$P\left(2\left(\frac{1}{10}\right)\right)$，$P(2(1),1)$都是 3 阶初等矩阵.

例 1.3.2　记 $P_1=P(1(-2),2)$，$P_2=P(1(1),3)$，$P_3=P(2(1),3)$，$P_4=P\left(2\left(\frac{1}{10}\right)\right)$，$P_5=P(2(1),1)$都是相应的 3 阶初等矩阵，

$$A=\begin{pmatrix}1&1&-2&3\\2&2&6&-4\\-1&-1&-8&7\end{pmatrix},$$

求 $P_5P_4P_3P_2P_1A$.

解 $P_5P_4P_3P_2P_1A$

$$=P_5P_4P_3P_2\left(\begin{pmatrix}1&0&0\\-2&1&0\\0&0&1\end{pmatrix}\begin{pmatrix}1&1&-2&3\\2&2&6&-4\\-1&-1&-8&7\end{pmatrix}\right)$$

$$=P_5P_4P_3P_2\begin{pmatrix}1&1&-2&3\\0&0&10&-10\\-1&-1&-8&7\end{pmatrix}$$

$$=P_5P_4P_3\left(\begin{pmatrix}1&0&0\\0&1&0\\1&0&1\end{pmatrix}\begin{pmatrix}1&1&-2&3\\0&0&10&-10\\-1&-1&-8&7\end{pmatrix}\right)$$

$$=P_5P_4P_3\begin{pmatrix}1&1&-2&3\\0&0&10&-10\\0&0&-10&10\end{pmatrix}$$

$$=P_5P_4\left(\begin{pmatrix}1&0&0\\0&1&0\\0&1&1\end{pmatrix}\begin{pmatrix}1&1&-2&3\\0&0&10&-10\\0&0&-10&10\end{pmatrix}\right)$$

$$=P_5P_4\begin{pmatrix}1&1&-2&3\\0&0&10&-10\\0&0&0&0\end{pmatrix}$$

$$=P_5\left(\begin{pmatrix}1&0&0\\0&\frac{1}{10}&0\\0&0&1\end{pmatrix}\begin{pmatrix}1&1&-2&3\\0&0&10&-10\\0&0&0&0\end{pmatrix}\right)$$

$$=P_5\begin{pmatrix}1&1&-2&3\\0&0&1&-1\\0&0&0&0\end{pmatrix}$$

$$=\begin{pmatrix}1&2&0\\0&1&0\\0&0&1\end{pmatrix}\begin{pmatrix}1&1&-2&3\\0&0&1&-1\\0&0&0&0\end{pmatrix}=\begin{pmatrix}1&1&0&1\\0&0&1&-1\\0&0&0&0\end{pmatrix}.$$

比较例 1.3.1 中矩阵 $\boldsymbol{A}$ 的初等行变换与例 1.3.2 中矩阵的乘法运算，可以发现如下结论：

定理 1.3.2　对矩阵 $\boldsymbol{A}$ 实施初等行变换，就相当于在 $\boldsymbol{A}$ 的左侧乘上相应的初等矩阵. 即

设 $\boldsymbol{A}=(a_{ij})_{m\times n}$ 是 $m\times n$ 阶矩阵，

(1) 交换矩阵 $\boldsymbol{A}$ 的第 i 行与第 j 行得矩阵 $\boldsymbol{B}$，则 $\boldsymbol{B}$ 等于 $\boldsymbol{A}$ 的左侧乘 m 阶初等矩阵 $\boldsymbol{P}(i,j)$，$\boldsymbol{B}=\boldsymbol{P}(i,j)\boldsymbol{A}$；

(2) 将矩阵 $\boldsymbol{A}$ 的第 i 行所有元素都乘以非零数 k 得矩阵 $\boldsymbol{C}$，则 $\boldsymbol{C}$ 等于 $\boldsymbol{A}$ 的左侧乘 m 阶初等矩阵 $\boldsymbol{P}(i(k))$，$\boldsymbol{C}=\boldsymbol{P}(i(k))\boldsymbol{A}$；

(3) 将矩阵 $\boldsymbol{A}$ 的第 i 行的 k 倍加到第 j 行得矩阵 $\boldsymbol{D}$，则 $\boldsymbol{D}$ 等于 $\boldsymbol{A}$ 的左侧乘 m 阶初等矩阵 $\boldsymbol{P}(i(k),j)$，$\boldsymbol{D}=\boldsymbol{P}(i(k),j)\boldsymbol{A}$.

例 1.3.1 中对矩阵 $\boldsymbol{B}$ 实施的初等行变换对应的 3 阶初等矩阵分别是

"第 1 行的 (-1) 倍加到第 3 行"，对应的初等矩阵 $\boldsymbol{P}(1(-1),3)$

$$=\begin{pmatrix}1&0&0\\0&1&0\\-1&0&1\end{pmatrix}，记作\ \boldsymbol{Q}_1；$$

"第 2 行加到第 3 行"，对应的初等矩阵 $\boldsymbol{P}(2(1),3)=\begin{pmatrix}1&0&0\\0&1&0\\0&1&1\end{pmatrix}$，记作 $\boldsymbol{Q}_2$；

"第 3 行乘 $\frac{1}{2}$"，对应的初等矩阵 $\boldsymbol{P}\left(3\left(\frac{1}{2}\right)\right)=\begin{pmatrix}1&0&0\\0&1&0\\0&0&\frac{1}{2}\end{pmatrix}$，记作 $\boldsymbol{Q}_3$；

"第 3 行的 (-1) 倍加到第 2 行"，对应的初等矩阵 $\boldsymbol{P}(3(-1),2)$

$$=\begin{pmatrix}1&0&0\\0&1&-1\\0&0&1\end{pmatrix}，记作\ \boldsymbol{Q}_4；$$

"第 2 行的 (-1) 倍加到第 1 行"，对应的初等矩阵 $\boldsymbol{P}(2(-1),1)$

$$=\begin{pmatrix}1&-1&0\\0&1&0\\0&0&1\end{pmatrix}$$，记作 $\boldsymbol{Q}_5$.

例 1.3.3 记 $\boldsymbol{Q}_1=\boldsymbol{P}(1(-1),3)$，$\boldsymbol{Q}_2=\boldsymbol{P}(2(1),3)$，$\boldsymbol{Q}_3=\boldsymbol{P}\left(3\left(\frac{1}{2}\right)\right)$，$\boldsymbol{Q}_4=\boldsymbol{P}(3(-1),2)$，$\boldsymbol{Q}_5=\boldsymbol{P}(2(-1),1)$ 是相应的 3 阶初等矩阵，$\boldsymbol{B}=\begin{pmatrix}1&1&0\\0&1&1\\1&0&1\end{pmatrix}$，求 $\boldsymbol{Q}_5\boldsymbol{Q}_4\boldsymbol{Q}_3\boldsymbol{Q}_2\boldsymbol{Q}_1\boldsymbol{B}$.

解 $$\boldsymbol{Q}_5\boldsymbol{Q}_4\boldsymbol{Q}_3\boldsymbol{Q}_2\boldsymbol{Q}_1\boldsymbol{B}=\boldsymbol{Q}_5\boldsymbol{Q}_4\boldsymbol{Q}_3\boldsymbol{Q}_2\left(\begin{pmatrix}1&0&0\\0&1&0\\-1&0&1\end{pmatrix}\begin{pmatrix}1&1&0\\0&1&1\\1&0&1\end{pmatrix}\right)$$

$$=\boldsymbol{Q}_5\boldsymbol{Q}_4\boldsymbol{Q}_3\boldsymbol{Q}_2\begin{pmatrix}1&1&0\\0&1&1\\0&-1&1\end{pmatrix}=\boldsymbol{Q}_5\boldsymbol{Q}_4\boldsymbol{Q}_3\left(\begin{pmatrix}1&0&0\\0&1&0\\0&1&1\end{pmatrix}\begin{pmatrix}1&1&0\\0&1&1\\0&-1&1\end{pmatrix}\right)$$

$$=\boldsymbol{Q}_5\boldsymbol{Q}_4\boldsymbol{Q}_3\begin{pmatrix}1&1&0\\0&1&1\\0&0&2\end{pmatrix}=\boldsymbol{Q}_5\boldsymbol{Q}_4\left(\begin{pmatrix}1&0&0\\0&1&0\\0&0&\frac{1}{2}\end{pmatrix}\begin{pmatrix}1&1&0\\0&1&1\\0&0&2\end{pmatrix}\right)$$

$$=\boldsymbol{Q}_5\boldsymbol{Q}_4\begin{pmatrix}1&1&0\\0&1&1\\0&0&1\end{pmatrix}=\boldsymbol{Q}_5\left(\begin{pmatrix}1&0&0\\0&1&-1\\0&0&1\end{pmatrix}\begin{pmatrix}1&1&0\\0&1&1\\0&0&1\end{pmatrix}\right)$$

$$=\boldsymbol{Q}_5\begin{pmatrix}1&1&0\\0&1&0\\0&0&1\end{pmatrix}=\begin{pmatrix}1&-1&0\\0&1&0\\0&0&1\end{pmatrix}\begin{pmatrix}1&1&0\\0&1&0\\0&0&1\end{pmatrix}=\begin{pmatrix}1&0&0\\0&1&0\\0&0&1\end{pmatrix}.$$

注：例子再次验证了对矩阵实施初等行变换，就相当于在矩阵的左侧乘相应的初等矩阵.

例 1.3.4 设 $\boldsymbol{B}=\begin{pmatrix}1&1&1&1&10\\2&1&-1&1&5\\1&-1&3&-1&4\\1&1&1&-1&2\end{pmatrix}$，用初等行变换化 $\boldsymbol{B}$ 为标准阶梯形，并写出相应的初等行变换.

解　$B \xrightarrow[\text{第1行的}(-1)\text{倍加到第4行}]{\substack{\text{第1行的}(-2)\text{倍加到第2行} \\ \text{第1行的}(-1)\text{倍加到第3行}}} \begin{pmatrix} 1 & 1 & 1 & 1 & 10 \\ 0 & -1 & -3 & -1 & -15 \\ 0 & -2 & 2 & -2 & -6 \\ 0 & 0 & 0 & -2 & -8 \end{pmatrix}$

$$\xrightarrow[\text{第4行乘}\left(-\frac{1}{2}\right)]{\text{第2行的}(-2)\text{倍加到第3行}} \begin{pmatrix} 1 & 1 & 1 & 1 & 10 \\ 0 & -1 & -3 & -1 & -15 \\ 0 & 0 & 8 & 0 & 24 \\ 0 & 0 & 0 & 1 & 4 \end{pmatrix}$$

$$\xrightarrow[\text{第4行的}(-1)\text{倍加到第1行}]{\substack{\text{第3行乘}\left(\frac{1}{8}\right) \\ \text{第4行加到第2行}}} \begin{pmatrix} 1 & 1 & 1 & 0 & 6 \\ 0 & -1 & -3 & 0 & -11 \\ 0 & 0 & 1 & 0 & 3 \\ 0 & 0 & 0 & 1 & 4 \end{pmatrix}$$

$$\xrightarrow[\text{第3行的}(-1)\text{倍加到第1行}]{\text{第3行的3倍加到第2行}} \begin{pmatrix} 1 & 1 & 0 & 0 & 3 \\ 0 & -1 & 0 & 0 & -2 \\ 0 & 0 & 1 & 0 & 3 \\ 0 & 0 & 0 & 1 & 4 \end{pmatrix}$$

$$\xrightarrow[\text{第2行乘}(-1)]{\text{第2行加到第1行}} \begin{pmatrix} 1 & 0 & 0 & 0 & 1 \\ 0 & 1 & 0 & 0 & 2 \\ 0 & 0 & 1 & 0 & 3 \\ 0 & 0 & 0 & 1 & 4 \end{pmatrix}.$$

矩阵 $\boldsymbol{B}$ 经过初等行变换化为的标准阶梯形为 $\begin{pmatrix} 1 & 0 & 0 & 0 & 1 \\ 0 & 1 & 0 & 0 & 2 \\ 0 & 0 & 1 & 0 & 3 \\ 0 & 0 & 0 & 1 & 4 \end{pmatrix}$.

例 1.3.5　设 $\boldsymbol{A}=\begin{pmatrix} 1 & 1 & 1 & 1 \\ 2 & 1 & -1 & 1 \\ 1 & -1 & 3 & -1 \\ 1 & 1 & 1 & -1 \end{pmatrix}$，$\boldsymbol{\beta}=\begin{pmatrix} 10 \\ 5 \\ 4 \\ 2 \end{pmatrix}$，求 4×1 矩阵 $\boldsymbol{X}=\begin{pmatrix} x_1 \\ x_2 \\ x_3 \\ x_4 \end{pmatrix}$，使得 $\boldsymbol{AX}=\boldsymbol{\beta}$.

解 因为$\boldsymbol{AX}=\begin{pmatrix}1&1&1&1\\2&1&-1&1\\1&-1&3&-1\\1&1&1&-1\end{pmatrix}\begin{pmatrix}x_1\\x_2\\x_3\\x_4\end{pmatrix}=\begin{pmatrix}x_1+x_2+x_3+x_4\\2x_1+x_2-x_3+x_4\\x_1-x_2+3x_3-x_4\\x_1+x_2+x_3-x_4\end{pmatrix}$,

所以,$\boldsymbol{AX}=\boldsymbol{\beta}$当且仅当$\begin{pmatrix}x_1+x_2+x_3+x_4\\2x_1+x_2-x_3+x_4\\x_1-x_2+3x_3-x_4\\x_1+x_2+x_3-x_4\end{pmatrix}=\begin{pmatrix}10\\5\\4\\2\end{pmatrix}$,

即,$\boldsymbol{AX}=\boldsymbol{\beta}$当且仅当$\begin{cases}x_1+x_2+x_3+x_4=10,\\2x_1+x_2-x_3+x_4=5,\\x_1-x_2+3x_3-x_4=4,\\x_1+x_2+x_3-x_4=2.\end{cases}$ (*)

所以,矩阵运算关系$\boldsymbol{AX}=\boldsymbol{\beta}$所表示的就是四元一次线性方程组(*),求未知的$4\times1$矩阵$\boldsymbol{X}$,使得$\boldsymbol{AX}=\boldsymbol{\beta}$成立,就是要求满足线性方程组(*)的未知量$x_1,x_2,x_3,x_4$.

利用加减消元法,解线性方程组(*),

$$\begin{cases}x_1+x_2+x_3+x_4=10, & ①\\2x_1+x_2-x_3+x_4=5, & ②\\x_1-x_2+3x_3-x_4=4, & ③\\x_1+x_2+x_3-x_4=2, & ④\end{cases}$$

方程①的(-2)倍加到方程②,方程①的(-1)倍加到方程③,方程①的(-1)倍加到方程④,得

$$\begin{cases}x_1+x_2+x_3+x_4=10, & ①\\-x_2-3x_3-x_4=-15, & ⑤\\-2x_2+2x_3-2x_4=-6, & ⑥\\-2x_4=-8, & ⑦\end{cases}$$

方程⑤的(-2)倍加到方程⑥,方程⑦乘$\left(-\frac{1}{2}\right)$,得

$$\begin{cases} x_1+x_2+\ x_3+x_4=10, & ① \\ \quad -x_2-3x_3-x_4=-15, & ⑤ \\ \qquad\quad 8x_3 \qquad =24, & ⑧ \\ \qquad\qquad\quad x_4=4, & ⑨ \end{cases}$$

方程⑧乘$\left(\frac{1}{8}\right)$,方程⑨的(−1)倍加到方程①,方程⑨加到方程⑤,得

$$\begin{cases} x_1+x_2+\ x_3 \quad =6, & ⑪ \\ \quad -x_2-3x_3 \quad =-11, & ⑫ \\ \qquad\qquad x_3 \quad =3, & ⑩ \\ \qquad\qquad\quad x_4=4, & ⑨ \end{cases}$$

方程⑩的(−1)倍加到方程⑪,方程⑩的 3 倍加到方程⑫,得

$$\begin{cases} x_1+x_2 \qquad =3, & ⑬ \\ \quad -x_2 \qquad =-2, & ⑭ \\ \qquad\quad x_3 \quad =3, & ⑩ \\ \qquad\qquad x_4=4 & ⑨ \end{cases}$$

方程⑭加到方程⑬,方程⑭乘(−1),得

$$\begin{cases} x_1 \qquad\qquad =1, \\ \quad x_2 \qquad\quad =2, \\ \qquad x_3 \quad =3, \\ \qquad\quad x_4=4. \end{cases}$$

即$\begin{cases} x_1=1, \\ x_2=2, \\ x_3=3, \\ x_4=4 \end{cases}$是线性方程组的解,满足$\boldsymbol{AX}=\boldsymbol{\beta}$的矩阵是$\boldsymbol{X}=\begin{pmatrix} 1 \\ 2 \\ 3 \\ 4 \end{pmatrix}$.

注:比较前面两个例子会发现,前一个例子中,对矩阵 $\boldsymbol{B}$ 进行初等行变换化为标准阶梯形的过程,就是后一个例子中加减消元解线性方程组的过程.

习题 1.3

1. 用初等行变换化下列矩阵为标准阶梯形,并写出每一步初等行变换对应的初等矩阵.

(1) $\begin{pmatrix} 0 & -2 & 1 \\ 3 & 0 & -2 \\ -2 & 3 & 0 \end{pmatrix}$; (2) $\begin{pmatrix} 0 & 2 & -3 & 1 \\ 0 & 3 & -4 & 3 \\ 0 & 4 & -7 & -1 \end{pmatrix}$;

(3) $\begin{pmatrix} 2 & -1 & -1 & 1 & 2 \\ 1 & 1 & -2 & 1 & 4 \\ 4 & -6 & 2 & -2 & 4 \\ 3 & 6 & -9 & 7 & 9 \end{pmatrix}$; (4) $\begin{pmatrix} 1 & -1 & 3 & -4 & 3 \\ 3 & -3 & 5 & -4 & 1 \\ 2 & -2 & 3 & -2 & 0 \\ 3 & -3 & 4 & -2 & -1 \end{pmatrix}$;

(5) $\begin{pmatrix} 1 & 3 & 1 & 4 \\ 2 & -3 & 8 & 2 \\ 2 & 12 & -2 & 12 \end{pmatrix}$; (6) $\begin{pmatrix} 3 & 2 & 1 & 0 & 4 \\ 2 & 1 & 4 & 4 & -3 \\ 2 & 0 & 3 & 1 & -2 \\ 2 & 3 & -1 & 2 & 5 \end{pmatrix}$.

2. (1) 设 $\boldsymbol{A}_1$ 是 3 阶方阵. $\boldsymbol{A}_1$ 的第 1 行的(−3)倍加到第 3 行,得 $\boldsymbol{B}_1$; $\boldsymbol{B}_1$ 的第 2 行乘$\frac{1}{2}$,得 $\boldsymbol{C}_1$; 交换 $\boldsymbol{C}_1$ 的第 2 行与第 1 行,得 $\boldsymbol{D}_1$. 求满足 $\boldsymbol{PA}_1=\boldsymbol{D}_1$ 的矩阵 $\boldsymbol{P}$.

(2) 设 $\boldsymbol{A}_2$ 是 2 阶方阵. 若依次经以下初等行变换:第 1 行加到第 2 行,第 2 行乘$\frac{1}{2}$,第 2 行的(−1)倍加到第 1 行,把 $\boldsymbol{A}_2$ 化为单位矩阵,求 $\boldsymbol{A}_2$.

(3) 设 $\boldsymbol{A}_3$ 是 3×4 矩阵. $\boldsymbol{A}_3$ 的第 2 行的(−1)倍加到第 1 行,得 $\boldsymbol{B}_3$; $\boldsymbol{B}_3$ 的第 1 行的(−1)倍加到第 2 行,得 $\boldsymbol{C}_3$; $\boldsymbol{C}_3$ 的第 1 行的(−1)倍加到第 3 行,得 $\boldsymbol{D}_3$; $\boldsymbol{D}_3$ 的第 3 行乘$\frac{1}{2}$,得 $\boldsymbol{E}_3$; $\boldsymbol{E}_3$ 的第 2 行的(−1)倍加到第 3 行,得 $\boldsymbol{F}_3$.

若 $\boldsymbol{F}_3=\begin{pmatrix} 1 & 0 & 1 & 1 \\ 0 & 1 & 0 & -1 \\ 0 & 0 & 0 & 1 \end{pmatrix}$,求矩阵 $\boldsymbol{A}_3$.

3. 选择题:

(1) 设 $\boldsymbol{P}_1=\boldsymbol{P}(1,3)$, $\boldsymbol{P}_2=\boldsymbol{P}(3(-1),1)$ 是 3 阶初等矩阵,则 $\boldsymbol{P}_1,\boldsymbol{P}_2$ 分别等于( ).

A. $\begin{pmatrix} 0 & 1 & 0 \\ 0 & 0 & 1 \\ 1 & 0 & 0 \end{pmatrix}$, $\begin{pmatrix} 1 & 0 & 0 \\ 0 & 1 & 0 \\ -1 & 0 & 1 \end{pmatrix}$; B. $\begin{pmatrix} 0 & 0 & 1 \\ 1 & 0 & 0 \\ 0 & 1 & 0 \end{pmatrix}$, $\begin{pmatrix} 1 & 0 & -1 \\ 0 & 1 & 0 \\ 0 & 0 & 1 \end{pmatrix}$;

C. $\begin{pmatrix}0&0&1\\0&1&0\\1&0&0\end{pmatrix}$, $\begin{pmatrix}1&0&-1\\0&1&0\\0&0&1\end{pmatrix}$;　　D. $\begin{pmatrix}0&0&1\\0&1&0\\1&0&0\end{pmatrix}$, $\begin{pmatrix}1&0&0\\0&1&0\\-1&0&1\end{pmatrix}$.

(2) 下列 3 阶初等矩阵的正确表示是(　　).

A. $\boldsymbol{P}(2(-1),1)=\begin{pmatrix}1&0&-1\\0&1&0\\0&0&1\end{pmatrix}$;　　B. $\boldsymbol{P}(2)=\begin{pmatrix}1&0&0\\0&2&0\\0&0&1\end{pmatrix}$;

C. $\boldsymbol{P}(1(-2),3)=\begin{pmatrix}1&0&0\\0&1&0\\-2&0&1\end{pmatrix}$;　　D. $\boldsymbol{P}(1,3)=\begin{pmatrix}1&0&0\\0&0&1\\0&1&0\end{pmatrix}$.

(3) 设 $\boldsymbol{A}=\begin{pmatrix}2&3\\a&b\\c&d\end{pmatrix}$, 且 $\boldsymbol{P}(1,2)\boldsymbol{A}=\boldsymbol{P}(1(1),2)\boldsymbol{P}(3(1),2)\boldsymbol{A}=\boldsymbol{A}$, 其中 $\boldsymbol{P}(1,2)$, $\boldsymbol{P}(1(1),2)$, $\boldsymbol{P}(3(1),2)$是相应的 3 阶初等矩阵, 则 $\begin{pmatrix}a&b\\c&d\end{pmatrix}=$(　　).

A. $\begin{pmatrix}2&3\\2&3\end{pmatrix}$;　　B. $\begin{pmatrix}-2&-3\\2&3\end{pmatrix}$;　　C. $\begin{pmatrix}-2&-3\\-2&-3\end{pmatrix}$;　　D. $\begin{pmatrix}2&3\\-2&-3\end{pmatrix}$.

(4) 设 $\boldsymbol{P}_1=\begin{pmatrix}0&1&0\\0&0&1\\1&0&0\end{pmatrix}$, $\boldsymbol{P}_2=\begin{pmatrix}0&0&1\\1&0&0\\0&1&0\end{pmatrix}$, $\boldsymbol{P}_3=\begin{pmatrix}0&0&1\\0&1&0\\1&0&0\end{pmatrix}$, $\boldsymbol{P}_4=\begin{pmatrix}0&1&0\\1&0&0\\0&0&1\end{pmatrix}$是 4 个三阶方阵, 则其中初等矩阵的个数是(　　).

A. 1 个;　　B. 2 个;　　C. 3 个;　　D. 4 个.

(5) 设 $\boldsymbol{P}_1=\begin{pmatrix}-1&0&0\\0&-1&0\\0&0&-1\end{pmatrix}$, $\boldsymbol{P}_2=\begin{pmatrix}1&0&0\\1&1&0\\0&0&1\end{pmatrix}$, $\boldsymbol{P}_3=\begin{pmatrix}0&0&1\\0&1&0\\1&0&0\end{pmatrix}$, $\boldsymbol{P}_4=\begin{pmatrix}1&0&0\\-1&1&0\\0&0&1\end{pmatrix}$是 4 个三阶方阵, 则其中初等矩阵的个数是(　　).

A. 1 个;　　B. 2 个;　　C. 3 个;　　D. 4 个.

(6) 设 $A_1=\begin{pmatrix}0&1&0\\0&0&1\\1&0&0\end{pmatrix}$, 把 A_1 表示为 2 个 3 阶初等矩阵之积, 则① $A_1=P(1,3)P(1,2)$, ② $A_1=P(1,2)P(1,3)$, ③ $A_1=P(2,3)P(1,3)$, ④ $A_1=P(1,3)P(2,3)$, 其中正

确的是(   ).

A. ①和③; B. ①和④; C. ②和③; D. ②和④.

(7) 设$A=\begin{pmatrix}1&1&0\\0&1&1\\1&0&1\end{pmatrix}$,则矩阵$A$经过初等行变换不可能化得的阶梯形矩阵为(   ).

A. $\begin{pmatrix}1&1&1\\0&1&1\\0&0&1\end{pmatrix}$; B. $\begin{pmatrix}1&1&0\\0&1&0\\0&0&1\end{pmatrix}$; C. $\begin{pmatrix}1&0&1\\0&1&0\\0&0&1\end{pmatrix}$; D. $\begin{pmatrix}1&0&1\\0&1&0\\0&0&0\end{pmatrix}$.

(8) 设$A=(a_{ij})_{3\times4}$是实数域上3×4矩阵,交换A的第1,3两行,然后再将第2行的(−2)倍加到第3行得矩阵B,则$B=$(   ).

A. $\begin{pmatrix}0&0&1\\0&1&0\\1&0&0\end{pmatrix}A$; B. $\begin{pmatrix}1&0&0\\0&1&0\\0&-2&1\end{pmatrix}A$;

C. $\begin{pmatrix}0&0&1\\0&1&0\\1&-2&0\end{pmatrix}A$; D. $\begin{pmatrix}0&0&1\\0&1&0\\1&0&-2\end{pmatrix}A$.

(9) 设A为3阶方阵,将A的第1行与第2行交换得B,再把B的第2行加到第3行得C,则满足$QA=C$的矩阵$Q=$(   ).

A. $\begin{pmatrix}0&1&0\\1&0&0\\0&1&1\end{pmatrix}$; B. $\begin{pmatrix}0&1&0\\1&1&0\\0&0&1\end{pmatrix}$; C. $\begin{pmatrix}0&1&0\\1&0&0\\1&0&1\end{pmatrix}$; D. $\begin{pmatrix}0&1&0\\1&0&0\\1&1&1\end{pmatrix}$.

(10) 设$A=\begin{pmatrix}1&1&0\\0&1&1\\1&0&1\end{pmatrix}$,对矩阵$A$实施如下初等变换,化为矩阵$B$,即

$$A\xrightarrow{\text{第1行乘}(-1)\text{加到第3行}}\begin{pmatrix}1&1&0\\0&1&1\\0&-1&1\end{pmatrix}\xrightarrow{\text{第2行加到第3行}}\begin{pmatrix}1&1&0\\0&1&1\\0&0&2\end{pmatrix}=B,$$

存在初等矩阵P_1,P_2,使得$P_2P_1A=B$,则初等矩阵的乘积$P_2P_1=$(   ).

A. $\begin{pmatrix}1&0&0\\0&1&0\\-1&0&1\end{pmatrix}$; B. $\begin{pmatrix}1&0&0\\0&1&0\\0&1&1\end{pmatrix}$; C. $\begin{pmatrix}1&0&0\\0&1&0\\-1&1&1\end{pmatrix}$; D. $\begin{pmatrix}1&0&0\\0&1&0\\1&1&1\end{pmatrix}$.

§1.4　可逆矩阵

设 $\boldsymbol{A}=\begin{pmatrix}1&1&0\\0&1&1\\1&0&1\end{pmatrix}$，则 $\boldsymbol{A}$ 经过初等行变换可以化为单位矩阵. 这一节将讨论可以经过初等行变换化为单位矩阵的方阵具有的性质.

定理 1.4.1　设 $\boldsymbol{A}$ 是 n 阶方阵，若存在 n 阶方阵 $\boldsymbol{B}$，使得 $\boldsymbol{AB}=\boldsymbol{BA}=\boldsymbol{I}_n$（$\boldsymbol{I}_n$ 是 n 阶单位矩阵），则称 $\boldsymbol{A}$ 是可逆矩阵，$\boldsymbol{B}$ 为 $\boldsymbol{A}$ 的逆矩阵，记 $\boldsymbol{B}=\boldsymbol{A}^{-1}$.

注：判断方阵 $\boldsymbol{A}$ 是否可逆，关键是能否找到矩阵 $\boldsymbol{B}$，并满足 $\boldsymbol{AB}=\boldsymbol{BA}$ 是单位矩阵. 若存在满足条件的矩阵 $\boldsymbol{B}$，则 $\boldsymbol{A}$ 可逆；若不存在满足条件的矩阵 $\boldsymbol{B}$，则 $\boldsymbol{A}$ 不可逆.

问题：如何判断满足条件的矩阵 $\boldsymbol{B}$ 是否存在？若存在，应该怎么求矩阵 $\boldsymbol{B}$？

这节将解决这个问题. 先看下面几个例子.

例 1.4.1　(1) 假设 $\boldsymbol{A}_1=\begin{pmatrix}1&1&0\\0&1&1\\1&0&1\end{pmatrix}$，则存在

$$\boldsymbol{B}_1=\begin{pmatrix}\frac{1}{2}&-\frac{1}{2}&\frac{1}{2}\\\frac{1}{2}&\frac{1}{2}&-\frac{1}{2}\\-\frac{1}{2}&\frac{1}{2}&\frac{1}{2}\end{pmatrix},$$

满足

$$\begin{pmatrix}1&1&0\\0&1&1\\1&0&1\end{pmatrix}\begin{pmatrix}\frac{1}{2}&-\frac{1}{2}&\frac{1}{2}\\\frac{1}{2}&\frac{1}{2}&-\frac{1}{2}\\-\frac{1}{2}&\frac{1}{2}&\frac{1}{2}\end{pmatrix}=\begin{pmatrix}\frac{1}{2}&-\frac{1}{2}&\frac{1}{2}\\\frac{1}{2}&\frac{1}{2}&-\frac{1}{2}\\-\frac{1}{2}&\frac{1}{2}&\frac{1}{2}\end{pmatrix}\begin{pmatrix}1&1&0\\0&1&1\\1&0&1\end{pmatrix}$$

$$=\begin{pmatrix}1&0&0\\0&1&0\\0&0&1\end{pmatrix},$$

即,$\boldsymbol{A}_1$ 是可逆矩阵,且 $\boldsymbol{B}_1$ 是 $\boldsymbol{A}_1$ 的逆矩阵,

$$\begin{pmatrix}1&1&0\\0&1&1\\1&0&1\end{pmatrix}^{-1}=\begin{pmatrix}\frac{1}{2}&-\frac{1}{2}&\frac{1}{2}\\\frac{1}{2}&\frac{1}{2}&-\frac{1}{2}\\-\frac{1}{2}&\frac{1}{2}&\frac{1}{2}\end{pmatrix}.$$

(2) 设 $\boldsymbol{A}_2=\begin{pmatrix}1&1&1&1\\2&1&-1&1\\1&-1&3&-1\\1&1&1&-1\end{pmatrix}$,则存在

$$\boldsymbol{B}_2=\begin{pmatrix}-\frac{1}{4}&\frac{1}{2}&\frac{1}{4}&0\\\frac{3}{8}&-\frac{1}{4}&-\frac{3}{8}&\frac{1}{2}\\\frac{3}{8}&-\frac{1}{4}&\frac{1}{8}&0\\\frac{1}{2}&0&0&-\frac{1}{2}\end{pmatrix},$$

满足

$$\begin{pmatrix}1&1&1&1\\2&1&-1&1\\1&-1&3&-1\\1&1&1&-1\end{pmatrix}\begin{pmatrix}-\frac{1}{4}&\frac{1}{2}&\frac{1}{4}&0\\\frac{3}{8}&-\frac{1}{4}&-\frac{3}{8}&\frac{1}{2}\\\frac{3}{8}&-\frac{1}{4}&\frac{1}{8}&0\\\frac{1}{2}&0&0&-\frac{1}{2}\end{pmatrix}$$

$$
=\begin{pmatrix} -\frac{1}{4} & \frac{1}{2} & \frac{1}{4} & 0 \\ \frac{3}{8} & -\frac{1}{4} & -\frac{3}{8} & \frac{1}{2} \\ \frac{3}{8} & -\frac{1}{4} & \frac{1}{8} & 0 \\ \frac{1}{2} & 0 & 0 & -\frac{1}{2} \end{pmatrix}\begin{pmatrix} 1 & 1 & 1 & 1 \\ 2 & 1 & -1 & 1 \\ 1 & -1 & 3 & -1 \\ 1 & 1 & 1 & -1 \end{pmatrix}
$$

$$
=\begin{pmatrix} 1 & 0 & 0 & 0 \\ 0 & 1 & 0 & 0 \\ 0 & 0 & 1 & 0 \\ 0 & 0 & 0 & 1 \end{pmatrix},
$$

即,$\boldsymbol{A}_2$ 是可逆矩阵,且 $\boldsymbol{B}_2$ 是 $\boldsymbol{A}_2$ 的逆矩阵,

$$
\begin{pmatrix} 1 & 1 & 1 & 1 \\ 2 & 1 & -1 & 1 \\ 1 & -1 & 3 & -1 \\ 1 & 1 & 1 & -1 \end{pmatrix}^{-1}=\begin{pmatrix} -\frac{1}{4} & \frac{1}{2} & \frac{1}{4} & 0 \\ \frac{3}{8} & -\frac{1}{4} & -\frac{3}{8} & \frac{1}{2} \\ \frac{3}{8} & -\frac{1}{4} & \frac{1}{8} & 0 \\ \frac{1}{2} & 0 & 0 & -\frac{1}{2} \end{pmatrix}.
$$

(3) 设 $\boldsymbol{A}_3=\begin{pmatrix} 1 & -1 \\ 0 & 0 \end{pmatrix}$,则对任意的2阶方阵 $\boldsymbol{B}=\begin{pmatrix} a & b \\ c & d \end{pmatrix}$,$\boldsymbol{A}_3\boldsymbol{B}=\begin{pmatrix} a-c & b-d \\ 0 & 0 \end{pmatrix}$.
即对任意的 2 阶方阵 $\boldsymbol{B}$,都有 $\boldsymbol{A}_3\boldsymbol{B}$ 的第 2 行元素全为零,所以,满足 $\boldsymbol{A}_3\boldsymbol{B}=\boldsymbol{B}\boldsymbol{A}_3=\boldsymbol{I}_2$ 的矩阵 $\boldsymbol{B}$ 不存在. $\boldsymbol{A}_3$ 不是可逆矩阵.

可逆矩阵有以下性质:

性质 1.4.1　设 $\boldsymbol{A}$ 是可逆矩阵,则 $\boldsymbol{A}$ 的逆矩阵唯一.

性质 1.4.2　设 $\boldsymbol{A}$ 是可逆矩阵,则 $\boldsymbol{A}^{-1}$ 也可逆,且 $(\boldsymbol{A}^{-1})^{-1}=\boldsymbol{A}$.

即可逆矩阵 $\boldsymbol{A}$ 的逆矩阵也可逆,且 $\boldsymbol{A}$ 的逆的逆是 $\boldsymbol{A}$.

性质 1.4.3　设 $\boldsymbol{A},\boldsymbol{B}$ 是同阶可逆矩阵，则 $\boldsymbol{A},\boldsymbol{B}$ 的积矩阵 $\boldsymbol{AB}$ 也可逆，且 $(\boldsymbol{AB})^{-1}=\boldsymbol{B}^{-1}\boldsymbol{A}^{-1}$.

即两个同阶可逆矩阵之积仍是可逆矩阵，且乘积的逆等于颠倒顺序的逆的积. 这是因为

$$(\boldsymbol{AB})(\boldsymbol{B}^{-1}\boldsymbol{A}^{-1})=\boldsymbol{A}(\boldsymbol{BB}^{-1})\boldsymbol{A}^{-1}=\boldsymbol{AIA}^{-1}=\boldsymbol{A}(\boldsymbol{IA}^{-1})=\boldsymbol{AA}^{-1}=\boldsymbol{I},$$

$$(\boldsymbol{B}^{-1}\boldsymbol{A}^{-1})(\boldsymbol{AB})=\boldsymbol{B}^{-1}(\boldsymbol{A}^{-1}\boldsymbol{A})\boldsymbol{B}=\boldsymbol{B}^{-1}\boldsymbol{IB}=\boldsymbol{B}^{-1}(\boldsymbol{IB})=\boldsymbol{B}^{-1}\boldsymbol{B}=\boldsymbol{I}.$$

性质 1.4.4　设 $\boldsymbol{A}$ 是可逆矩阵，则 $\boldsymbol{A}^T$ 也是可逆矩阵，且 $(\boldsymbol{A}^T)^{-1}=(\boldsymbol{A}^{-1})^T$.

即可逆矩阵的转置仍是可逆矩阵，且转置的逆等于逆的转置.

性质 1.4.5　设 $\boldsymbol{A}$ 是可逆矩阵，且数 $k\neq0$，则数 k 与 $\boldsymbol{A}$ 的数积 $k\boldsymbol{A}$ 也是可逆矩阵，且 $(k\boldsymbol{A})^{-1}=\dfrac{1}{k}\boldsymbol{A}^{-1}$.

即非零数与可逆矩阵的乘积也可逆，且乘积的逆等于非零数的倒数乘矩阵的逆.

性质 1.4.6　对角元都非零的 m 阶对角阵 $\boldsymbol{D}=\begin{pmatrix} d_1 & 0 & \cdots & 0 \\ 0 & d_2 & \cdots & 0 \\ \vdots & \vdots & \ddots & \vdots \\ 0 & 0 & \cdots & d_m \end{pmatrix}$ 都是可逆矩阵，且 $\boldsymbol{D}^{-1}=\begin{pmatrix} \dfrac{1}{d_1} & 0 & \cdots & 0 \\ 0 & \dfrac{1}{d_2} & \cdots & 0 \\ \vdots & \vdots & \ddots & \vdots \\ 0 & 0 & \cdots & \dfrac{1}{d_m} \end{pmatrix}$.

即以非零数为对角元的对角阵都是可逆矩阵，且它的逆矩阵是以相应对

角元的倒数为对角元的对角阵.

特别地,非零数 k 确定的 m 阶数量阵是可逆矩阵,且它的逆矩阵是数 $\frac{1}{k}$ 确定的 m 阶数量阵;m 阶单位矩阵是可逆矩阵,且它的逆矩阵仍是 m 阶单位矩阵.

定理 1.4.2　初等矩阵都是可逆矩阵,且

(1) $(\boldsymbol{P}(i,j))^{-1}=\boldsymbol{P}(i,j)$;

(2) $(\boldsymbol{P}(i(k)))^{-1}=\boldsymbol{P}\left(i\left(\frac{1}{k}\right)\right)$;

(3) $(\boldsymbol{P}(i(k),j))^{-1}=\boldsymbol{P}(i(-k),j)$.

因为:

(1) $\boldsymbol{P}(i,j)$是交换单位矩阵的第 i 行与第 j 行得到的初等矩阵,所以,$\boldsymbol{P}(i,j)\boldsymbol{P}(i,j)$等于单位矩阵交换第 i 行和第 j 行,再交换第 i 行和第 j 行,仍是单位矩阵,即 $\boldsymbol{P}(i,j)\boldsymbol{P}(i,j)=\boldsymbol{I}$. 所以

$$(\boldsymbol{P}(i,j))^{-1}=\boldsymbol{P}(i,j);$$

(2) $\boldsymbol{P}(i(k))$是单位矩阵的第 i 行乘非零数 k 得到的初等矩阵,$\boldsymbol{P}\left(i\left(\frac{1}{k}\right)\right)$是单位矩阵的第 i 行乘非零数 $\frac{1}{k}$ 得到的初等矩阵,所以,$\boldsymbol{P}\left(i\left(\frac{1}{k}\right)\right)\boldsymbol{P}(i(k))$等于单位矩阵的第 i 行乘非零数 k,再第 i 行乘 $\frac{1}{k}$,仍是单位矩阵,即$\boldsymbol{P}\left(i\left(\frac{1}{k}\right)\right)\boldsymbol{P}(i(k))=\boldsymbol{I}$;$\boldsymbol{P}(i(k))\boldsymbol{P}\left(i\left(\frac{1}{k}\right)\right)$等于单位矩阵的第 i 行乘非零数 $\frac{1}{k}$,再第 i 行乘 k,仍是单位矩阵,即 $\boldsymbol{P}(i(k))\boldsymbol{P}\left(i\left(\frac{1}{k}\right)\right)=\boldsymbol{I}$. 所以,

$$(\boldsymbol{P}(i(k)))^{-1}=\boldsymbol{P}\left(i\left(\frac{1}{k}\right)\right);$$

(3) $\boldsymbol{P}(i(k),j)$是单位矩阵第 i 行的 k 倍加到第 j 行得到的初等矩阵,$\boldsymbol{P}(i(-k),j)$是单位矩阵第 i 行的$(-k)$倍加到第 j 行得到的初等矩阵,所以,$\boldsymbol{P}(i(-k),j)\boldsymbol{P}(i(k),j)$是单位矩阵第 i 行的 k 倍加到第 j 行,再第 i 行的$(-k)$倍加到第 j 行,仍是单位矩阵,即 $\boldsymbol{P}(i(-k),j)\boldsymbol{P}(i(k),j)$

$=\boldsymbol{I}$; $\boldsymbol{P}(i(k),j)\boldsymbol{P}(i(-k),j)$是单位矩阵第 i 行的$(-k)$倍加到第 j 行,再第 i 行的 k 倍加到第 j 行,仍是单位矩阵,即 $\boldsymbol{P}(i(k),j)\boldsymbol{P}(i(-k),j)=\boldsymbol{I}$. 所以,

$$(\boldsymbol{P}(i(k),j))^{-1}=\boldsymbol{P}(i(-k),j).$$

利用初等矩阵都是可逆矩阵以及可逆矩阵之积仍是可逆矩阵,可以求矩阵的逆.

例 1.4.2 设 $\boldsymbol{B}=\begin{pmatrix}1&1&0\\0&1&1\\1&0&1\end{pmatrix}$,求 $\boldsymbol{B}^{-1}$.

解 由例 1.3.1,矩阵 $\boldsymbol{B}$ 依次经过"第 1 行的(-1)倍加到第 3 行""第 2 行加到第 3 行""第 3 行乘$\frac{1}{2}$""第 3 行的(-1)倍加到第 2 行""第 2 行的(-1)倍加到第 1 行"等五次初等行变换,化为了单位矩阵.五次初等行变换对应的初等矩阵分别是

$$\boldsymbol{Q}_1=\boldsymbol{P}(1(-1),3),\quad \boldsymbol{Q}_2=\boldsymbol{P}(2(1),3),\quad \boldsymbol{Q}_3=\boldsymbol{P}\left(3\left(\frac{1}{2}\right)\right),$$

$$\boldsymbol{Q}_4=\boldsymbol{P}(3(-1),2),\quad \boldsymbol{Q}_5=\boldsymbol{P}(2(-1),1),$$

再由例 1.3.3,则 $\boldsymbol{Q}_5\boldsymbol{Q}_4\boldsymbol{Q}_3\boldsymbol{Q}_2\boldsymbol{Q}_1\boldsymbol{B}=\boldsymbol{I}_3$,且 $\boldsymbol{Q}_k(k=1,2,3,4,5)$都是可逆矩阵,在矩阵等式的两侧同时左乘$(\boldsymbol{Q}_1^{-1}\boldsymbol{Q}_2^{-1}\boldsymbol{Q}_3^{-1}\boldsymbol{Q}_4^{-1}\boldsymbol{Q}_5^{-1})$,即

$$(\boldsymbol{Q}_1^{-1}\boldsymbol{Q}_2^{-1}\boldsymbol{Q}_3^{-1}\boldsymbol{Q}_4^{-1}\boldsymbol{Q}_5^{-1})\boldsymbol{Q}_5\boldsymbol{Q}_4\boldsymbol{Q}_3\boldsymbol{Q}_2\boldsymbol{Q}_1\boldsymbol{B}=(\boldsymbol{Q}_1^{-1}\boldsymbol{Q}_2^{-1}\boldsymbol{Q}_3^{-1}\boldsymbol{Q}_4^{-1}\boldsymbol{Q}_5^{-1})\boldsymbol{I}_3,$$

再由矩阵乘法的结合律以及单位矩阵的乘法性质,得

$$\boldsymbol{B}=\boldsymbol{Q}_1^{-1}\boldsymbol{Q}_2^{-1}\boldsymbol{Q}_3^{-1}\boldsymbol{Q}_4^{-1}\boldsymbol{Q}_5^{-1}.$$

可逆矩阵的逆矩阵仍是可逆矩阵,且可逆矩阵之积仍可逆,所以 $\boldsymbol{B}$ 可逆,且

$$\begin{aligned}\boldsymbol{B}^{-1}&=(\boldsymbol{Q}_1^{-1}\boldsymbol{Q}_2^{-1}\boldsymbol{Q}_3^{-1}\boldsymbol{Q}_4^{-1}\boldsymbol{Q}_5^{-1})^{-1}\\&=(\boldsymbol{Q}_1^{-1})^{-1}(\boldsymbol{Q}_2^{-1})^{-1}(\boldsymbol{Q}_3^{-1})^{-1}(\boldsymbol{Q}_4^{-1})^{-1}(\boldsymbol{Q}_5^{-1})^{-1}\\&=\boldsymbol{Q}_5\boldsymbol{Q}_4\boldsymbol{Q}_3\boldsymbol{Q}_2\boldsymbol{Q}_1.\end{aligned}$$

即化 $\boldsymbol{B}$ 为单位矩阵的那五次初等行变换所对应的初等矩阵之积 $\boldsymbol{Q}_5\boldsymbol{Q}_4\boldsymbol{Q}_3\boldsymbol{Q}_2\boldsymbol{Q}_1$ 就是矩阵 $\boldsymbol{B}$ 的逆矩阵.所以,

$$\boldsymbol{B}^{-1}=\boldsymbol{Q}_5\boldsymbol{Q}_4\boldsymbol{Q}_3\boldsymbol{Q}_2\boldsymbol{Q}_1$$

$$=\begin{pmatrix}1&-1&0\\0&1&0\\0&0&1\end{pmatrix}\begin{pmatrix}1&1&0\\0&1&-1\\0&0&1\end{pmatrix}\begin{pmatrix}1&0&0\\0&1&0\\0&0&\frac{1}{2}\end{pmatrix}\begin{pmatrix}1&0&0\\0&1&0\\0&1&1\end{pmatrix}\begin{pmatrix}1&0&0\\0&1&0\\-1&0&1\end{pmatrix}$$

$$=\begin{pmatrix}1&-1&0\\0&1&0\\0&0&1\end{pmatrix}\begin{pmatrix}1&0&0\\0&1&-1\\0&0&1\end{pmatrix}\begin{pmatrix}1&0&0\\0&1&0\\0&0&\frac{1}{2}\end{pmatrix}\begin{pmatrix}1&0&0\\0&1&0\\-1&1&1\end{pmatrix}$$

$$=\begin{pmatrix}1&-1&0\\0&1&0\\0&0&1\end{pmatrix}\begin{pmatrix}1&1&0\\0&1&-1\\0&0&1\end{pmatrix}\begin{pmatrix}1&0&0\\0&1&0\\-\frac{1}{2}&\frac{1}{2}&\frac{1}{2}\end{pmatrix}$$

$$=\begin{pmatrix}1&-1&0\\0&1&0\\0&0&1\end{pmatrix}\begin{pmatrix}1&0&0\\\frac{1}{2}&\frac{1}{2}&-\frac{1}{2}\\-\frac{1}{2}&\frac{1}{2}&\frac{1}{2}\end{pmatrix}$$

$$=\begin{pmatrix}\frac{1}{2}&-\frac{1}{2}&\frac{1}{2}\\\frac{1}{2}&\frac{1}{2}&-\frac{1}{2}\\-\frac{1}{2}&\frac{1}{2}&\frac{1}{2}\end{pmatrix}.$$

$\boldsymbol{B}$ 的逆矩阵是化 $\boldsymbol{B}$ 为单位矩阵的那些初等行变换对应的初等矩阵之积，如果在对矩阵 $\boldsymbol{B}$ 进行初等行变换的同时，也能保留下相应的初等矩阵之积，这样就可以求出 $\boldsymbol{B}$ 的逆矩阵.

将矩阵 $\boldsymbol{B}$ 写在左边，3 阶单位矩阵写在右边，构成 3×6 矩阵

$$\boldsymbol{V}=(\boldsymbol{B}\quad\boldsymbol{I})=\begin{pmatrix}1&1&0&1&0&0\\0&1&1&0&1&0\\1&0&1&0&0&1\end{pmatrix}.$$

由于 $\boldsymbol{V}$ 是 $\boldsymbol{B}$ 和 $\boldsymbol{I}_3$ 构成的整体，$\boldsymbol{V}$ 的行是由 $\boldsymbol{B}$ 的行和 $\boldsymbol{I}_3$ 的行构成的整体，所以，交换矩阵 $\boldsymbol{V}$ 第 1 行与第 2 行，就是同时交换矩阵 $\boldsymbol{B}$ 和单位矩阵 $\boldsymbol{I}_3$ 的第 1 行与第 2 行，将 $\boldsymbol{V}$ 的第 3 行乘$\left(\frac{1}{2}\right)$，就是同时将矩阵 $\boldsymbol{B}$ 和单位矩阵 $\boldsymbol{I}_3$

的第 3 行都乘$\left(\frac{1}{2}\right)$,将 $\boldsymbol{V}$ 第 2 行的(−1)倍加到第 1 行,就是同时将矩阵 $\boldsymbol{B}$ 和单位矩阵 $\boldsymbol{I}_3$ 的第 2 行的(−1)倍加到第 1 行,

$$\boldsymbol{V}=(\boldsymbol{B}\quad \boldsymbol{I})=\begin{pmatrix}1&1&0&1&0&0\\0&1&1&0&1&0\\1&0&1&0&0&1\end{pmatrix}$$

$$\xrightarrow{\text{第 1 行的}(-1)\text{倍加到第 3 行}}\begin{pmatrix}1&1&0&1&0&0\\0&1&1&0&1&0\\0&-1&1&-1&0&1\end{pmatrix}$$

$$\xrightarrow{\text{第 2 行加到第 3 行}}\begin{pmatrix}1&1&0&1&0&0\\0&1&1&0&1&0\\0&0&2&-1&1&1\end{pmatrix}$$

$$\xrightarrow{\text{第 3 行乘}\frac{1}{2}}\begin{pmatrix}1&1&0&1&0&0\\0&1&1&0&1&0\\0&0&1&-\frac{1}{2}&\frac{1}{2}&\frac{1}{2}\end{pmatrix}$$

$$\xrightarrow{\text{第 3 行的}(-1)\text{倍加到第 2 行}}\begin{pmatrix}1&1&0&1&0&0\\0&1&0&\frac{1}{2}&\frac{1}{2}&-\frac{1}{2}\\0&0&1&-\frac{1}{2}&\frac{1}{2}&\frac{1}{2}\end{pmatrix}$$

$$\xrightarrow{\text{第 2 行的}(-1)\text{倍加到第 1 行}}\begin{pmatrix}1&0&0&\frac{1}{2}&-\frac{1}{2}&\frac{1}{2}\\0&1&0&\frac{1}{2}&\frac{1}{2}&-\frac{1}{2}\\0&0&1&-\frac{1}{2}&\frac{1}{2}&\frac{1}{2}\end{pmatrix}.$$

矩阵 $\boldsymbol{V}$ 化为了标准阶梯形矩阵,$\boldsymbol{B}$ 相应的部分化为了单位矩阵,$\boldsymbol{I}_3$ 相应的部分保留了化 $\boldsymbol{B}$ 为单位矩阵的所有初等行变换对应的初等矩阵之积,也就是 $\boldsymbol{B}$ 的逆矩阵. 所以

$$B^{-1}=\begin{pmatrix}\frac{1}{2} & -\frac{1}{2} & \frac{1}{2}\\ \frac{1}{2} & \frac{1}{2} & -\frac{1}{2}\\ -\frac{1}{2} & \frac{1}{2} & \frac{1}{2}\end{pmatrix}.$$

那么初等行变换与可逆矩阵之间有什么关系呢?

(1) 初等行变换不改变矩阵的可逆性.

即可逆矩阵经过初等行变换,得到的矩阵仍然可逆.

这是因为 m 阶可逆矩阵 $\boldsymbol{A}$,经过某个初等行变换化为矩阵 $\boldsymbol{B}$,则存在初等矩阵 $\boldsymbol{P}$,使得 $\boldsymbol{PA}=\boldsymbol{B}$, $\boldsymbol{P}$,$\boldsymbol{A}$ 都是可逆矩阵,且可逆矩阵之积仍可逆,所以 $\boldsymbol{B}$ 是可逆矩阵.

(2) 有零行的矩阵不可逆.

即若方阵 $\boldsymbol{A}$ 的某一行全为零,则 $\boldsymbol{A}$ 一定不可逆.

事实上,若 m 阶方阵 $\boldsymbol{A}$ 的第 k 行元素全为零,则对任意的 m 阶方阵 $\boldsymbol{B}$,$\boldsymbol{AB}$ 的第 k 行元素全为零. 即不存在矩阵 $\boldsymbol{B}$,使得 $\boldsymbol{AB}=\boldsymbol{I}_m$. 所以,$\boldsymbol{A}$ 不可逆.

(3) 含有 m 个主元的 m 阶方阵的标准阶梯形只能是 m 阶单位矩阵.

这是因为 m 阶方阵有 m 个主元,每一行都有一个主元,且阶梯形矩阵的主元所在的列数随行数的增加严格递增,所以,第 k 行的主元只能在第 k 列,m 阶方阵有 m 个主元的阶梯形,主元只能在主对角线上. 而标准阶梯形的主元都是 1,主元所在的列除主元以外的其他元素都是零,这只能是单位矩阵.

(4) 可逆矩阵经过初等行变换,一定能化为单位矩阵.

即可逆矩阵的标准阶梯形是单位矩阵.

这是因为初等行变换不改变矩阵的可逆性,所以,可逆矩阵的标准阶梯形也可逆. 有零行的矩阵一定不可逆,所以,m 阶可逆矩阵的标准阶梯形必有 m 个主元,必为 m 阶单位矩阵.

定理 1.4.3　可逆矩阵的标准阶梯形是单位矩阵.

即任何可逆矩阵经过初等行变换都可以化为单位矩阵.

注:判断一个 m 阶方阵 $\boldsymbol{A}$ 是否可逆,就是对 $\boldsymbol{A}$ 进行初等行变换,将 $\boldsymbol{A}$ 化为标准阶梯形. 若 $\boldsymbol{A}$ 的标准阶梯形是单位矩阵,则 $\boldsymbol{A}$ 是可逆矩阵;若 $\boldsymbol{A}$ 的标

准阶梯形不是单位矩阵(出现了零行),则 $\boldsymbol{A}$ 不可逆.

> **定理 1.4.4** 设 $\boldsymbol{A}$ 是 m 阶可逆矩阵,则 $\boldsymbol{A}^{-1}$ 等于化 $\boldsymbol{A}$ 为单位矩阵的初等行变换对应的初等矩阵之积.

注:判断 m 阶方阵 $\boldsymbol{A}$ 是否可逆,可逆时求出 $\boldsymbol{A}^{-1}$ 的步骤和方法是:

(1) 将矩阵 $\boldsymbol{A}$ 写在左侧,m 阶单位矩阵写在右侧,构成 $m\times 2m$ 阶矩阵 $\boldsymbol{V}=(\boldsymbol{A}\quad \boldsymbol{I}_m)$;

(2) 对矩阵 $\boldsymbol{V}$ 进行初等行变换,化为标准阶梯形矩阵;

(3) 若矩阵 $\boldsymbol{V}$ 相应 $\boldsymbol{A}$ 的部分化为了单位矩阵,则 $\boldsymbol{A}$ 是可逆矩阵,且相应 $\boldsymbol{I}_m$ 的部分化为了 $\boldsymbol{A}^{-1}$;

(4) 若矩阵 $\boldsymbol{V}$ 相应 $\boldsymbol{A}$ 的部分不能化为单位矩阵,则 $\boldsymbol{A}$ 不是可逆矩阵.

例 1.4.3 设 4 阶方阵 $\boldsymbol{A}=\begin{pmatrix}1&1&1&1\\2&1&-1&1\\1&-1&3&-1\\1&1&1&-1\end{pmatrix}$. 判断 $\boldsymbol{A}$ 是否可逆,在 $\boldsymbol{A}$ 可逆时,求 $\boldsymbol{A}^{-1}$.

解 构作 4×8 矩阵

$$\boldsymbol{V}=(\boldsymbol{A}\quad \boldsymbol{I}_4)=\begin{pmatrix}1&1&1&1&1&0&0&0\\2&1&-1&1&0&1&0&0\\1&-1&3&-1&0&0&1&0\\1&1&1&-1&0&0&0&1\end{pmatrix},$$

对 $\boldsymbol{V}$ 实施初等行变换

$$\boldsymbol{V}\xrightarrow[\text{第 1 行的}(-1)\text{倍加到第 4 行}]{\substack{\text{第 1 行的}(-2)\text{倍加到第 2 行}\\ \text{第 1 行的}(-1)\text{倍加到第 3 行}}}\begin{pmatrix}1&1&1&1&1&0&0&0\\0&-1&-3&-1&-2&1&0&0\\0&-2&2&-2&-1&0&1&0\\0&0&0&-2&-1&0&0&1\end{pmatrix}$$

$$\xrightarrow[\text{第 4 行乘}\left(-\frac{1}{2}\right)]{\text{第 2 行的}(-2)\text{倍加到第 3 行}}\begin{pmatrix}1&1&1&1&1&0&0&0\\0&-1&-3&-1&-2&1&0&0\\0&0&8&0&3&-2&1&0\\0&0&0&1&\frac{1}{2}&0&0&-\frac{1}{2}\end{pmatrix}$$

$$\xrightarrow[\text{第 4 行的}(-1)\text{倍加到第 1 行}]{\substack{\text{第 3 行乘}\left(\frac{1}{8}\right)\\ \text{第 4 行加到第 2 行}}}\begin{pmatrix}1 & 1 & 1 & 0 & \frac{1}{2} & 0 & 0 & \frac{1}{2}\\ 0 & -1 & -3 & 0 & -\frac{3}{2} & 1 & 0 & -\frac{1}{2}\\ 0 & 0 & 1 & 0 & \frac{3}{8} & -\frac{1}{4} & \frac{1}{8} & 0\\ 0 & 0 & 0 & 1 & \frac{1}{2} & 0 & 0 & -\frac{1}{2}\end{pmatrix}$$

$$\xrightarrow[\text{第 3 行的}(-1)\text{倍加到第 1 行}]{\text{第 3 行的 3 倍加到第 2 行}}\begin{pmatrix}1 & 1 & 0 & 0 & \frac{1}{8} & \frac{1}{4} & -\frac{1}{8} & \frac{1}{2}\\ 0 & -1 & 0 & 0 & -\frac{3}{8} & \frac{1}{4} & \frac{3}{8} & -\frac{1}{2}\\ 0 & 0 & 1 & 0 & \frac{3}{8} & -\frac{1}{4} & \frac{1}{8} & 0\\ 0 & 0 & 0 & 1 & \frac{1}{2} & 0 & 0 & -\frac{1}{2}\end{pmatrix}$$

$$\xrightarrow[\text{第 2 行乘}(-1)]{\text{第 2 行加到第 1 行}}\begin{pmatrix}1 & 0 & 0 & 0 & -\frac{1}{4} & \frac{1}{2} & \frac{1}{4} & 0\\ 0 & 1 & 0 & 0 & \frac{3}{8} & -\frac{1}{4} & -\frac{3}{8} & \frac{1}{2}\\ 0 & 0 & 1 & 0 & \frac{3}{8} & -\frac{1}{4} & \frac{1}{8} & 0\\ 0 & 0 & 0 & 1 & \frac{1}{2} & 0 & 0 & -\frac{1}{2}\end{pmatrix}.$$

相应 $\boldsymbol{A}$ 的部分被化为单位矩阵，所以 $\boldsymbol{A}$ 是可逆矩阵，相应 $\boldsymbol{I}_4$ 的部分化为 $\boldsymbol{A}^{-1}$. 即

$$\boldsymbol{A}^{-1}=\begin{pmatrix}-\frac{1}{4} & \frac{1}{2} & \frac{1}{4} & 0\\ \frac{3}{8} & -\frac{1}{4} & -\frac{3}{8} & \frac{1}{2}\\ \frac{3}{8} & -\frac{1}{4} & \frac{1}{8} & 0\\ \frac{1}{2} & 0 & 0 & -\frac{1}{2}\end{pmatrix}.$$

例 1.4.4　设 $\boldsymbol{A}=\begin{pmatrix}1 & 0 & 3\\ 0 & 1 & 2\\ a & -1 & 1\end{pmatrix}$，$a$ 为何值时，矩阵 $\boldsymbol{A}$ 可逆？在 $\boldsymbol{A}$ 可

逆时,求 $\boldsymbol{A}^{-1}$.

解 构作 3×6 矩阵 $\boldsymbol{V}=(\boldsymbol{A}\quad \boldsymbol{I}_3)=\begin{pmatrix}1 & 0 & 3 & 1 & 0 & 0\\ 0 & 1 & 2 & 0 & 1 & 0\\ a & -1 & 1 & 0 & 0 & 1\end{pmatrix}$ 对 $\boldsymbol{V}$ 进行初等行变换,

$$\boldsymbol{V}\xrightarrow{\text{第 1 行的}(-a)\text{倍加到第 3 行}}\begin{pmatrix}1 & 0 & 3 & 1 & 0 & 0\\ 0 & 1 & 2 & 0 & 1 & 0\\ 0 & -1 & 1-3a & -a & 0 & 1\end{pmatrix}$$

$$\xrightarrow{\text{第 2 行加到第 3 行}}\begin{pmatrix}1 & 0 & 3 & 1 & 0 & 0\\ 0 & 1 & 2 & 0 & 1 & 0\\ 0 & 0 & 3-3a & -a & 1 & 1\end{pmatrix},$$

相应 $\boldsymbol{A}$ 的部分经初等行变换化为 $\begin{pmatrix}1 & 0 & 3\\ 0 & 1 & 2\\ 0 & 0 & 3-3a\end{pmatrix}$,所以,

当 $3-3a=0$ 时,$\boldsymbol{A}$ 经初等行变换化得的矩阵出现了零行,$\boldsymbol{A}$ 不可逆.

当 $3-3a\neq 0$ 时,$\boldsymbol{A}$ 能化为单位矩阵,$\boldsymbol{A}$ 可逆.

继续对 $\boldsymbol{V}$ 进行初等行变换,把相应 $\boldsymbol{A}$ 的部分化为单位矩阵

$$\xrightarrow{\text{第 3 行乘}\left(\frac{1}{3-3a}\right)}\begin{pmatrix}1 & 0 & 3 & 1 & 0 & 0\\ 0 & 1 & 2 & 0 & 1 & 0\\ 0 & 0 & 1 & -\dfrac{a}{3-3a} & \dfrac{1}{3-3a} & \dfrac{1}{3-3a}\end{pmatrix}$$

$$\xrightarrow[\text{第 3 行的}(-2)\text{倍加到第 2 行}]{\text{第 3 行的}(-3)\text{倍加到第 1 行}}\begin{pmatrix}1 & 0 & 0 & \dfrac{1}{1-a} & -\dfrac{1}{1-a} & -\dfrac{1}{1-a}\\ 0 & 1 & 0 & \dfrac{2a}{3-3a} & \dfrac{1-3a}{3-3a} & -\dfrac{2}{3-3a}\\ 0 & 0 & 1 & -\dfrac{a}{3-3a} & \dfrac{1}{3-3a} & \dfrac{1}{3-3a}\end{pmatrix}.$$

所以,当 $a\neq 1$ 时,$\boldsymbol{A}$ 是可逆矩阵,且 $\boldsymbol{A}^{-1}=\begin{pmatrix}\dfrac{1}{1-a} & -\dfrac{1}{1-a} & -\dfrac{1}{1-a}\\ \dfrac{2a}{3-3a} & \dfrac{1-3a}{3-3a} & -\dfrac{2}{3-3a}\\ -\dfrac{a}{3-3a} & \dfrac{1}{3-3a} & \dfrac{1}{3-3a}\end{pmatrix}$.

习题 1.4

1. 验证下列矩阵都是可逆矩阵，且它的逆矩阵就是所给定的矩阵.

(1) $\boldsymbol{P}_1=\begin{pmatrix}1&-1&0\\0&1&0\\0&0&1\end{pmatrix}$，$\boldsymbol{P}_1^{-1}=\begin{pmatrix}1&1&0\\0&1&0\\0&0&1\end{pmatrix}$；　(2) $\boldsymbol{P}_2=\begin{pmatrix}0&1&0\\1&0&0\\0&0&1\end{pmatrix}$，$\boldsymbol{P}_2^{-1}=\boldsymbol{P}_2$；

(3) $\boldsymbol{P}_3=\begin{pmatrix}2&0&0\\0&3&0\\0&0&4\end{pmatrix}$，$\boldsymbol{P}_3^{-1}=\begin{pmatrix}\frac{1}{2}&0&0\\0&\frac{1}{3}&0\\0&0&\frac{1}{4}\end{pmatrix}$；

(4) $\boldsymbol{P}_4=\begin{pmatrix}0&0&2\\0&3&0\\4&0&0\end{pmatrix}$，$\boldsymbol{P}_4^{-1}=\begin{pmatrix}0&0&\frac{1}{4}\\0&\frac{1}{3}&0\\\frac{1}{2}&0&0\end{pmatrix}$；

(5) 若 $a_1a_2a_3a_4\neq 0$，则 $\boldsymbol{P}=\begin{pmatrix}a_1&0&0&0\\0&a_2&0&0\\0&0&a_3&0\\0&0&0&a_4\end{pmatrix}$ 可逆，且 $\boldsymbol{P}^{-1}=\begin{pmatrix}\frac{1}{a_1}&0&0&0\\0&\frac{1}{a_2}&0&0\\0&0&\frac{1}{a_3}&0\\0&0&0&\frac{1}{a_4}\end{pmatrix}$；

(6) 若 $a_1a_2a_3a_4\neq 0$，则 $\boldsymbol{Q}=\begin{pmatrix}0&0&0&a_1\\0&0&a_2&0\\0&a_3&0&0\\a_4&0&0&0\end{pmatrix}$ 可逆，且 $\boldsymbol{Q}^{-1}=\begin{pmatrix}0&0&0&\frac{1}{a_4}\\0&0&\frac{1}{a_3}&0\\0&\frac{1}{a_2}&0&0\\\frac{1}{a_1}&0&0&0\end{pmatrix}$.

2. 判断下列矩阵是否可逆，可逆时，求出它的逆.

(1) $\begin{pmatrix}2&1\\3&4\end{pmatrix}$；　(2) $\begin{pmatrix}2&2&3\\1&-1&0\\-1&2&1\end{pmatrix}$；　(3) $\begin{pmatrix}1&0&0\\1&2&0\\1&2&3\end{pmatrix}$；

(4) $\begin{pmatrix}1&2&3&4\\0&1&2&3\\0&0&1&2\\0&0&0&1\end{pmatrix}$； (5) $\begin{pmatrix}2&1&0&0\\1&1&0&0\\0&0&2&5\\0&0&1&3\end{pmatrix}$.

3. 设 $\boldsymbol{A}=\begin{pmatrix}a&c\\0&b\end{pmatrix}$. 验证:当 $ab\neq0$ 时,则 $\boldsymbol{A}$ 可逆且 $\boldsymbol{A}^{-1}=\begin{pmatrix}\frac{1}{a}&-\frac{c}{ab}\\0&\frac{1}{b}\end{pmatrix}$.

4. (1) 设 $\boldsymbol{A}=\begin{pmatrix}1&-1\\-2&a\end{pmatrix}$不可逆,求 a 的值;

(2) a 为何值时,$\boldsymbol{A}=\begin{pmatrix}a&-1&1\\0&1&2\\1&0&3\end{pmatrix}$可逆? 在 $\boldsymbol{A}$ 可逆时,求 $\boldsymbol{A}^{-1}$.

5. 选择题:

(1) 设矩阵 $\boldsymbol{A},\boldsymbol{B}$ 满足 $\boldsymbol{AB}=\boldsymbol{I}$,其中 $\boldsymbol{I}$ 是单位矩阵,则 $\boldsymbol{A}$ 是可逆矩阵,且 $\boldsymbol{A}^{-1}=\boldsymbol{B}$.(　　).

A. 此陈述是正确的; B. 此陈述是错误的.

(2) 记 $\boldsymbol{I}$ 是适当阶数的单位矩阵. 下列关于矩阵的陈述正确的是(　　).

A. 对任意的 2 阶方阵 $\boldsymbol{A}$,满足 $\boldsymbol{AB}=\boldsymbol{BA}=\boldsymbol{I}$ 的矩阵 $\boldsymbol{B}$ 总是存在的,且唯一;

B. 对任意的 2 阶方阵 $\boldsymbol{A}$,满足 $\boldsymbol{AB}=\boldsymbol{BA}=\boldsymbol{I}$ 的矩阵 $\boldsymbol{B}$ 不一定存在,若存在,则唯一;

C. 对任意的两个矩阵 $\boldsymbol{A},\boldsymbol{B}$, 若 $\boldsymbol{AB}=\boldsymbol{I}$,则必有 $\boldsymbol{BA}=\boldsymbol{I}$;

D. 对任意的两个矩阵 $\boldsymbol{A},\boldsymbol{B}$, 若 $\boldsymbol{AB}=\boldsymbol{I}$,则必有 $\boldsymbol{A}^T\boldsymbol{B}^T=\boldsymbol{I}$.

(3) 设 $\boldsymbol{A},\boldsymbol{B}$ 是两个同阶可逆矩阵,k 是任意非零数,则下列表述正确的是(　　).

A. $\boldsymbol{A}+\boldsymbol{B}$ 也是可逆矩阵,且$(\boldsymbol{A}+\boldsymbol{B})^{-1}=\boldsymbol{A}^{-1}+\boldsymbol{B}^{-1}$;

B. $\boldsymbol{AB}$ 也是可逆矩阵,且$(\boldsymbol{AB})^{-1}=\boldsymbol{A}^{-1}\boldsymbol{B}^{-1}$;

C. $(\boldsymbol{AB})^T$ 也是可逆矩阵,且$[(\boldsymbol{AB})^T]^{-1}=(\boldsymbol{A}^T)^{-1}(\boldsymbol{B}^T)^{-1}$;

D. $k(\boldsymbol{AB})$也是可逆矩阵,且$[k(\boldsymbol{AB})]^{-1}=\frac{1}{k}\boldsymbol{A}^{-1}\boldsymbol{B}^{-1}$.

(4) 设 $\boldsymbol{A}$ 是 3 阶可逆矩阵,则下列表述不正确的是(　　).

A. $\boldsymbol{A}^{-1}$也是可逆矩阵,且$(\boldsymbol{A}^{-1})^{-1}=\boldsymbol{A}$;

B. 矩阵 $\boldsymbol{A}$ 的转置矩阵 $\boldsymbol{A}^T$ 也是可逆矩阵,且$(\boldsymbol{A}^T)^{-1}=(\boldsymbol{A}^{-1})^T$;

C. 矩阵 $\boldsymbol{A}$ 的非零数 k 倍也是可逆矩阵,且$(k\boldsymbol{A})^{-1}=k\boldsymbol{A}^{-1}$;

D. 设 $\boldsymbol{K}=\begin{pmatrix}2&0&0\\0&2&0\\0&0&2\end{pmatrix}$,则 $\boldsymbol{KA}$ 也是可逆矩阵,且$(\boldsymbol{KA})^{-1}=\begin{pmatrix}\frac{1}{2}&0&0\\0&\frac{1}{2}&0\\0&0&\frac{1}{2}\end{pmatrix}\boldsymbol{A}^{-1}$.

(5) 若 $\boldsymbol{A}$ 是可逆矩阵，且 $\boldsymbol{A}^{-1}=\boldsymbol{A}$，则称 $\boldsymbol{A}$ 是对合矩阵. 设 $\boldsymbol{A}=\begin{pmatrix}0&0&1\\0&a&0\\b&0&0\end{pmatrix}$ 是对合矩阵，且 $a\neq b$，则 $a+b=$（　　）.

A. 0；　B. 1；　C. 2；　D. 任意数.

(6) 设 $\boldsymbol{A}=\begin{pmatrix}0&0&a\\0&b&0\\c&0&0\end{pmatrix}$ 是对合矩阵，则 a,b,c 一定满足（　　）.

A. $a=b=c=1$；　B. $ac=b=1$；　C. $abc=1$；　D. $ac=b^2=1$.

(7) 设 $\boldsymbol{A},\boldsymbol{B}$ 是两个三阶方阵，且 $\boldsymbol{AB}=\begin{pmatrix}0&0&1\\0&1&0\\1&0&0\end{pmatrix}$，则（　　）.

A. $\boldsymbol{A}$ 是可逆矩阵，且 $\boldsymbol{A}^{-1}=\boldsymbol{B}^{-1}$；　B. $\boldsymbol{A}$ 是可逆矩阵，且 $\boldsymbol{A}^{-1}=\boldsymbol{B}$；

C. $\boldsymbol{A}$ 是可逆矩阵，且 $\boldsymbol{A}^{-1}=\boldsymbol{B}\begin{pmatrix}0&0&1\\0&1&0\\1&0&0\end{pmatrix}$；

D. $\boldsymbol{A}$ 是可逆矩阵，且 $\boldsymbol{A}^{-1}=\boldsymbol{B}^{-1}\begin{pmatrix}0&0&1\\0&1&0\\1&0&0\end{pmatrix}$.

(8) 设 4 阶方阵 $\boldsymbol{B}$ 满足 $\boldsymbol{B}^3=\boldsymbol{O}$，$\boldsymbol{I}$ 是 4 阶单位矩阵，则 $\boldsymbol{B}-\boldsymbol{I}$ 是可逆矩阵，且 $(\boldsymbol{B}-\boldsymbol{I})^{-1}=$（　　）.

A. $\boldsymbol{B}+\boldsymbol{I}$；　B. $\boldsymbol{B}-\boldsymbol{I}$；　C. $\boldsymbol{B}^2+\boldsymbol{B}+\boldsymbol{I}$；　D. $-\boldsymbol{B}^2-\boldsymbol{B}-\boldsymbol{I}$.

(9) 设 3 阶方阵 $\boldsymbol{B}$ 满足 $\boldsymbol{B}^3=\boldsymbol{O}$，$\boldsymbol{I}$ 是 3 阶单位矩阵，则 $\boldsymbol{B}+\boldsymbol{I}$ 是可逆矩阵，且 $(\boldsymbol{B}+\boldsymbol{I})^{-1}=$（　　）.

A. $\boldsymbol{B}+\boldsymbol{I}$；　B. $\boldsymbol{B}-\boldsymbol{I}$；　C. $\boldsymbol{B}^2-\boldsymbol{B}+\boldsymbol{I}$；　D. $\boldsymbol{B}^2+\boldsymbol{B}+\boldsymbol{I}$.

(10) 设 3 阶方阵 $\boldsymbol{A}$ 满足 $\boldsymbol{A}^2+\boldsymbol{A}-2\boldsymbol{I}=\boldsymbol{O}$，其中 $\boldsymbol{I}$ 是 3 阶单位矩阵，则 $\boldsymbol{A}^{-1}=$（　　）.

A. $\boldsymbol{A}+\frac{1}{2}\boldsymbol{I}$；　B. $\boldsymbol{A}-\frac{1}{2}\boldsymbol{I}$；　C. $\frac{1}{2}\boldsymbol{A}+\frac{1}{2}\boldsymbol{I}$；　D. $\frac{1}{2}\boldsymbol{A}-\frac{1}{2}\boldsymbol{I}$.

(11) 设 $\boldsymbol{A}=\begin{pmatrix}1&-1&0\\0&1&1\\0&0&1\end{pmatrix}$，则 $\boldsymbol{A}^{-1}=$（　　）.

A. $\begin{pmatrix}1&-1&0\\0&1&1\\0&0&1\end{pmatrix}$　B. $\begin{pmatrix}1&1&0\\0&1&-1\\0&0&1\end{pmatrix}$　C. $\begin{pmatrix}1&1&1\\0&1&-1\\0&0&1\end{pmatrix}$　D. $\begin{pmatrix}1&-1&1\\0&1&1\\0&0&1\end{pmatrix}$.

(12) 设 $\boldsymbol{A}=(a_{ij})_{3\times3}$ 是可逆矩阵，且 $\boldsymbol{A}^{-1}=\begin{pmatrix}1&0&1\\1&1&1\\0&1&1\end{pmatrix}$，则方程组

$\begin{cases}a_{11}x_1+a_{12}x_2+a_{13}x_3=1,\\a_{21}x_1+a_{22}x_2+a_{23}x_3=2,\\a_{31}x_1+a_{32}x_2+a_{33}x_3=3\end{cases}$ 的解是(　　).

A. $\begin{cases}x_1=1,\\x_2=2,\\x_3=3;\end{cases}$　　B. $\begin{cases}x_1=2,\\x_2=6,\\x_3=5;\end{cases}$　　C. $\begin{cases}x_1=4,\\x_2=6,\\x_3=5;\end{cases}$　　D. $\begin{cases}x_1=4,\\x_2=5,\\x_3=6.\end{cases}$

(13) 设 $\boldsymbol{A}=\begin{pmatrix}d_1&0&0&0\\0&d_2&0&0\\0&0&d_3&0\\0&0&0&d_4\end{pmatrix}$ 是一个 4 阶可逆对角阵，且 $\boldsymbol{A}^{-1}=\boldsymbol{A}$，下列四个数值中，矩阵 $\boldsymbol{A}$ 的迹 $\mathrm{tr}(\boldsymbol{A})$ 不可能取到的值是(　　).

A. -2；　　B. 0；　　C. 1；　　D. 2.

(14) 设 $\boldsymbol{A}=\begin{pmatrix}0&0&0&d_1\\0&0&d_2&0\\0&d_3&0&0\\d_4&0&0&0\end{pmatrix}$ 是可逆矩阵，且 d_1,d_2,d_3,d_4 是不全相等的整数. 若 $\boldsymbol{A}^{-1}=\boldsymbol{A}$，则 $d_1+d_2+d_3+d_4=$(　　).

A. -4；　　B. 0；　　C. 2；　　D. 4.

(15) 设 $\boldsymbol{A}=\begin{pmatrix}0&1&0\\0&0&1\\1&0&0\end{pmatrix}$，把 $\boldsymbol{A}^{-1}$ 表示为 2 个初等矩阵之积，① $\boldsymbol{A}^{-1}=\boldsymbol{P}(1,3)\boldsymbol{P}(1,2)$，② $\boldsymbol{A}^{-1}=\boldsymbol{P}(1,2)\boldsymbol{P}(1,3)$，③ $\boldsymbol{A}^{-1}=\boldsymbol{P}(2,3)\boldsymbol{P}(1,3)$，④ $\boldsymbol{A}^{-1}=\boldsymbol{P}(1,3)\boldsymbol{P}(2,3)$，其中正确的是(　　).

A. ①和③；　　B. ①和④；　　C. ②和③；　　D. ②和④.

§1.5　n 阶方阵的行列式

设 $\boldsymbol{A}=\begin{pmatrix}1&3&1\\2&-3&8\\2&12&-5\end{pmatrix}$，对 $\boldsymbol{A}$ 仅实施“将某一行的倍数加到另一行”这一类初等行变换，矩阵 $\boldsymbol{A}$ 就可以化为阶梯形(阶梯形方阵也是上三角形).

$$\begin{pmatrix}1&3&1\\2&-3&8\\2&12&-5\end{pmatrix}\xrightarrow[\text{第 1 行的}(-2)\text{倍加到第 3 行}]{\text{第 1 行的}(-2)\text{倍加到第 2 行}}\begin{pmatrix}1&3&1\\0&-9&6\\0&6&-7\end{pmatrix}$$

$$\xrightarrow{\text{第 2 行的}\left(\frac{2}{3}\right)\text{倍加到第 3 行}}\begin{pmatrix}1&3&1\\0&-9&6\\0&0&3\end{pmatrix}.$$

仅利用"将某一行的倍数加到另一行"这一类初等行变换，化 $\boldsymbol{A}$ 为阶梯形(上三角形)并不唯一(过程不唯一、化得的阶梯形也不唯一).

$$\begin{pmatrix}1&3&1\\2&-3&8\\2&12&-5\end{pmatrix}\xrightarrow{\text{第 2 行加到第 1 行}}\begin{pmatrix}3&0&9\\2&-3&8\\2&12&-5\end{pmatrix}$$

$$\xrightarrow[\text{第 1 行的}\left(-\frac{2}{3}\right)\text{倍加到第 3 行}]{\text{第 1 行的}\left(-\frac{2}{3}\right)\text{倍加到第 2 行}}\begin{pmatrix}3&0&9\\0&-3&2\\0&12&-11\end{pmatrix}$$

$$\xrightarrow{\text{第 2 行的 4 倍加到第 3 行}}\begin{pmatrix}3&0&9\\0&-3&2\\0&0&-3\end{pmatrix}.$$

利用不同的"将某一行的倍数加到另一行"，矩阵 $\boldsymbol{A}$ 被化为不同的阶梯形(上三角形)，但两个阶梯形的主对角元的乘积是相等的，即 $1\times(-9)\times(-3)=3\times(-3)\times(-3)=27$.

例 1.5.1　设 $\boldsymbol{A}\begin{pmatrix}a&b\\c&d\end{pmatrix}$ 是任意一个 2 阶方阵，只用"将某一行的倍数加到另一行"这一类初等变换，化 $\boldsymbol{A}$ 为上三角形(阶梯形)矩阵.

解　若 $a\neq0$，则 $\begin{pmatrix}a&b\\c&d\end{pmatrix}\xrightarrow{\text{第 1 行的}\left(-\frac{c}{a}\right)\text{倍加到第 2 行}}\begin{pmatrix}a&b\\0&d-\dfrac{cb}{a}\end{pmatrix}$;

若 $a=0$，则 $\begin{pmatrix}0&b\\c&d\end{pmatrix}\xrightarrow{\text{第 2 行加到第 1 行}}\begin{pmatrix}c&b+d\\c&d\end{pmatrix}$

$$\xrightarrow{\text{第 1 行的}(-1)\text{倍加到第 2 行}}\begin{pmatrix}c&b+d\\0&-b\end{pmatrix}.$$

注:$a=0$ 或者 $a\neq 0$ 时,2 阶方程 $\begin{pmatrix} a & b \\ c & d \end{pmatrix}$ 经"某一行的倍数加到另一行"这类初等行变换,化得阶梯形(上三角形)矩阵的主对角元素的乘积都是 $ad-bc$ $\left(a\neq 0 \text{ 时乘积是 } a\left(d-\frac{cb}{a}\right), a=0 \text{ 时乘积是}(-cb)\right)$.

对 n 阶方阵,有以下结论:

定理 1.5.1 任意 n 阶方阵 $\boldsymbol{A}$,经"某一行的倍数加到另一行"这一类初等行变换,都可以化为阶梯形(上三角形)矩阵,且化得的阶梯形(上三角形)矩阵的所有主对角元的乘积被矩阵 $\boldsymbol{A}$ 唯一确定,与初等行变换的过程选择无关.即

$$\begin{pmatrix} a_{11} & a_{12} & \cdots & a_{1n} \\ a_{21} & a_{22} & \cdots & a_{2n} \\ \vdots & \vdots & \ddots & \vdots \\ a_{n1} & a_{n2} & \cdots & a_{nn} \end{pmatrix} \xrightarrow{\text{只经“某一行的倍数加到另一行”}} \begin{pmatrix} d_{11} & d_{12} & \cdots & d_{1n} \\ 0 & d_{22} & \cdots & d_{2n} \\ \vdots & \vdots & \ddots & \vdots \\ 0 & 0 & \cdots & d_{nn} \end{pmatrix} = \boldsymbol{D},$$

则 $\boldsymbol{D}$ 的主对角元之积 $d_{11}d_{22}\cdots d_{nn}$ 由 $\boldsymbol{A}$ 唯一确定,而与初等行变换的过程无关.

例 1.5.2 设 $\boldsymbol{A}=\begin{pmatrix} 0 & -2 & 1 \\ 3 & 0 & -2 \\ -2 & 3 & 0 \end{pmatrix}$ 是 3 阶方阵,只经"某一行的倍数加到另一行"这一类初等行变换,将 $\boldsymbol{A}$ 化为阶梯形(上三角形)矩阵.

解 $$\begin{pmatrix} 0 & -2 & 1 \\ 3 & 0 & -2 \\ -2 & 3 & 0 \end{pmatrix} \xrightarrow{\text{第 2 行加到第 1 行}} \begin{pmatrix} 3 & -2 & -1 \\ 3 & 0 & -2 \\ -2 & 3 & 0 \end{pmatrix}$$

$$\xrightarrow[\text{第 1 行的}\left(\frac{2}{3}\right)\text{倍加到第 3 行}]{\text{第 1 行的}(-1)\text{倍加到第 2 行}} \begin{pmatrix} 3 & -2 & -1 \\ 0 & 2 & -1 \\ 0 & \frac{5}{3} & -\frac{2}{3} \end{pmatrix}$$

$$\xrightarrow{\text{第 2 行的}\left(-\frac{5}{6}\right)\text{倍加到第 3 行}} \begin{pmatrix} 3 & -2 & -1 \\ 0 & 2 & -1 \\ 0 & 0 & \frac{1}{6} \end{pmatrix}.$$

对矩阵 **A**，也可以采用以下的“某一行的倍数加到另一行”这类初等行变换，将 **A** 化为阶梯形(上三角形)矩阵.

$$\begin{pmatrix} 0 & -2 & 1 \\ 3 & 0 & -2 \\ -2 & 3 & 0 \end{pmatrix} \xrightarrow{\text{第 3 行加到第 1 行}} \begin{pmatrix} -2 & 1 & 1 \\ 3 & 0 & -2 \\ -2 & 3 & 0 \end{pmatrix}$$

$$\xrightarrow[\text{第 1 行的}(-1)\text{倍加到第 3 行}]{\text{第 1 行的}\left(\frac{2}{3}\right)\text{倍加到第 2 行}} \begin{pmatrix} -2 & 1 & 1 \\ 0 & \frac{3}{2} & -\frac{1}{2} \\ 0 & 2 & -1 \end{pmatrix}$$

$$\xrightarrow{\text{第 2 行的}\left(-\frac{4}{3}\right)\text{倍加到第 3 行}} \begin{pmatrix} -2 & 1 & 1 \\ 0 & \frac{3}{2} & -\frac{1}{2} \\ 0 & 0 & -\frac{1}{3} \end{pmatrix}.$$

注：矩阵 **A** 经“某一行的倍数加到另一行”这类初等行变换，化为上三角形矩阵，不同的过程化得的上三角形矩阵也不同，但所得到的上三角形矩阵的主对角元之积都是 1.

定义 1.5.1　设 $\boldsymbol{A}=\begin{pmatrix} a_{11} & a_{12} & \cdots & a_{1n} \\ a_{21} & a_{22} & \cdots & a_{2n} \\ \vdots & \vdots & \ddots & \vdots \\ a_{n1} & a_{n2} & \cdots & a_{nn} \end{pmatrix}$ 是 n 阶方阵，对 **A** 仅实施初等行变换“某一行的倍数加到另一行”，化 **A** 为阶梯形矩阵 $\begin{pmatrix} d_{11} & d_{12} & \cdots & d_{1n} \\ 0 & d_{22} & \cdots & d_{2n} \\ \vdots & \vdots & \ddots & \vdots \\ 0 & 0 & \cdots & d_{nn} \end{pmatrix}$，称阶梯形矩阵主对角元的乘积 $d_{11}d_{22}\cdots d_{nn}$ 为方阵 **A** 的行列式，也称为 n 阶行列式. 记作 $|\boldsymbol{A}|$. 即

$$|\boldsymbol{A}|=\begin{vmatrix} a_{11} & a_{12} & \cdots & a_{1n} \\ a_{21} & a_{22} & \cdots & a_{2n} \\ \vdots & \vdots & \ddots & \vdots \\ a_{n1} & a_{n2} & \cdots & a_{nn} \end{vmatrix}=d_{11}d_{22}\cdots d_{nn}.$$

特别地,上三角形矩阵的行列式等于其主对角元的乘积.对角矩阵的行列式等于其对角元的乘积.单位矩阵的行列式等于1.

对$\boldsymbol{A}$的行列式$|\boldsymbol{A}|$实施的“某一行的倍数加到另一行”,称为行列式的初等行变换.

例如,3阶行列式$\begin{vmatrix}1&3&1\\2&-3&8\\2&12&-5\end{vmatrix}=27$, $\begin{vmatrix}0&-2&1\\3&0&-2\\-2&3&0\end{vmatrix}=1$, 2阶行列式$\begin{vmatrix}a&b\\c&d\end{vmatrix}=ad-bc$.

注:由于方阵$\boldsymbol{A}$的行列式$|\boldsymbol{A}|$的值与对$|\boldsymbol{A}|$实施的行列式的初等行变换无关,所以,将$\boldsymbol{A}$的“某一行的倍数加到另一行”得矩阵$\boldsymbol{B}$,则$|\boldsymbol{A}| \xlongequal{\text{某一行的倍数加到另一行}} |\boldsymbol{B}|$.

计算n行列式,就是对行列式实施行列式的初等变换,化为上三角形矩阵的行列式.

例 1.5.3 计算$\begin{vmatrix}1&2&3&4\\2&3&4&1\\3&4&1&2\\4&1&2&3\end{vmatrix}$.

解 $$\begin{vmatrix}1&2&3&4\\2&3&4&1\\3&4&1&2\\4&1&2&3\end{vmatrix} \xlongequal[\text{第1行的(-4)倍加到第4行}]{\substack{\text{第1行的(-2)倍加到第2行}\\\text{第1行的(-3)倍加到第3行}}} \begin{vmatrix}1&2&3&4\\0&-1&-2&-7\\0&-2&-8&-10\\0&-7&-10&-13\end{vmatrix}$$

$$\xlongequal[\text{第1行的(-7)倍加到第4行}]{\text{第2行的(-2)倍加到第3行}} \begin{vmatrix}1&2&3&4\\0&-1&-2&-7\\0&0&-4&4\\0&0&4&36\end{vmatrix}$$

$$\xlongequal{\text{第3行加到第4行}} \begin{vmatrix}1&2&3&4\\0&-1&-2&-7\\0&0&-4&4\\0&0&0&40\end{vmatrix}$$

$$=1\times(-1)\times(-4)\times40=160.$$

因为将 $\boldsymbol{A}$ 的"某一行的倍数加到另一行"，就是在 $\boldsymbol{A}$ 的左侧乘相应的初等矩阵 $\boldsymbol{P}(i(k),j)$，所以行列式有下面的性质.

性质 1.5.1　设 $\boldsymbol{A}$ 是 n 阶方阵，$\boldsymbol{P}(i(k),j)$ 是将 n 阶单位矩阵的第 i 行的 k 倍加到第 j 行得到的初等矩阵，则 $|\boldsymbol{A}|=|\boldsymbol{P}(i(k),j)\boldsymbol{A}|$.

例 1.5.4　设 $\boldsymbol{P}(1,3)$，$\boldsymbol{P}\left(2\left(-\frac{1}{2}\right)\right)$，$\boldsymbol{P}(2(-3),3)$ 都是 3 阶初等矩阵，求它们的行列式.

解

$$|\boldsymbol{P}(1,3)|=\begin{vmatrix}0&0&1\\0&1&0\\1&0&0\end{vmatrix}\xlongequal{\text{第 3 行加到第 1 行}}\begin{vmatrix}1&0&1\\0&1&0\\1&0&0\end{vmatrix}$$

$$\xlongequal{\text{第 1 行的}(-1)\text{倍加到第 3 行}}\begin{vmatrix}1&0&1\\0&1&0\\0&0&-1\end{vmatrix}=-1,$$

$$\left|\boldsymbol{P}\left(2\left(-\frac{1}{2}\right)\right)\right|=\begin{vmatrix}1&0&0\\0&-\frac{1}{2}&0\\0&0&1\end{vmatrix}=-\frac{1}{2},$$

$$|\boldsymbol{P}(2(-3),3)|=\begin{vmatrix}1&0&0\\0&1&0\\0&-3&1\end{vmatrix}$$

$$\xlongequal{\text{第 2 行的 3 倍加到第 3 行}}\begin{vmatrix}1&0&0\\0&1&0\\0&0&1\end{vmatrix}=1.$$

注：n 阶初等矩阵 $\boldsymbol{P}(i,j)$，$\boldsymbol{P}(i(k))$，$\boldsymbol{P}(i(k),j)$ 的行列式 $|\boldsymbol{P}(i,j)|=-1$，$|\boldsymbol{P}(i(k))|=k$，$|\boldsymbol{P}(i(k),j)|=1$.

n 阶行列式还有以下重要性质.

定理 1.5.2　同阶方阵乘积的行列式等于它们行列式的乘积. 即任意的 n 阶方阵 $\boldsymbol{A}$，$\boldsymbol{B}$，都有 $|AB|=|A||B|$.

特别地，$|\boldsymbol{P}(i,j)\boldsymbol{A}|=|\boldsymbol{P}(i,j)||\boldsymbol{A}|=-|\boldsymbol{A}|$，$|\boldsymbol{P}(i(k))\boldsymbol{A}|=|\boldsymbol{P}(i(k))||\boldsymbol{A}|=k|\boldsymbol{A}|$，$|\boldsymbol{P}(i(k),j)\boldsymbol{A}|=|\boldsymbol{P}(i(k),j)||\boldsymbol{A}|=|\boldsymbol{A}|$.

由于在矩阵的左侧乘初等矩阵,就相当于对矩阵实施相应的初等行变换,所以,

性质 1.5.2 (1) 交换行列式的两行,行列式的值变号.即交换方阵 $\boldsymbol{A}$ 的第 i 行、第 j 行,得方阵 $\boldsymbol{B}$,则 $\boldsymbol{A}$ 的行列式与 $\boldsymbol{B}$ 的行列式满足 $|\boldsymbol{B}|=-|\boldsymbol{A}|$;

(2) 行列式的某一行乘以非零数 k 等于行列式的值乘 k.即方阵 $\boldsymbol{A}$ 的第 i 行乘非零数 k,得方阵 $\boldsymbol{B}$,则 $\boldsymbol{A}$ 的行列式与 $\boldsymbol{B}$ 的行列式满足 $|\boldsymbol{B}|=k|\boldsymbol{A}|$;

(3) 行列式的某一行的倍数加到另一行行列式的值不变.即方阵 $\boldsymbol{A}$ 第 i 行的 k 倍加到第 j 行,得方阵 $\boldsymbol{B}$,则 $\boldsymbol{A}$ 的行列式与 $\boldsymbol{B}$ 的行列式满足 $|\boldsymbol{B}|=|\boldsymbol{A}|$.

定义 1.5.2 对 n 阶行列式实施以下变形,称为行列式的初等行变换.

(1) 交换行列式的两行;

(2) 行列式的某一行乘非零数 k;

(3) 行列式的某一行的倍数加到另一行.

注:计算 n 阶行列式,就是对行列式实施初等行变换,将行列式化为上三角形行列式.

例 1.5.5 计算下列 n 阶行列式.

(1) $\begin{vmatrix} 0 & \cdots & 0 & d_1 \\ 0 & \cdots & d_2 & 0 \\ \vdots & ⋰ & \vdots & \vdots \\ d_n & \cdots & 0 & 0 \end{vmatrix}$, (2) $\begin{vmatrix} 2 & 1 & \cdots & 1 & 1 \\ 1 & 3 & \cdots & 1 & 1 \\ \vdots & \vdots & \ddots & \vdots & \vdots \\ 1 & 1 & \cdots & n & 1 \\ 1 & 1 & \cdots & 1 & n+1 \end{vmatrix}$,

(3) $\begin{vmatrix} 1 & 1 & 1 & \cdots & 1 & 1 \\ -1 & 1 & 1 & \cdots & 1 & 1 \\ -1 & -1 & 1 & \cdots & 1 & 1 \\ \vdots & \vdots & \vdots & \ddots & \vdots & \vdots \\ -1 & -1 & -1 & \cdots & 1 & 1 \\ -1 & -1 & -1 & \cdots & -1 & 1 \end{vmatrix}$.

解　(1)原行列式

$$\xlongequal[\text{换 } n-1 \text{ 次,原第 1 行交换到第 } n \text{ 行}]{\text{第 1 行依次与第 2 行、第 3 行、}\cdots\text{、第 } n \text{ 行交换}} (-1)^{n-1}\begin{vmatrix} 0 & \cdots & d_2 & 0 \\ \vdots & \iddots & \vdots & \vdots \\ d_n & \cdots & 0 & 0 \\ 0 & \cdots & 0 & d_1 \end{vmatrix}$$

$$\xlongequal[\text{交换 } n-2 \text{ 次,原第 2 行交换到第 } n-1 \text{ 行}]{\text{第 1 行依次与第 2 行、第 3 行、}\cdots\text{、第 } n-1 \text{ 行交换}} (-1)^{n-1}(-1)^{n-2}\begin{vmatrix} 0 & \cdots & d_3 & 0 & 0 \\ \vdots & \iddots & \vdots & \vdots & \vdots \\ d_n & \cdots & 0 & 0 & 0 \\ 0 & \cdots & 0 & d_2 & 0 \\ 0 & \cdots & 0 & 0 & d_1 \end{vmatrix}$$

$$\xlongequal[\text{类似的交换,共交换}(n-1)+(n-2)+\cdots+2+1\text{ 次}]{\text{第 1 行依次与第 2 行、第 3 行、}\cdots\text{、第 } n-2 \text{ 行交换}} (-1)^{(n-1)+(n-2)+\cdots+2+1}\begin{vmatrix} d_n & \cdots & 0 & 0 \\ \vdots & \ddots & \vdots & \vdots \\ 0 & \cdots & d_2 & 0 \\ 0 & \cdots & 0 & d_1 \end{vmatrix}$$

$$=(-1)^{\frac{n(n-1)}{2}} d_1 d_2 \cdots d_n.$$

(2)原行列式

$$\xlongequal[\text{行列式的值不变}]{\text{第 1 行的}(-1)\text{倍加到下面各行}}$$

$$\begin{vmatrix} 2 & 1 & \cdots & 1 & 1 \\ -1 & 2 & \cdots & 0 & 0 \\ \vdots & \vdots & \ddots & \vdots & \vdots \\ 1 & 0 & \cdots & n-1 & 0 \\ -1 & 0 & \cdots & 0 & n \end{vmatrix}$$

$$\xlongequal[\text{行列式的值不变}]{\text{第}k\text{行的}\left(-\frac{1}{k}\right)\text{倍加到第1行}(k=2,3,\cdots,n)} \begin{vmatrix} 2+\frac{1}{2}+\cdots+\frac{1}{n-1}+\frac{1}{n} & 0 & \cdots & 0 & 0 \\ -1 & 2 & \cdots & 0 & 0 \\ \vdots & \vdots & \ddots & \vdots & \vdots \\ -1 & 0 & \cdots & n-1 & 0 \\ -1 & 0 & \cdots & 0 & n \end{vmatrix}$$

$$\xlongequal[\text{行列式的值不变}]{\text{第1行的}\left(\frac{1}{2+\frac{1}{2}+\cdots+\frac{1}{n-1}+\frac{1}{n}}\right)\text{倍加到以下各行}} \begin{vmatrix} 2+\frac{1}{2}+\cdots+\frac{1}{n-1}+\frac{1}{n} & 0 & \cdots & 0 & 0 \\ 0 & 2 & \cdots & 0 & 0 \\ \vdots & \vdots & \ddots & \vdots & \vdots \\ 0 & 0 & \cdots & n-1 & 0 \\ 0 & 0 & \cdots & 0 & n \end{vmatrix}$$

$$=n!\left(2+\frac{1}{2}+\cdots+\frac{1}{n-1}+\frac{1}{n}\right).$$

(3) 原行列式 $\xlongequal[\text{行列式的值不变}]{\text{第1行加到以下各行}} \begin{vmatrix} 1 & 1 & \cdots & 1 & 1 \\ 0 & 2 & \cdots & 2 & 2 \\ \vdots & \vdots & \ddots & \vdots & \vdots \\ 0 & 0 & \cdots & 2 & 2 \\ 0 & 0 & \cdots & 0 & 2 \end{vmatrix} = 2^{n-1}.$

注:由例子中(1)的方法,可以计算“反向下三角行列式”

$$\begin{vmatrix} 0 & \cdots & 0 & a_{1n} \\ 0 & \cdots & a_{2n-1} & a_{2n} \\ \vdots & \iddots & \vdots & \vdots \\ a_{n1} & \cdots & a_{nn-1} & a_{nn} \end{vmatrix} = (-1)^{\frac{n(n-1)}{2}} a_{1n}a_{2n-1}\cdots a_{n1}.$$

性质 1.5.3　(1) 行列式有一行元素全为零，则行列式的值等于零；

(2) 行列式有两行相同，行列式的值等于零；

(3) 行列式有两行对应成比例，行列式的值为零.

定理 1.5.3　转置不改变行列式的值.

即方阵 $\boldsymbol{A}$ 的行列式与转置 $\boldsymbol{A}^T$ 的行列式相等，$|\boldsymbol{A}|=|\boldsymbol{A}^T|$.

由于转置不改变行列式的值，所以，行列式对行具有的性质，对列都成立. 即

性质 1.5.4　(1) 交换行列式的两列，行列式变号. 即交换方阵 $\boldsymbol{A}$ 的第 i 列、第 j 列，得方阵 $\boldsymbol{B}$，则 $\boldsymbol{A}$ 的行列式与 $\boldsymbol{B}$ 的行列式满足 $|\boldsymbol{B}|=-|\boldsymbol{A}|$；

(2) 行列式的某一列乘以非零数 k 等于行列式的值乘 k. 即方阵 $\boldsymbol{A}$ 的第 i 列乘非零数 k，得方阵 $\boldsymbol{B}$，则 $\boldsymbol{A}$ 的行列式与 $\boldsymbol{B}$ 的行列式满足 $|\boldsymbol{B}|=k|\boldsymbol{A}|$；

(3) 行列式的某一列的倍数加到另一列，行列式的值不变. 即方阵 $\boldsymbol{A}$ 第 i 列的 k 倍加到第 j 列，得方阵 $\boldsymbol{B}$，则 $\boldsymbol{A}$ 的行列式与 $\boldsymbol{B}$ 的行列式满足 $|\boldsymbol{B}|=|\boldsymbol{A}|$.

定义 1.5.3　对 n 阶行列式实施以下变形，称为行列式的初等列变换.

(1) 交换行列式的两列；

(2) 行列式的某一列乘非零数 k；

(3) 行列式的某一列的倍数加到另一列.

注:行列式的初等行变换与初等列变换,统称为行列式的初等变换.

计算 n 阶行列式,就是利用行列式的初等变换具有的性质,将行列式化为上三角矩阵的行列式.

例 1.5.6 计算行列式 $\begin{vmatrix} 1 & 2 & 3 & 4 & 5 \\ 2 & 3 & 4 & 5 & 1 \\ 3 & 4 & 5 & 1 & 2 \\ 4 & 5 & 1 & 2 & 3 \\ 5 & 1 & 2 & 3 & 4 \end{vmatrix}$.

解 原行列式 $\xlongequal[\text{行列式的值不变}]{\text{各列都加到第1列}} \begin{vmatrix} 15 & 2 & 3 & 4 & 5 \\ 15 & 3 & 4 & 5 & 1 \\ 15 & 4 & 5 & 1 & 2 \\ 15 & 5 & 1 & 2 & 3 \\ 15 & 1 & 2 & 3 & 4 \end{vmatrix}$

$$\xlongequal[\text{行列式的值不变}]{\text{第1行的}(-1)\text{倍加到以下各行}} \begin{vmatrix} 15 & 2 & 3 & 4 & 5 \\ 0 & 1 & 1 & 1 & -4 \\ 0 & 2 & 2 & -3 & -3 \\ 0 & 3 & -2 & -2 & -2 \\ 0 & -1 & -1 & -1 & -1 \end{vmatrix}$$

$$\xlongequal[\text{第2行的}(-3)\text{倍加到第4行,第2行加到第5行}]{\text{第2行的}(-2)\text{倍加到第3行}} \begin{vmatrix} 15 & 2 & 3 & 4 & 5 \\ 0 & 1 & 1 & 1 & -4 \\ 0 & 0 & 0 & -5 & 5 \\ 0 & 0 & -5 & -5 & 10 \\ 0 & 0 & 0 & 0 & -5 \end{vmatrix}$$

$$\xlongequal[\text{行列式变号}]{\text{交换第3、第4行}} (-1)\begin{vmatrix} 15 & 2 & 3 & 4 & 5 \\ 0 & 1 & 1 & 1 & -4 \\ 0 & 0 & -5 & -5 & 10 \\ 0 & 0 & 0 & -5 & 5 \\ 0 & 0 & 0 & 0 & -5 \end{vmatrix}$$

$=(-1)\times 15\times 1\times(-5)\times(-5)\times(-5)=1875.$

例 1.5.7 设 $\boldsymbol{A}=\begin{pmatrix} a_{11} & 0 & \cdots & 0 \\ a_{21} & a_{22} & \cdots & 0 \\ \vdots & \vdots & \ddots & \vdots \\ a_{n1} & a_{n2} & \cdots & a_{nn} \end{pmatrix}$ 是下三角形矩阵，

$\boldsymbol{B}=\begin{pmatrix} b_{11} & \cdots & b_{1n-1} & b_{1n} \\ b_{21} & \cdots & b_{2n-1} & 0 \\ \vdots & ⋰ & \vdots & \vdots \\ b_{n1} & \cdots & 0 & 0 \end{pmatrix}$ 是“反向上三角矩阵”，求 $|\boldsymbol{A}|$，$|\boldsymbol{B}|$.

解

$$|\boldsymbol{A}| \xlongequal{\text{转置不改变行列式的值}} |\boldsymbol{A}^T| = \begin{vmatrix} a_{11} & a_{21} & \cdots & a_{n1} \\ 0 & a_{22} & \cdots & a_{n2} \\ \vdots & \vdots & \ddots & \vdots \\ 0 & 0 & \cdots & a_{nn} \end{vmatrix}$$

$$= a_{11}a_{22}\cdots a_{nn};$$

$$|\boldsymbol{B}| \xlongequal[\text{交换 } n-1 \text{ 次，原第 1 行交换到第 } n \text{ 行}]{\text{第 1 行依次与第 2 行、第 3 行、…、第 } n \text{ 行交换}} (-1)^{n-1} \begin{vmatrix} b_{21} & \cdots & b_{2n-1} & 0 \\ \vdots & ⋰ & \vdots & \vdots \\ b_{n1} & \cdots & 0 & 0 \\ b_{11} & \cdots & b_{1n-1} & b_{1n} \end{vmatrix}$$

$$\xlongequal[\text{交换 } n-2 \text{ 次，原第 2 行交换到 } n-1 \text{ 行}]{\text{第 1 行依次与第 2 行、第 3 行、…、第 } n-1 \text{ 行交换}} (-1)^{n-1}(-1)^{n-2} \begin{vmatrix} b_{31} & \cdots & b_{2n-2} & 0 & 0 \\ \vdots & ⋰ & \vdots & \vdots & \vdots \\ b_{n1} & \cdots & 0 & 0 & 0 \\ b_{21} & \cdots & b_{2n-2} & b_{2n-1} & 0 \\ b_{11} & \cdots & b_{1n-2} & b_{1n-1} & b_{1n} \end{vmatrix}$$

$$\xlongequal[\text{类似的交换，共交换}(n-1)+(n-2)+\cdots+2+1\text{ 次}]{\text{第 1 行依次与第 2 行、第 3 行、…、第 } n-2 \text{ 行交换}} (-1)^{(n-1)+(n-2)+\cdots+2+1} \begin{vmatrix} b_{n1} & \cdots & 0 & 0 \\ \vdots & \ddots & \vdots & \vdots \\ b_{21} & \cdots & b_{2n-1} & 0 \\ b_{11} & \cdots & b_{1n-1} & b_{1n} \end{vmatrix}$$

$$= (-1)^{(n-1)+(n-2)+\cdots+2+1} b_{1n}b_{2n-1}\cdots b_{n1}.$$

注:三角形矩阵的行列式等于其对角元的乘积;n 阶反向三角形矩阵的行列式等于其反向对角元的乘积乘上符号$(-1)^{\frac{n(n-1)}{2}}$.

例 1.5.8 已知 3 阶行列式$|\boldsymbol{A}|=\begin{vmatrix} a_1 & a_2 & a_3 \\ b_1 & b_2 & b_3 \\ c_1 & c_2 & c_3 \end{vmatrix}=6$,求下列行列式的值.

(1) $\begin{vmatrix} a_1+kb_1 & a_2+kb_2 & a_3+kb_3 \\ b_1+c_1 & b_2+c_2 & b_3+c_3 \\ c_1 & c_2 & c_3 \end{vmatrix}$, (2) $\begin{vmatrix} b_1+c_1 & b_2+c_2 & b_3+c_3 \\ a_1+c_1 & a_2+c_2 & a_3+c_3 \\ a_1+b_1 & a_2+b_2 & a_3+b_3 \end{vmatrix}$,

(3) $|2\boldsymbol{A}|$.

解 (1)原行列式

$$\xlongequal[\text{行列式的值不变}]{\text{第 3 行的}(-1)\text{倍加到第 2 行}}\begin{vmatrix} a_1+kb_1 & a_2+kb_2 & a_3+kb_3 \\ b_1 & b_2 & b_3 \\ c_1 & c_2 & c_3 \end{vmatrix}$$

$$\xlongequal[\text{行列式的值不变}]{\text{第 2 行的}(-k)\text{倍加到第 1 行}}\begin{vmatrix} a_1 & a_2 & a_3 \\ b_1 & b_2 & b_3 \\ c_1 & c_2 & c_3 \end{vmatrix}=6.$$

(2)原行列式

$$\xlongequal[\text{行列式的值不变}]{\text{第 2、3 行都加到第 1 行}}\begin{vmatrix} 2(a_1+b_1+c_1) & 2(a_2+b_2+c_2) & 2(a_3+b_3+c_3) \\ a_1+c_1 & a_2+c_2 & a_3+c_3 \\ a_1+b_1 & a_2+b_2 & a_3+b_3 \end{vmatrix}$$

$$\xlongequal[\text{行列式的性质}]{\text{第 1 行乘 2 等于行列式的值乘 2}}2\begin{vmatrix} a_1+b_1+c_1 & a_2+b_2+c_2 & a_3+b_3+c_3 \\ a_1+c_1 & a_2+c_2 & a_3+c_3 \\ a_1+b_1 & a_2+b_2 & a_3+b_3 \end{vmatrix}$$

$$\xlongequal[\text{行列式的值不变}]{\text{第 1 行的}(-1)\text{倍加到以下各行}}2\begin{vmatrix} a_1+b_1+c_1 & a_2+b_2+c_2 & a_3+b_3+c_3 \\ -b_1 & -b_2 & -b_3 \\ -c_1 & -c_2 & -c_3 \end{vmatrix}$$

$$\xlongequal[\text{行列式的值不变}]{\text{第2、3行都加到第1行}} 2\begin{vmatrix} a_1 & a_2 & a_3 \\ -b_1 & -b_2 & -b_3 \\ -c_1 & -c_2 & -c_3 \end{vmatrix}$$

$$\xlongequal[\text{第3行乘(-1)等于行列式的值乘(-1)}]{\text{第2行乘(-1)等于行列式的值乘(-1)}} 2\times(-1)\times(-1)\begin{vmatrix} a_1 & a_2 & a_3 \\ b_1 & b_2 & b_3 \\ c_1 & c_2 & c_3 \end{vmatrix}=12.$$

(3) $|2\boldsymbol{A}|=\begin{vmatrix} 2a_1 & 2a_2 & 2a_3 \\ 2b_1 & 2b_2 & 2b_3 \\ 2c_1 & 2c_2 & 2c_3 \end{vmatrix}$

$$\xlongequal[\text{3阶行列式,乘}2^3]{\text{某行乘(2)等于行列式的值乘(2)}} 2^3\begin{vmatrix} a_1 & a_2 & a_3 \\ b_1 & b_2 & b_3 \\ c_1 & c_2 & c_3 \end{vmatrix}$$

$=8\times6=48.$

注:若 n 阶行列式 $|\boldsymbol{A}|=m$,k 是一个数,则 $|k\boldsymbol{A}|=k^n m$.

习题 1.5

1. 利用二阶行列式的展开计算公式“$\begin{vmatrix} a & b \\ c & d \end{vmatrix}=ad-bc$”,求下列二阶行列式的值.

(1) $\begin{vmatrix} 2 & 1 \\ -1 & 2 \end{vmatrix}$;　(2) $\begin{vmatrix} 3 & 1 \\ 0 & -2 \end{vmatrix}$;　(3) $\begin{vmatrix} 0 & -2 \\ -2 & -2 \end{vmatrix}$;

(4) $\begin{vmatrix} a & b \\ a^2 & b^2 \end{vmatrix}$;　(5) $\begin{vmatrix} x-1 & 1 \\ x^2 & x^2+x+1 \end{vmatrix}$;　(6) $\begin{vmatrix} \dfrac{1-t^2}{1+t^2} & \dfrac{2t}{1+t^2} \\ -\dfrac{2t}{1+t^2} & \dfrac{1-t^2}{1+t^2} \end{vmatrix}$.

2. 计算下列行列式.

(1) $\begin{vmatrix} 3 & 1 & -1 & 2 \\ -5 & 1 & 3 & -4 \\ 2 & 0 & 1 & -1 \\ 1 & -5 & 3 & -3 \end{vmatrix}$;　(2) $\begin{vmatrix} 2 & 1 & 1 & 1 \\ 1 & 2 & 1 & 1 \\ 1 & 1 & 2 & 1 \\ 1 & 1 & 1 & 2 \end{vmatrix}$;　(3) $\begin{vmatrix} 1 & 1 & 1 & 1 \\ -1 & 1 & 1 & 1 \\ -1 & -1 & 1 & 1 \\ -1 & -1 & -1 & 1 \end{vmatrix}$;

(4) $\begin{vmatrix} 1 & 2 & 3 & 4 \\ 2 & 3 & 4 & 1 \\ 3 & 4 & 1 & 2 \\ 4 & 1 & 2 & 3 \end{vmatrix}$； (5) $\begin{vmatrix} 1 & -1 & 2 & 3 \\ 2 & 3 & 4 & 5 \\ 2 & 3 & 6 & 8 \\ 1 & 4 & 2 & 2 \end{vmatrix}$； (6) $\begin{vmatrix} 4 & 3 & 2 & 1 \\ 3 & 3 & 2 & 1 \\ 2 & 2 & 2 & 1 \\ 1 & 1 & 1 & 1 \end{vmatrix}$；

(7) $\begin{vmatrix} 3 & 2 & 0 & 0 \\ 1 & 3 & 2 & 0 \\ 0 & 1 & 3 & 2 \\ 0 & 0 & 1 & 3 \end{vmatrix}$； (8) $\begin{vmatrix} 1 & -5 & 1 & 3 \\ 1 & 3 & 3 & 3 \\ 1 & 1 & 2 & 3 \\ 2 & 3 & 3 & 4 \end{vmatrix}$； (9) $\begin{vmatrix} 1 & 0 & 2 & 3 \\ -1 & 1 & 2 & 0 \\ 1 & 1 & 1 & 1 \\ -1 & 2 & 5 & 4 \end{vmatrix}$.

3. 计算下列行列式.

(1) $\begin{vmatrix} 0 & 0 & 0 & 1 \\ 1 & 0 & 0 & 0 \\ 0 & 0 & 1 & 0 \\ 0 & 1 & 0 & 0 \end{vmatrix}$； (2) $\begin{vmatrix} 0 & 0 & 0 & -1 \\ 0 & 2 & 0 & 0 \\ 0 & 0 & 4 & 0 \\ 3 & 0 & 0 & 0 \end{vmatrix}$； (3) $\begin{vmatrix} 0 & 1 & 0 & -1 \\ 0 & 0 & 0 & 1 \\ 1 & 0 & 0 & 0 \\ 0 & 0 & 1 & 0 \end{vmatrix}$；

(4) $\begin{vmatrix} 0 & 2 & 0 & 1 \\ 0 & 0 & 0 & -1 \\ 5 & 0 & 4 & 0 \\ 3 & 0 & 0 & 0 \end{vmatrix}$.

4. 设 $\boldsymbol{A}$ 是方阵，$\boldsymbol{I}$ 是与 $\boldsymbol{A}$ 阶数相同的单位矩阵. 已知下列矩阵 $\boldsymbol{A}$，求矩阵 $(\lambda\boldsymbol{I}-\boldsymbol{A})$ 的行列式 $|\lambda\boldsymbol{I}-\boldsymbol{A}|$.

(1) $A=\begin{vmatrix} 1 & 1 \\ 1 & 1 \end{vmatrix}$；(2) $A=\begin{vmatrix} 0 & 0 & 1 \\ 0 & 1 & 0 \\ 1 & 0 & 0 \end{vmatrix}$；(3) $A=\begin{vmatrix} 1 & 1 & 1 \\ 1 & 2 & 2 \\ 1 & 2 & 2 \end{vmatrix}$；(4) $A=\begin{vmatrix} 2 & 1 & 1 \\ 1 & 2 & 1 \\ 1 & 1 & 2 \end{vmatrix}$.

5. 选择题：

(1) 以下符号中，正确表示 3 阶行列式的是(   ).

A. $\begin{matrix} 1 & 4 & 7 \\ 2 & 5 & 8 \\ 3 & 6 & 9 \end{matrix}$； B. $\begin{bmatrix} 1 & 4 & 7 \\ 2 & 5 & 8 \\ 3 & 6 & 9 \end{bmatrix}$； C. $\begin{vmatrix} 1 & 4 & 7 \\ 2 & 5 & 8 \\ 3 & 6 & 9 \end{vmatrix}$； D. $\begin{Bmatrix} 1 & 4 & 7 \\ 2 & 5 & 8 \\ 3 & 6 & 9 \end{Bmatrix}$.

(2) $\begin{vmatrix} -1 & 0 & 0 & 0 \\ 0 & -2 & 0 & 0 \\ 0 & 0 & -3 & 0 \\ 0 & 0 & 0 & -4 \end{vmatrix}=(\quad)$.

A. -10； B. -24； C. 24； D. 10.

(3) 下列关于行列式性质的表述错误的是(   ).

A. 行列式有一行元素全为 0,则行列式的值为 0;

B. 行列式的两行相同,行列式的值为 0;

C. 行列式的两行对应成比例,则行列式的值为 0;

D. 交换行列式的两行,行列式的值不变.

(4) 下列三阶行列式:① $\begin{vmatrix} 1 & 2 & 3 \\ a & 2a & 3a \\ 3 & 4 & 5 \end{vmatrix}$,② $\begin{vmatrix} a & a+2 & 3 \\ 1 & -4 & 6 \\ -1 & 4 & -6 \end{vmatrix}$,③ $\begin{vmatrix} a & 1 & -a \\ a-1 & a & a+1 \\ -a & -1 & a \end{vmatrix}$,

④ $\begin{vmatrix} 1 & 2a+2 & a \\ a-1 & -5 & -a+1 \\ -a & -2a+5 & -1 \end{vmatrix}$. 其中,行列式的值与 a 的取值无关的有(　　).

A. 1 个;　　B. 2 个;　　C. 3 个;　　D. 4 个.

(5) 下列行列式中,① $\begin{vmatrix} 0 & 0 & 1 \\ 0 & 1 & 0 \\ 1 & 0 & 0 \end{vmatrix}$,② $\begin{vmatrix} 0 & 0 & 0 & 1 \\ 0 & 0 & 1 & 0 \\ 0 & 1 & 0 & 0 \\ 1 & 0 & 0 & 0 \end{vmatrix}$,③ $\begin{vmatrix} 0 & 1 & 0 & 0 \\ 1 & 0 & 0 & 0 \\ 0 & 0 & 0 & 1 \\ 0 & 0 & 1 & 0 \end{vmatrix}$,

④ $\begin{vmatrix} 1 & 0 & 0 \\ 0 & 1 & -1 \\ -1 & 0 & 1 \end{vmatrix}$,行列式的值等于 1 的有(　　).

A. 1 个;　　B. 2 个;　　C. 3 个;　　D. 4 个.

(6) 设 $\boldsymbol{A}=(a_{ij})_{3\times 3}$, $\boldsymbol{P}(i,j)$, $\boldsymbol{P}(i(c))$, $\boldsymbol{P}(i(k),j)$表示相应的初等矩阵,记 $\boldsymbol{B}_1=\boldsymbol{P}(1,2)\boldsymbol{A}$, $\boldsymbol{B}_2=\boldsymbol{P}(1(-1),3)\boldsymbol{A}$, $\boldsymbol{B}_3=\boldsymbol{P}(2(-1))\boldsymbol{P}(1,3)\boldsymbol{A}$, $\boldsymbol{B}_4=\boldsymbol{P}(1(-1),2)\boldsymbol{P}(3(-1))\boldsymbol{A}$,则与 $|\boldsymbol{A}|$ 相等的是(　　).

A. $|\boldsymbol{B}_1|$ 和 $|\boldsymbol{B}_2|$;　　B. $|\boldsymbol{B}_2|$ 和 $|\boldsymbol{B}_3|$;　　C. $|\boldsymbol{B}_3|$ 和 $|\boldsymbol{B}_4|$;　　D. $|\boldsymbol{B}_4|$ 和 $|\boldsymbol{B}_1|$.

(7) 设 $\boldsymbol{A}=(a_{ij})_{3\times 3}$, $\boldsymbol{P}(i,j)$, $\boldsymbol{P}(i(c))$, $\boldsymbol{P}(i(k),j)$表示相应的初等矩阵,记 $\boldsymbol{B}_1=\boldsymbol{P}(1,2)\boldsymbol{A}$, $\boldsymbol{B}_2=\boldsymbol{P}(1(-1),3)\boldsymbol{A}$, $\boldsymbol{B}_3=\boldsymbol{P}(2(-1))\boldsymbol{P}(1,3)\boldsymbol{A}$, $\boldsymbol{B}_4=\boldsymbol{P}(1(-1),2)\boldsymbol{P}(3(-1))\boldsymbol{A}$,则与 $|\boldsymbol{A}|$ 相等的是(　　).

A. $|\boldsymbol{B}_1|$ 和 $|\boldsymbol{B}_2|$;　　B. $|\boldsymbol{B}_2|$ 和 $|\boldsymbol{B}_3|$;　　C. $|\boldsymbol{B}_3|$ 和 $|\boldsymbol{B}_4|$;　　D. $|\boldsymbol{B}_4|$ 和 $|\boldsymbol{B}_1|$.

(8)下列行列式的值中,① $\left|\begin{pmatrix} 0 & 1 & 0 \\ 1 & 0 & 0 \\ 0 & 0 & 1 \end{pmatrix}\begin{pmatrix} 1 & 0 & 1 \\ 0 & 2 & 0 \\ 0 & 0 & 3 \end{pmatrix}\right|=6$,② $\left|\begin{pmatrix} 1 & 0 & 0 \\ -1 & 1 & 0 \\ 0 & 0 & 1 \end{pmatrix}\begin{pmatrix} 1 & 0 & 1 \\ 0 & 2 & 0 \\ 0 & 0 & 3 \end{pmatrix}\right|=6$,

③ $\left|\begin{pmatrix} 0 & 1 & 0 \\ 1 & 0 & 0 \\ 0 & 0 & 1 \end{pmatrix}\begin{pmatrix} 1 & 0 & 1 \\ 0 & 2 & 0 \\ 3 & 0 & 0 \end{pmatrix}\right|=6$,④ $\left|\begin{pmatrix} -1 & 0 & 0 \\ 0 & 1 & 0 \\ 0 & 0 & 1 \end{pmatrix}\begin{pmatrix} 1 & 0 & 1 \\ 0 & 2 & 0 \\ 0 & 0 & 3 \end{pmatrix}\right|=6$,计算正确的

是(　　).

A. ①和②；　　B. ②和③；　　C. ③和④；　　D. ④和①.

(9) $\begin{vmatrix} a_1+3b_1 & a_2+3b_2 & a_3+3b_3 \\ b_1+3c_1 & b_2+3c_2 & b_3+3c_3 \\ c_1 & c_2 & c_3 \end{vmatrix}=$(　　).

A. $3\begin{vmatrix} a_1 & a_2 & a_3 \\ b_1 & b_2 & b_3 \\ c_1 & c_2 & c_3 \end{vmatrix}$；　　B. $2\begin{vmatrix} a_1 & a_2 & a_3 \\ b_1 & b_2 & b_3 \\ c_1 & c_2 & c_3 \end{vmatrix}$；　　C. $\begin{vmatrix} a_1 & a_2 & a_3 \\ b_1 & b_2 & b_3 \\ c_1 & c_2 & c_3 \end{vmatrix}$；　　D. 0.

(10) $\begin{vmatrix} 1 & 4 & 7 \\ 2 & 5 & 8 \\ 3 & 9 & 15 \end{vmatrix}=$(　　).

A. 0；　　B. 1；　　C. 2；　　D. 3.

(11) $\begin{vmatrix} 1 & 0 & 0 \\ 2 & 0 & 0 \\ 3 & 4 & 5 \end{vmatrix}=$(　　).

A. 5；　　B. 3；　　C. 1；　　D. 0.

(12) 交换单位矩阵的第 i,j 行所得初等矩阵记为 $\boldsymbol{P}(i,j)$，则 $|\boldsymbol{P}(i,j)|=$(　　).

A. 1；　　B. 0；　　C. -1；　　D. $i\cdot j$.

(13) 将单位矩阵的第 i 行的 k 倍加到第 j 行所得初等矩阵记为 $\boldsymbol{P}(i(k),j)$，则 $|\boldsymbol{P}(i(k),j)|=$(　　).

A. 1；　　B. 0；　　C. -1；　　D. k.

(14) 将单位矩阵的第 i 行乘非零数 k 所得初等矩阵为 $\boldsymbol{P}(i(k))$，则 $|\boldsymbol{P}(i(k))|=$(　　).

A. 1；　　B. 0；　　C. -1；　　D. k.

(15) 设 4 阶方阵 $\boldsymbol{A}$ 的行列式 $|\boldsymbol{A}|=m$，对矩阵 $\boldsymbol{A}$ 依次实施：①交换 1,3 两行；② 将第 2 行乘非零数 2；③将第 2 行的 2 倍加到第 4 行，化为矩阵 $\boldsymbol{B}=\begin{pmatrix} 1 & -1 & 0 & 4 \\ 0 & 2 & -2 & 0 \\ 0 & 0 & 3 & -3 \\ 0 & 0 & 0 & 4 \end{pmatrix}$，则 $m=$(　　).

A. 24；　　B. -24；　　C. -12；　　D. 12.

§1.6　n 阶行列式的展开定理

利用行列式的初等变换，化为三角形行列式是行列式计算的主要方法，行列式的展开定理则是计算行列式的另外一种方法.

定义 1.6.1　设 $|\boldsymbol{A}|=\begin{vmatrix} a_{11} & a_{12} & \cdots & a_{1n} \\ a_{21} & a_{22} & \cdots & a_{2n} \\ \vdots & \vdots & \ddots & \vdots \\ a_{n1} & a_{n2} & \cdots & a_{nn} \end{vmatrix}$ 是 n 阶行列式，a_{ij} 是 $|\boldsymbol{A}|$ 的第 i 行第 j 列位置的元素. 在 $|\boldsymbol{A}|$ 中，删除元素 a_{ij} 所在的第 i 行和第 j 列，余下的 $(n-1)^2$ 个元素按照原来的相对位置确定一个 $n-1$ 阶的方阵，其对应的 $n-1$ 阶行列式记为 M_{ij}，即

$$M_{ij}=\begin{vmatrix} a_{11} & \cdots & a_{1j-1} & a_{1j+1} & \cdots & a_{1n} \\ \vdots & \cdots & \vdots & \vdots & \cdots & \vdots \\ a_{i-11} & \cdots & a_{i-1j-1} & a_{i-1j+1} & \cdots & a_{i-1n} \\ a_{i+11} & \cdots & a_{i+1j-1} & a_{i+1j+1} & \cdots & a_{i+1n} \\ \vdots & \cdots & \vdots & \vdots & \cdots & \vdots \\ a_{n1} & \cdots & a_{nj-1} & a_{nj+1} & \cdots & a_{nn} \end{vmatrix}$$

称 M_{ij} 为 $|\boldsymbol{A}|$ 的元素 a_{ij} 的余子式.

记 $A_{ij}=(-1)^{i+j}M_{ij}$，称 A_{ij} 为 $|\boldsymbol{A}|$ 的元素 a_{ij} 的代数余子式.

例 1.6.1　设 $|\boldsymbol{A}|=\begin{vmatrix} a_1 & a_2 & a_3 \\ b_1 & b_2 & b_3 \\ c_1 & c_2 & c_3 \end{vmatrix}$，求 $|\boldsymbol{A}|$ 的所有元素的代数余子式.

解　$|\boldsymbol{A}|$ 有 9 个元素，每个元素都有代数余子式.

A_{11} 是在 $|\boldsymbol{A}|$ 中删除 a_1 所在的第 1 行，第 1 列，余下的 4 个元素按照原来的相对位置定义的 2 阶行列式并乘上符号 $(-1)^{1+1}$，即

$$A_{11}=(-1)^{1+1}\begin{vmatrix} b_2 & b_3 \\ c_2 & c_3 \end{vmatrix}=b_2c_3-b_3c_2;$$

A_{12} 是在 $|\boldsymbol{A}|$ 中删除 a_2 所在的第 1 行，第 2 列，余下的 4 个元素按照原来

的相对位置定义的 2 阶行列式并乘上符号$(-1)^{1+2}$,即

$$A_{12}=(-1)^{1+2}\begin{vmatrix} b_1 & b_3 \\ c_1 & c_3 \end{vmatrix}=-(b_1c_3-b_3c_1);$$

A_{13}是在$|\boldsymbol{A}|$中删除 a_3 所在的第 1 行,第 3 列,余下的 4 个元素按照原来的相对位置定义的 2 阶行列式并乘上符号$(-1)^{1+3}$,即

$$A_{13}=(-1)^{1+3}\begin{vmatrix} b_1 & b_2 \\ c_1 & c_2 \end{vmatrix}=b_1c_2-b_2c_1;$$

A_{21}是在$|\boldsymbol{A}|$中删除 b_1 所在的第 2 行,第 1 列,余下的 4 个元素按照原来的相对位置定义的 2 阶行列式并乘上符号$(-1)^{2+1}$,即

$$A_{21}=(-1)^{2+1}\begin{vmatrix} a_2 & a_3 \\ c_2 & c_3 \end{vmatrix}=-(a_2c_3-a_3c_2);$$

A_{22}是在$|\boldsymbol{A}|$中删除 b_2 所在的第 2 行,第 2 列,余下的 4 个元素按照原来的相对位置定义的 2 阶行列式并乘上符号$(-1)^{2+2}$,即

$$A_{22}=(-1)^{2+2}\begin{vmatrix} a_1 & a_3 \\ c_1 & c_3 \end{vmatrix}=a_1c_3-a_3c_1;$$

A_{23}是在$|\boldsymbol{A}|$中删除 b_3 所在的第 2 行,第 3 列,余下的 4 个元素按照原来的相对位置定义的 2 阶行列式并乘上符号$(-1)^{2+3}$,即

$$A_{23}=(-1)^{2+3}\begin{vmatrix} a_1 & a_2 \\ c_1 & c_2 \end{vmatrix}=-(a_1c_2-a_2c_1);$$

A_{31}是在$|\boldsymbol{A}|$中删除 c_1 所在的第 3 行,第 1 列,余下的 4 个元素按照原来的相对位置定义的 2 阶行列式并乘上符号$(-1)^{3+1}$,即

$$A_{31}=(-1)^{3+1}\begin{vmatrix} a_2 & a_3 \\ b_2 & b_3 \end{vmatrix}=a_2b_3-a_3b_2;$$

A_{32}是在$|\boldsymbol{A}|$中删除 c_2 所在的第 3 行,第 2 列,余下的 4 个元素按照原来的相对位置定义的 2 阶行列式并乘上符号$(-1)^{3+2}$,即

$$A_{32}=(-1)^{3+2}\begin{vmatrix} a_1 & a_3 \\ b_1 & b_3 \end{vmatrix}=-(a_1b_3-a_3b_1);$$

A_{33}是在$|\boldsymbol{A}|$中删除 a_3 所在的第 3 行,第 3 列,余下的 4 个元素按照原来的相对位置定义的 2 阶行列式并乘上符号$(-1)^{3+3}$,即

$$A_{33}=(-1)^{3+3}\begin{vmatrix} a_1 & a_2 \\ b_1 & b_2 \end{vmatrix}=a_1b_2-a_2b_1.$$

例 1.6.2 设$|\boldsymbol{A}|=\begin{vmatrix}1&2&3\\3&1&2\\1&1&1\end{vmatrix}$，$A_{ij}$是$|\boldsymbol{A}|$的第$i$行第$j$列元素的代数余子式，$i=1,2,3;j=1,2,3$. 求

(1) $|\boldsymbol{A}|$，　(2) $A_{11}+2A_{12}+3A_{13}$，　(3) $A_{21}+2A_{22}+3A_{23}$，

(4) $A_{31}+2A_{32}+3A_{33}$，　(5) $3A_{11}+A_{12}+2A_{13}$，　(6) $3A_{21}+A_{22}+2A_{23}$，

(7) $3A_{31}+A_{32}+2A_{33}$，　(8) $A_{11}+A_{12}+A_{13}$，　(9) $A_{21}+A_{22}+A_{23}$，

(10) $A_{31}+A_{32}+A_{33}$.

解 (1) $$\begin{vmatrix}1&2&3\\3&1&2\\1&1&1\end{vmatrix}=\begin{vmatrix}1&2&3\\0&-5&-7\\0&-1&-2\end{vmatrix}=-\begin{vmatrix}1&2&3\\0&-1&-2\\0&-5&-7\end{vmatrix}$$

$$=-\begin{vmatrix}1&2&3\\0&-1&-2\\0&0&3\end{vmatrix}=3;$$

$$A_{11}=(-1)^{1+1}=\begin{vmatrix}1&2\\1&1\end{vmatrix}=-1;\quad A_{12}=(-1)^{1+2}=\begin{vmatrix}3&2\\1&1\end{vmatrix}=-1;$$

$$A_{13}=(-1)^{1+3}=\begin{vmatrix}3&1\\1&1\end{vmatrix}=2;\quad A_{21}=(-1)^{2+1}=\begin{vmatrix}2&3\\1&1\end{vmatrix}=1;$$

$$A_{22}=(-1)^{2+2}=\begin{vmatrix}1&3\\1&1\end{vmatrix}=-2;\quad A_{23}=(-1)^{2+3}=\begin{vmatrix}1&2\\1&1\end{vmatrix}=1;$$

$$A_{31}=(-1)^{3+1}=\begin{vmatrix}2&3\\1&2\end{vmatrix}=1;\quad A_{32}=(-1)^{3+2}=\begin{vmatrix}1&3\\3&2\end{vmatrix}=7;$$

$$A_{33}=(-1)^{3+3}=\begin{vmatrix}1&2\\3&1\end{vmatrix}=-5.$$

(2) $A_{11}+2A_{12}+3A_{13}=1\times(-1)+2\times(-1)+3\times2=3$;

(3) $A_{21}+2A_{22}+3A_{23}=1\times1+2\times(-2)+3\times1=0$;

(4) $A_{31}+2A_{32}+3A_{33}=1\times1+2\times7+3\times(-5)=0$;

(5) $3A_{11}+A_{12}+2A_{13}=3\times(-1)+1\times(-1)+2\times2=0$;

(6) $3A_{21}+A_{22}+2A_{33}=3\times1+1\times(-2)+2\times1=3$;

(7) $3A_{31}+A_{32}+2A_{33}=3\times1+1\times7+2\times(-5)=0$;

(8) $A_{11}+A_{12}+A_{13}=1\times(-1)+1\times(-1)+1\times2=0$;

(9) $A_{21}+A_{22}+A_{33}=1\times1+1\times(-2)+1\times1=0$;

(10) $A_{31}+A_{32}+A_{33}=1\times1+1\times7+1\times(-5)=3$.

注:(1) $|\mathbf{A}|$的第1行元素与其相应代数余子式乘积的和,第2行元素与其相应代数余子式乘积的和,第3行元素与其相应代数余子式乘积的和,都等于行列式的值.

(2) $|\mathbf{A}|$的第1行元素与第2行元素相应代数余子式乘积的和,第1行元素与第3行元素相应代数余子式乘积的和,第2行元素与第1行元素相应代数余子式乘积的和,第2行元素与第3行元素相应代数余子式乘积的和,第3行元素与第1行元素相应代数余子式乘积的和,第3行元素与第2行元素相应代数余子式乘积的和,都等于零.

(3) 设$|\mathbf{A}|=\begin{vmatrix} a_{11} & a_{12} & a_{13} \\ a_{21} & a_{22} & a_{23} \\ a_{31} & a_{32} & a_{33} \end{vmatrix}$是3阶行列式,$A_{ij}$是$|\mathbf{A}|$的第$i$行第$j$列元素$a_{ij}$的代数余子式,$i=1,2,3$;$j=1,2,3$.则

$$\begin{aligned} a_{11}A_{11}+a_{12}A_{12}+a_{13}A_{13} &= a_{21}A_{21}+a_{22}A_{22}+a_{23}A_{23} \\ &= a_{31}A_{31}+a_{32}A_{32}+a_{33}A_{33}=|\mathbf{A}|; \end{aligned}$$

$$a_{11}A_{21}+a_{12}A_{22}+a_{13}A_{23}=a_{11}A_{31}+a_{12}A_{32}+a_{13}A_{33}=0;$$

$$a_{21}A_{11}+a_{22}A_{12}+a_{23}A_{13}=a_{21}A_{31}+a_{22}A_{32}+a_{23}A_{33}=0;$$

$$a_{31}A_{11}+a_{32}A_{12}+a_{33}A_{13}=a_{31}A_{21}+a_{32}A_{22}+a_{33}A_{23}=0.$$

n阶行列式第k行元素与第k行元素相应代数余子式乘积的和等于行列式的值,第k行元素与第l $(l\neq k)$行元素相应代数余子式乘积的和等于零.

定理 1.6.1 (行列式按行展开定理)

设$|\mathbf{A}|=\begin{vmatrix} a_{11} & a_{12} & \cdots & a_{1n} \\ a_{21} & a_{22} & \cdots & a_{2n} \\ \vdots & \vdots & \ddots & \vdots \\ a_{n1} & a_{n2} & \cdots & a_{nn} \end{vmatrix}$是$n$阶行列式,$a_{k1},a_{k2},\cdots,a_{kn}$是$|\mathbf{A}|$的第$k$行元素,$A_{l1},A_{l2},\cdots,A_{ln}$是$|\mathbf{A}|$的第$l$行元素相应的代数余子式.则

$$a_{k1}A_{l1}+a_{k2}A_{l2}+\cdots+a_{kn}A_{ln}=\begin{cases} |\mathbf{A}|, & k=l, \\ 0, & k\neq l. \end{cases}$$

转置不为行列式的值,行列式也有按列展开定理.

定理 1.6.2　(行列式按列展开定理)

设$|\boldsymbol{A}|=\begin{vmatrix} a_{11} & a_{12} & \cdots & a_{1n} \\ a_{21} & a_{22} & \cdots & a_{2n} \\ \vdots & \vdots & \ddots & \vdots \\ a_{n1} & a_{n2} & \cdots & a_{nn} \end{vmatrix}$是 n 阶行列式,$a_{1k},a_{2k},\cdots,a_{nk}$是$|\boldsymbol{A}|$的第 k 列元素,$A_{1l},A_{2l},\cdots,A_{nl}$是$|\boldsymbol{A}|$的第 l 列元素相应的代数余子式. 则

$$a_{1k}A_{1l}+a_{2k}A_{2l}+\cdots+a_{nk}A_{nl}=\begin{cases} |\boldsymbol{A}|, & k=l, \\ 0, & k\neq l. \end{cases}$$

例 1.6.3　计算 5 阶行列式$\begin{vmatrix} a_1 & a_2 & a_3 & a_4 & a_5 \\ b_1 & b_2 & b_3 & b_4 & b_5 \\ c_1 & c_2 & 0 & 0 & 0 \\ d_1 & d_2 & 0 & 0 & 0 \\ e_1 & e_2 & 0 & 0 & 0 \end{vmatrix}$.

解　行列式按行(列)展开计算时,零元素与其对应的代数余子式的乘积是零,所以,行列式的第 3 行只有两个非零元素,按第 3 行展开,只要计算 2 个4 阶行列式.

$$原行列式=c_1(-1)^{3+1}\begin{vmatrix} a_2 & a_3 & a_4 & a_5 \\ b_2 & b_3 & b_4 & b_5 \\ d_2 & 0 & 0 & 0 \\ e_2 & 0 & 0 & 0 \end{vmatrix}+c_2(-1)^{3+2}\begin{vmatrix} a_1 & a_3 & a_4 & a_5 \\ b_1 & b_3 & b_4 & b_5 \\ d_1 & 0 & 0 & 0 \\ e_1 & 0 & 0 & 0 \end{vmatrix}$$

$$\xlongequal[\text{只计算 1 个非零元素的代数余子式}]{\text{按第 3 行展开}} c_1d_2(-1)^{3+1}\begin{vmatrix} a_3 & a_4 & a_5 \\ b_3 & b_4 & b_5 \\ 0 & 0 & 0 \end{vmatrix}-c_2d_1(-1)^{3+1}\begin{vmatrix} a_3 & a_4 & a_5 \\ b_3 & b_4 & b_5 \\ 0 & 0 & 0 \end{vmatrix}$$

$$\xlongequal{\text{有一行元素全为零,行列式的值等于零}} c_1d_2\times 0-c_2d_1\times 0=0.$$

例 1.6.4　计算下列 n 阶行列式.

$$(1)\begin{vmatrix} a & b & 0 & \cdots & 0 & 0 \\ 0 & a & b & \cdots & 0 & 0 \\ \vdots & \vdots & \vdots & & \vdots & \vdots \\ 0 & 0 & 0 & \cdots & a & b \\ b & 0 & 0 & \cdots & 0 & a \end{vmatrix},\quad (2)\begin{vmatrix} a & 0 & \cdots & 0 & 1 \\ 0 & a & \cdots & 0 & 0 \\ \vdots & \vdots & \ddots & \vdots & \vdots \\ 0 & 0 & \cdots & a & 0 \\ 1 & 0 & \cdots & 0 & a \end{vmatrix}.$$

解 (1) 行列式的第 1 列只有两个非零元素，按第 1 列展开需要计算两个 $n-1$ 阶行列式.

$$\text{原行列式}\xlongequal{\text{按第 1 列展开}}a(-1)^{1+1}\begin{vmatrix} a & b & \cdots & 0 & 0 \\ 0 & a & \cdots & 0 & 0 \\ \vdots & \vdots & \ddots & \vdots & \vdots \\ 0 & 0 & \cdots & a & b \\ 0 & 0 & \cdots & 0 & a \end{vmatrix}_{n-1}$$

$$+b(-1)^{n+1}\begin{vmatrix} b & 0 & \cdots & 0 & 0 \\ a & b & \cdots & 0 & 0 \\ \vdots & \vdots & \ddots & \vdots & \vdots \\ 0 & 0 & \cdots & b & 0 \\ 0 & 0 & \cdots & a & b \end{vmatrix}_{n-1}$$

$$\xlongequal[\text{后一个是 } n-1 \text{ 阶下三角行列式}]{\text{前一个是 } n-1 \text{ 阶上三角行列式}}a^n+(-1)^{n+1}b^n.$$

(2) 行列式的第 1 行只有两个非零元素，按第 1 行展开需要计算两个 $n-1$ 阶行列式.

$$\text{原行列式}\xlongequal{\text{按第 1 行展开}}a(-1)^{1+1}\begin{vmatrix} a & 0 & \cdots & 0 & 0 \\ 0 & a & \cdots & 0 & 0 \\ \vdots & \vdots & \ddots & \vdots & \vdots \\ 0 & 0 & \cdots & a & 0 \\ 0 & 0 & \cdots & 0 & a \end{vmatrix}_{n-1}$$

$$+1\times(-1)^{n+1}\begin{vmatrix} 0 & a & \cdots & 0 & 0 \\ \vdots & \vdots & \ddots & \vdots & \vdots \\ 0 & 0 & \cdots & a & 0 \\ 0 & 0 & \cdots & 0 & a \\ 1 & 0 & \cdots & 0 & 0 \end{vmatrix}_{n-1}$$

$$\xlongequal[\text{后一个再按最后一行展开}]{\text{前一个是对角形行列式}}$$

$$a^n+(-1)^{n+1}\times 1\times(-1)^{n-1+1}\begin{vmatrix} a & 0 & \cdots & 0 & 0 \\ 0 & a & \cdots & 0 & 0 \\ \vdots & \vdots & \ddots & \vdots & \vdots \\ 0 & 0 & \cdots & a & 0 \\ 0 & 0 & \cdots & 0 & a \end{vmatrix}_{n-2}$$

$$=a^n-a^{n-2}.$$

例 1.6.5 展开计算 3 阶行列式 $\begin{vmatrix} a_{11} & a_{12} & a_{13} \\ a_{21} & a_{22} & a_{23} \\ a_{31} & a_{32} & a_{33} \end{vmatrix}$，并由此计算 $\begin{vmatrix} 3 & 1 & 2 \\ 2 & 3 & 1 \\ 1 & 2 & 3 \end{vmatrix}$.

解 $\begin{vmatrix} a_{11} & a_{12} & a_{13} \\ a_{21} & a_{22} & a_{23} \\ a_{31} & a_{32} & a_{33} \end{vmatrix}$

$$\xlongequal{\text{按第 1 行展开}} a_{11}\begin{vmatrix} a_{22} & a_{23} \\ a_{32} & a_{33} \end{vmatrix}+a_{12}(-1)\begin{vmatrix} a_{21} & a_{23} \\ a_{31} & a_{33} \end{vmatrix}+a_{13}\begin{vmatrix} a_{21} & a_{22} \\ a_{31} & a_{32} \end{vmatrix}$$

$$\xlongequal[\text{运算公式}]{\text{2 阶行列式}} a_{11}(a_{22}a_{33}-a_{23}a_{32})-a_{12}(a_{21}a_{33}-a_{23}a_{31})+a_{13}(a_{21}a_{32}-a_{22}a_{31})$$

$$=a_{11}a_{22}a_{33}+a_{12}a_{23}a_{31}+a_{13}a_{21}a_{32}-a_{11}a_{23}a_{32}-a_{12}a_{21}a_{33}-a_{13}a_{22}a_{31}.$$

$$\begin{vmatrix} 3 & 1 & 2 \\ 2 & 3 & 1 \\ 1 & 2 & 3 \end{vmatrix}\xlongequal[\text{运算公式}]{\text{3 阶行列式}} 3\times 3\times 3+1\times 1\times 1+2\times 2\times 2$$

$$-3\times 1\times 2-1\times 2\times 3-2\times 3\times 1$$

$$=18.$$

注：3 阶行列式 $\begin{vmatrix} a_{11} & a_{12} & a_{13} \\ a_{21} & a_{22} & a_{23} \\ a_{31} & a_{32} & a_{33} \end{vmatrix}$ 是 6 项的代数和，每一项恰好是取自其不同行、不同列的 3 个元素的乘积，且每一项的符号如下图所示.

"实线"相连的 3 项均取正号"＋"，"虚线"相连的 3 项均取负号"－". 即

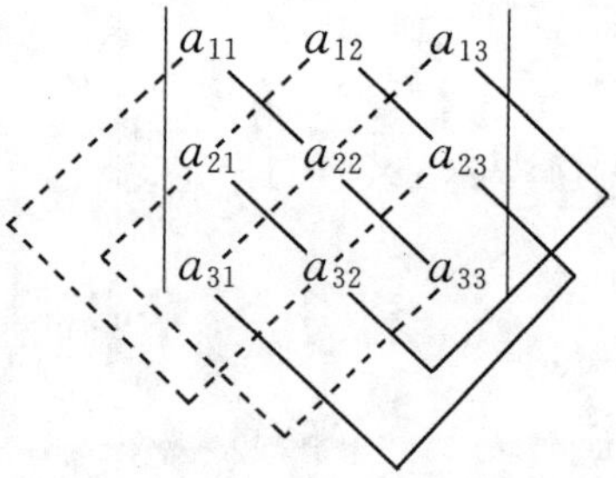

$$\begin{vmatrix} a_{11} & a_{12} & a_{13} \\ a_{21} & a_{22} & a_{23} \\ a_{31} & a_{32} & a_{33} \end{vmatrix} \xlongequal[\text{运算公式}]{\text{3 阶行列式}}$$

$$a_{11}a_{22}a_{33}+a_{12}a_{23}a_{31}+a_{13}a_{21}a_{32}-a_{11}a_{23}a_{32}-a_{12}a_{21}a_{33}-a_{13}a_{22}a_{31}.$$

利用行列式的展开定理,可以得到求逆矩阵的另一种方法.

假设 $\boldsymbol{A}$ 是 n 阶可逆矩阵,则 $\boldsymbol{A}\boldsymbol{A}^{-1}=\boldsymbol{I}_n$,而方阵乘积的行列式等于行列式的乘积,所以,$|\boldsymbol{A}||\boldsymbol{A}^{-1}|=|\boldsymbol{I}_n|=1$. 即

定理 1.6.3 可逆矩阵 $\boldsymbol{A}$ 的行列式不等于零,且 $|\boldsymbol{A}^{-1}|=|\boldsymbol{A}|^{-1}=\dfrac{1}{|\boldsymbol{A}|}$.

为了求可逆矩阵的逆,需要引入"伴随矩阵"的概念.

定义 1.6.2 设 $\boldsymbol{A}=(a_{ij})_{n\times n}$ 是以 $a_{ij}\,(i=1,2,\cdots,n;j=1,2,\cdots,n)$ 为元素的 n 阶方阵,$A_{ij}\,(i=1,2,\cdots,n;j=1,2,\cdots,n)$ 是 $|\boldsymbol{A}|$ 中元素 a_{ij} 的代数余子式,以 A_{ij} 为元素定义如下 n 阶方阵

$$\begin{pmatrix} A_{11} & A_{21} & \cdots & A_{n1} \\ A_{12} & A_{22} & \cdots & A_{n2} \\ \vdots & \vdots & \cdots & \vdots \\ A_{1n} & A_{2n} & \cdots & A_{nn} \end{pmatrix}$$

称为 $\boldsymbol{A}$ 的伴随矩阵,记作 $\boldsymbol{A}^*$.

注:方阵 $\boldsymbol{A}=(a_{ij})_{n\times n}$ 的伴随矩阵 $\boldsymbol{A}^*$ 的第 $k\ (k=1,2,\cdots,n)$ 列元素,是 $|\boldsymbol{A}|$ 的第 k 行元素 $a_{k1},a_{k2},\cdots,a_{kn}$ 相应的代数余子式 $A_{k1},A_{k2},\cdots,A_{kn}$.

由矩阵的乘法知,

$$\begin{pmatrix} a_{11} & a_{12} & \cdots & a_{1n} \\ a_{21} & a_{22} & \cdots & a_{2n} \\ \vdots & \vdots & \ddots & \vdots \\ a_{n1} & a_{n2} & \cdots & a_{nn} \end{pmatrix} \begin{pmatrix} A_{11} & A_{21} & \cdots & A_{n1} \\ A_{12} & A_{22} & \cdots & A_{n2} \\ \vdots & \vdots & \cdots & \vdots \\ A_{1n} & A_{2n} & \cdots & A_{nn} \end{pmatrix}$$

$$= \begin{pmatrix} a_{11}A_{11}+\cdots+a_{1n}A_{1n} & a_{11}A_{21}+\cdots+a_{1n}A_{2n} & \cdots & a_{11}A_{n1}+\cdots+a_{1n}A_{nn} \\ a_{21}A_{11}+\cdots+a_{2n}A_{1n} & a_{21}A_{21}+\cdots+a_{2n}A_{2n} & \cdots & a_{21}A_{n1}+\cdots+a_{2n}A_{nn} \\ \vdots & \vdots & \cdots & \vdots \\ a_{n1}A_{11}+\cdots+a_{nn}A_{1n} & a_{n1}A_{21}+\cdots+a_{nn}A_{2n} & \cdots & a_{n1}A_{n1}+\cdots+a_{nn}A_{nn} \end{pmatrix}$$

$$\xlongequal{\text{行列式按行展开定理}} \begin{pmatrix} |\boldsymbol{A}| & 0 & \cdots & 0 \\ 0 & |\boldsymbol{A}| & \cdots & 0 \\ \vdots & \vdots & \ddots & \vdots \\ 0 & 0 & \cdots & |\boldsymbol{A}| \end{pmatrix} = |\boldsymbol{A}|\boldsymbol{I}_n,$$

$$\begin{pmatrix} A_{11} & A_{21} & \cdots & A_{n1} \\ A_{12} & A_{22} & \cdots & A_{n2} \\ \vdots & \vdots & \cdots & \vdots \\ A_{1n} & A_{2n} & \cdots & A_{nn} \end{pmatrix} \begin{pmatrix} a_{11} & a_{12} & \cdots & a_{1n} \\ a_{21} & a_{22} & \cdots & a_{2n} \\ \vdots & \vdots & \ddots & \vdots \\ a_{n1} & a_{n2} & \cdots & a_{nn} \end{pmatrix}$$

$$= \begin{pmatrix} a_{11}A_{11}+\cdots+a_{n1}A_{n1} & a_{12}A_{11}+\cdots+a_{n2}A_{n1} & \cdots & a_{1n}A_{11}+\cdots+a_{nn}A_{n1} \\ a_{11}A_{12}+\cdots+a_{n1}A_{n2} & a_{12}A_{12}+\cdots+a_{n2}A_{n2} & \cdots & a_{1n}A_{12}+\cdots+a_{nn}A_{n2} \\ \vdots & \vdots & \cdots & \vdots \\ a_{11}A_{1n}+\cdots+a_{n1}A_{nn} & a_{12}A_{1n}+\cdots+a_{n2}A_{nn} & \cdots & a_{1n}A_{1n}+\cdots+a_{nn}A_{nn} \end{pmatrix}$$

$$\xlongequal{\text{行列式按行展开定理}} \begin{pmatrix} |\boldsymbol{A}| & 0 & \cdots & 0 \\ 0 & |\boldsymbol{A}| & \cdots & 0 \\ \vdots & \vdots & \ddots & \vdots \\ 0 & 0 & \cdots & |\boldsymbol{A}| \end{pmatrix} = |\boldsymbol{A}|\boldsymbol{I}_n.$$

即

> **定理 1.6.4**　设 $\boldsymbol{A}$ 是 n 阶方阵，$\boldsymbol{A}^*$ 是 $\boldsymbol{A}$ 的伴随矩阵，则
> $$\boldsymbol{A}\boldsymbol{A}^* = \boldsymbol{A}^*\boldsymbol{A} = |\boldsymbol{A}|\boldsymbol{I}_n.$$

若方阵 $\boldsymbol{A}$ 的行列式 $|\boldsymbol{A}| \neq 0$，在等式 $\boldsymbol{A}\boldsymbol{A}^* = \boldsymbol{A}^*\boldsymbol{A} = |\boldsymbol{A}|\boldsymbol{I}_n$ 两边同时乘 $(|\boldsymbol{A}|^{-1})$，得

$$\boldsymbol{A}\left(\frac{1}{|\boldsymbol{A}|}\boldsymbol{A}^*\right)=\left(\frac{1}{|\boldsymbol{A}|}\boldsymbol{A}^*\right)\boldsymbol{A}=\boldsymbol{I}_n.$$

综上,有如下定理.

> **定理 1.6.5** 设 $\boldsymbol{A}$ 是 n 阶方阵,若 $\boldsymbol{A}$ 是可逆矩阵,则 $\boldsymbol{A}$ 的行列式 $|\boldsymbol{A}|\neq 0$,且 $|\boldsymbol{A}^{-1}|=|\boldsymbol{A}|^{-1}=\dfrac{1}{|\boldsymbol{A}|}$;
>
> 若 $\boldsymbol{A}$ 的行列式 $|\boldsymbol{A}|\neq 0$,则 $\boldsymbol{A}$ 是可逆矩阵,且 $\boldsymbol{A}^{-1}=\dfrac{1}{|\boldsymbol{A}|}\boldsymbol{A}^*$,其中 $\boldsymbol{A}^*$ 是 $\boldsymbol{A}$ 的伴随矩阵.

注:判断一个方阵是否可逆,除经过初等行变换化矩阵为阶梯形的方法外(经初等行变换化为阶梯形时,若不出现零行,则方阵可逆;若出现零行,则方阵不可逆),还可以计算其行列式,若行列式不为零,则可逆,若行列式为零,则不可逆.

在方阵 $\boldsymbol{A}$ 可逆时,求其伴随矩阵 $\boldsymbol{A}^*$,则 $\boldsymbol{A}^{-1}=\dfrac{1}{|\boldsymbol{A}|}\boldsymbol{A}^*$.

例 1.6.6 设 $\boldsymbol{A}=\begin{pmatrix}1&1&0\\0&1&1\\1&0&1\end{pmatrix}$,判断 $\boldsymbol{A}$ 是否可逆,若 $\boldsymbol{A}$ 可逆,求 $\boldsymbol{A}^{-1}$.

解 $\begin{vmatrix}1&1&0\\0&1&1\\1&0&1\end{vmatrix}$

$$\xlongequal[\text{运算公式}]{\text{3 阶行列式}}1\times1\times1+1\times1\times1+0\times0\times0-1\times1\times0-1\times0\times1-0\times1\times1$$

$=2\neq 0$,

所以,$\boldsymbol{A}$ 是可逆矩阵. 计算 $|\boldsymbol{A}|$ 相应元素的代数余子式,

$$A_{11}=\begin{vmatrix}1&1\\0&1\end{vmatrix}=1,\quad A_{12}=-\begin{vmatrix}0&1\\1&1\end{vmatrix}=1,\quad A_{13}=\begin{vmatrix}0&1\\1&0\end{vmatrix}=-1,$$

$$A_{21}=-\begin{vmatrix}1&0\\0&1\end{vmatrix}=-1,\quad A_{22}=-\begin{vmatrix}1&0\\1&1\end{vmatrix}=1,\quad A_{23}=-\begin{vmatrix}1&1\\1&0\end{vmatrix}=1,$$

$$A_{31}=\begin{vmatrix}1&0\\1&1\end{vmatrix}=1,\quad A_{32}=-\begin{vmatrix}1&0\\0&1\end{vmatrix}=-1,\quad A_{33}=\begin{vmatrix}1&1\\0&1\end{vmatrix}=1.$$

所以，$\boldsymbol{A}^* = \begin{pmatrix} 1 & -1 & 1 \\ 1 & 1 & -1 \\ -1 & 1 & 1 \end{pmatrix}$，$\boldsymbol{A}^{-1} = \frac{1}{|\boldsymbol{A}|}\boldsymbol{A}^* = \begin{pmatrix} \frac{1}{2} & -\frac{1}{2} & \frac{1}{2} \\ \frac{1}{2} & \frac{1}{2} & -\frac{1}{2} \\ -\frac{1}{2} & \frac{1}{2} & \frac{1}{2} \end{pmatrix}$.

例 1.6.7 某公司有 A，B 两种产品销往甲、乙两地，公司汇总了产品的总销量、总价值、总利润如下表，求产品销往甲、乙两地的平均单位价格和平均单位利润.

产品销售量(单位：吨)、总价值(单位：万元)与总利润(单位：万元)

产品＼销地	甲	乙	总价值	总利润
A	200	240	600	68
B	350	300	870	95

解　设产品销往甲、乙两地的平均单位价格分别为 x_1，y_1，平均单位利润分别为 x_2，y_2，则 $\begin{cases} 200x_1+240y_1=600, \\ 350x_1+300y_1=870, \\ 200x_2+240y_2=68, \\ 350x_2+300y_2=95. \end{cases}$

利用矩阵的乘法，上述方程组可以表示为

$$\begin{pmatrix} 200 & 240 \\ 350 & 300 \end{pmatrix}\begin{pmatrix} x_1 & x_2 \\ y_1 & y_2 \end{pmatrix} = \begin{pmatrix} 600 & 68 \\ 870 & 95 \end{pmatrix},$$

因为 $\begin{vmatrix} 200 & 240 \\ 350 & 300 \end{vmatrix} \xlongequal[\text{计算公式}]{\text{2 阶行列式}} 200\times300-350\times240=-24000\neq0$，矩阵可逆，它的伴随矩阵

$$\begin{pmatrix} 200 & 240 \\ 350 & 300 \end{pmatrix}^* = \begin{pmatrix} 300 & -240 \\ -350 & 200 \end{pmatrix},$$

所以，

$$\begin{pmatrix}200 & 240\\350 & 300\end{pmatrix}^{-1}=-\frac{1}{24000}\begin{pmatrix}300 & -240\\-350 & 200\end{pmatrix}=\begin{pmatrix}-\frac{1}{80} & \frac{1}{100}\\ \frac{7}{480} & -\frac{1}{120}\end{pmatrix},$$

方程两边左侧同时乘$\begin{pmatrix}-\frac{1}{80} & \frac{1}{100}\\ \frac{7}{480} & -\frac{1}{120}\end{pmatrix}$,得

$$\begin{pmatrix}x_1 & x_2\\y_1 & y_2\end{pmatrix}=\begin{pmatrix}-\frac{1}{80} & \frac{1}{100}\\ \frac{7}{480} & -\frac{1}{120}\end{pmatrix}\begin{pmatrix}600 & 68\\870 & 95\end{pmatrix}=\begin{pmatrix}1.2 & 0.1\\1.5 & 0.2\end{pmatrix}.$$

所以,销往甲地产品的平均单位价格是 1.2(万元/吨),平均单位利润是 0.1(万元/吨);销往乙地产品的平均单位价格是 1.5(万元/吨),平均单位利润是 0.2(万元/吨).

注:2 阶方阵$\begin{pmatrix}a & b\\c & d\end{pmatrix}$的伴随矩阵$\begin{pmatrix}d & -b\\-c & a\end{pmatrix}$,且

$$\begin{pmatrix}a & b\\c & d\end{pmatrix}\begin{pmatrix}d & -b\\-c & a\end{pmatrix}=\begin{pmatrix}d & -b\\-c & a\end{pmatrix}\begin{pmatrix}a & b\\c & d\end{pmatrix}=\begin{pmatrix}ad-bc & 0\\0 & ad-bc\end{pmatrix}.$$

习题 1.6

1. 设 3 阶行列式$|\boldsymbol{A}|=\begin{vmatrix}1 & -1 & 3\\2 & 1 & 4\\-1 & 5 & 2\end{vmatrix}$,求$|\boldsymbol{A}|$的所有元素的余子式和代数余子式.

2. 把 3 阶行列式按第 1 行、第 2 行、第 3 行或者按第 1 列、第 2 列、第 3 列展开,验证:

$$\begin{vmatrix}a_{11} & a_{12} & a_{13}\\a_{21} & a_{22} & a_{23}\\a_{31} & a_{32} & a_{33}\end{vmatrix}=a_{11}a_{22}a_{33}+a_{12}a_{23}a_{31}+a_{13}a_{21}a_{32}-a_{13}a_{22}a_{31}-a_{12}a_{21}a_{33}-a_{11}a_{23}a_{32}.$$

按照展开公式,计算下列 3 阶行列式.

(1) $\begin{vmatrix}2 & 0 & 1\\1 & -4 & -1\\-1 & 8 & 3\end{vmatrix}$; (2) $\begin{vmatrix}1 & 2 & 3\\0 & 1 & 2\\1 & 1 & 1\end{vmatrix}$; (3) $\begin{vmatrix}a & b & c\\b & c & a\\c & a & b\end{vmatrix}$; (4) $\begin{vmatrix}0 & a & 0\\b & 0 & c\\0 & d & 0\end{vmatrix}$.

3. 计算下列 4 个 3 阶行列式

$$|\boldsymbol{A}|=\begin{vmatrix}2&1&1\\1&2&1\\1&1&2\end{vmatrix},\ |\boldsymbol{A}_1|=\begin{vmatrix}-1&1&1\\-2&2&1\\-3&1&2\end{vmatrix},\ |\boldsymbol{A}_2|=\begin{vmatrix}2&-1&1\\1&-2&1\\1&-3&2\end{vmatrix},\ |\boldsymbol{A}_3|=\begin{vmatrix}2&1&-1\\1&2&-2\\1&1&-3\end{vmatrix},$$

并验证：$\begin{cases}x_1=\dfrac{|\boldsymbol{A}_1|}{|\boldsymbol{A}|},\\x_2=\dfrac{|\boldsymbol{A}_2|}{|\boldsymbol{A}|},\\x_3=\dfrac{|\boldsymbol{A}_3|}{|\boldsymbol{A}|}\end{cases}$,是 3 元线性方程组 $\begin{cases}2x_1+x_2+x_3=-1,\\x_1+2x_2+x_3=-2,\\x_1+x_2+2x_3=-3\end{cases}$的解.

一般地，设 $|\boldsymbol{A}|=\begin{vmatrix}a_1&b_1&c_1\\a_2&b_2&c_2\\a_3&b_3&c_3\end{vmatrix}\neq 0,\ |\boldsymbol{A}_1|=\begin{vmatrix}d_1&b_1&c_1\\d_2&b_2&c_2\\d_3&b_3&c_3\end{vmatrix},\ |\boldsymbol{A}_2|=\begin{vmatrix}a_1&d_1&c_1\\a_2&d_2&c_2\\a_3&d_3&c_3\end{vmatrix},$

$|\boldsymbol{A}_3|=\begin{vmatrix}a_1&b_1&d_1\\a_2&b_2&d_2\\a_3&b_3&d_3\end{vmatrix}$,验证$\begin{cases}x_1=\dfrac{|\boldsymbol{A}_1|}{|\boldsymbol{A}|},\\x_2=\dfrac{|\boldsymbol{A}_2|}{|\boldsymbol{A}|},\\x_3=\dfrac{|\boldsymbol{A}_3|}{|\boldsymbol{A}|}\end{cases}$,是 3 元线性方程组$\begin{cases}a_1x_1+b_1x_2+c_1x_3=d_1,\\a_2x_1+b_2x_2+c_2x_3=d_2,\\a_3x_1+b_3x_2+c_3x_3=d_3\end{cases}$的解.

4. 用伴随矩阵求下列可逆矩阵的逆.

(1) $\begin{pmatrix}1&-3&2\\-3&0&1\\0&0&-1\end{pmatrix}$；(2) $\begin{pmatrix}3&-2&-5\\2&-1&-3\\-4&0&1\end{pmatrix}$；(3) $\begin{vmatrix}1&1&1&1\\1&1&-1&-1\\1&-1&1&-1\\1&-1&-1&1\end{vmatrix}$.

5. 计算下列行列式.

(1) 10 阶行列式 $\begin{vmatrix}-1&1&0&\cdots&0&0\\0&-2&2&\cdots&0&0\\0&0&-3&\cdots&0&0\\\vdots&\vdots&\vdots&\ddots&\vdots&\vdots\\0&0&0&\cdots&-9&9\\1&1&1&\cdots&1&1\end{vmatrix}$；

(2) 2019 阶行列式 $\begin{vmatrix}2&1&\cdots&1&1\\1&2&\cdots&1&1\\\vdots&\vdots&\ddots&\vdots&\vdots\\1&1&\cdots&2&1\\1&1&\cdots&1&2\end{vmatrix}$；

(3) 10 阶行列式 $\begin{vmatrix} 21 & 20 & 20 & \cdots & 20 & 20 \\ 20 & 21 & 20 & \cdots & 20 & 20 \\ 20 & 20 & 21 & \cdots & 20 & 20 \\ \vdots & \vdots & \vdots & \ddots & \vdots & \vdots \\ 20 & 20 & 20 & \cdots & 21 & 20 \\ 20 & 20 & 20 & \cdots & 20 & 21 \end{vmatrix}$;

(4) $\begin{vmatrix} 2 & 0 & 0 & 0 & 0 & 0 & 2 \\ -1 & 2 & 0 & 0 & 0 & 0 & 2 \\ 0 & -1 & 2 & 0 & 0 & 0 & 2 \\ 0 & 0 & -1 & 2 & 0 & 0 & 2 \\ 0 & 0 & 0 & -1 & 2 & 0 & 2 \\ 0 & 0 & 0 & 0 & -1 & 2 & 2 \\ 0 & 0 & 0 & 0 & 0 & -1 & 2 \end{vmatrix}$;

(5) $\begin{vmatrix} 0 & a & b & 0 \\ a & 0 & 0 & b \\ 0 & c & d & 0 \\ c & 0 & 0 & d \end{vmatrix}$; (6) $\begin{vmatrix} \lambda & -1 & 0 & 0 \\ 0 & \lambda & -1 & 0 \\ 0 & 0 & \lambda & -1 \\ 4 & 3 & 2 & \lambda+1 \end{vmatrix}$.

6. 选择题:

(1) 两个非零矩阵的乘积可能是零矩阵,而零矩阵行列式的值是零,所以两个非零行列式的乘积可能是零.(   ).

A. 上述陈述是正确的; B. 上述陈述是错误的.

(2) 设 $\boldsymbol{A},\boldsymbol{B}$ 均为 3 阶方阵,且 $|\boldsymbol{A}|=2$, $|\boldsymbol{B}|=3$,则下列等式中,① $|(|\boldsymbol{A}|\boldsymbol{B})|=24$, ② $|(|\boldsymbol{B}|\boldsymbol{A})|=54$, ③ $|\boldsymbol{AB}|=6$, ④ $|\boldsymbol{BA}|=6$,正确的个数是(   ).

A. 1 个; B. 2 个; C. 3 个; D. 4 个.

(3) 设 $\boldsymbol{A}$ 是 4 阶方阵,且 $\boldsymbol{A}^2=4\boldsymbol{I}$,若 $|\boldsymbol{A}|>0$,则 $|\boldsymbol{A}|=$(   ).

A. 2; B. 4; C. 16; D. 256.

(4) 设 $\boldsymbol{A}$ 是 4 阶方阵,且 $\boldsymbol{A}^2=4\boldsymbol{I}$,若 $|\boldsymbol{A}|<0$,则 $|\boldsymbol{A}|=$(   ).

A. -2; B. -4; C. -16; D. -256.

(5) 行列式 $\begin{vmatrix} 1 & 1 & 1 & -4 \\ 0 & 0 & -5 & 5 \\ 0 & -5 & -5 & 10 \\ 0 & 0 & 0 & -5 \end{vmatrix}=$(   ).

A. 25；　　B. -25；　　C. 125；　　D. -125.

(6) 设$|\boldsymbol{A}|$是 3 阶行列式且$|\boldsymbol{A}|=-2$,记$\boldsymbol{A}^*$为$\boldsymbol{A}$的伴随矩阵,则$|\boldsymbol{A}\boldsymbol{A}^*|=$(　　).

A. -8；　　B. 8；　　C. -4；　　D. 4.

(7) 设$|\boldsymbol{A}|=\begin{vmatrix}1&3&2\\4&1&7\\3&2&6\end{vmatrix}$,记$A_{ij}$是$|\boldsymbol{A}|$的第 i 行、第 j 列位置元素的代数余子式,则$A_{23}=$(　　).

A. -7；　　B. 7；　　C. -5；　　D. 5.

(8) 设$\boldsymbol{A}=\begin{pmatrix}1&1&1\\0&1&1\\0&0&1\end{pmatrix}$,$\boldsymbol{A}^*$为$\boldsymbol{A}$的伴随矩阵,记$\boldsymbol{\eta}$为$\boldsymbol{A}^*$的第 3 列,则$\boldsymbol{\eta}=$(　　).

A. $\begin{pmatrix}1\\1\\1\end{pmatrix}$；　　B. $\begin{pmatrix}1\\1\\0\end{pmatrix}$；　　C. $\begin{pmatrix}0\\1\\1\end{pmatrix}$；　　D. $\begin{pmatrix}0\\-1\\1\end{pmatrix}$.

(9) 设$\boldsymbol{A}=\begin{pmatrix}1&1&1\\0&1&1\\0&0&1\end{pmatrix}$,$\boldsymbol{A}^*$为$\boldsymbol{A}$的伴随矩阵,记$\boldsymbol{\eta}$为$\boldsymbol{A}^*$的第 2 列,则$\boldsymbol{\eta}=$(　　).

A. $\begin{pmatrix}1\\1\\0\end{pmatrix}$；　　B. $\begin{pmatrix}-1\\1\\0\end{pmatrix}$；　　C. $\begin{pmatrix}0\\1\\1\end{pmatrix}$；　　D. $\begin{pmatrix}0\\-1\\1\end{pmatrix}$.

(10) 设$\boldsymbol{A}=\begin{pmatrix}a_{11}&a_{12}&a_{13}\\a_{21}&a_{22}&a_{23}\\a_{31}&a_{32}&a_{33}\end{pmatrix}$,则下列式子中与$|\boldsymbol{A}|$不等的是(　　).

A. $a_{11}\begin{vmatrix}a_{22}&a_{23}\\a_{32}&a_{33}\end{vmatrix}+a_{12}\begin{vmatrix}a_{23}&a_{21}\\a_{33}&a_{31}\end{vmatrix}+a_{13}\begin{vmatrix}a_{21}&a_{22}\\a_{31}&a_{32}\end{vmatrix}$；

B. $-a_{21}\begin{vmatrix}a_{12}&a_{13}\\a_{32}&a_{33}\end{vmatrix}+a_{22}\begin{vmatrix}a_{11}&a_{13}\\a_{31}&a_{33}\end{vmatrix}-a_{23}\begin{vmatrix}a_{11}&a_{12}\\a_{31}&a_{32}\end{vmatrix}$；

C. $a_{31}\begin{vmatrix}a_{12}&a_{13}\\a_{22}&a_{23}\end{vmatrix}+a_{32}\begin{vmatrix}a_{11}&a_{13}\\a_{21}&a_{23}\end{vmatrix}+a_{33}\begin{vmatrix}a_{11}&a_{12}\\a_{21}&a_{22}\end{vmatrix}$；

D. $\begin{vmatrix}a_{11}&a_{21}&a_{31}\\a_{12}&a_{22}&a_{32}\\a_{13}&a_{23}&a_{33}\end{vmatrix}$.

(11) 设$\boldsymbol{A}$是3阶方阵,且$|\boldsymbol{A}|=2$,则$\boldsymbol{A}$的伴随矩阵$\boldsymbol{A}^*=$(   ).

A. $\boldsymbol{A}^{-1}$; B. $2\boldsymbol{A}^{-1}$; C. $\frac{1}{2}\boldsymbol{A}^{-1}$; D. $8\boldsymbol{A}^{-1}$.

(12) 设矩阵$\boldsymbol{A}=\begin{pmatrix}-3 & 3 & -3\\ b_1 & b_2 & b_3\\ c_1 & c_2 & c_3\end{pmatrix}$的行列式$\det\boldsymbol{A}=9$,记$M_{ij}$为$|\boldsymbol{A}|$的第$i$行、第$j$列位置元素的余子式,则$M_{11}+M_{12}+M_{13}=$(   ).

A. 3; B. -3; C. 9; D. -9.

(13) 设$\boldsymbol{A}$的伴随矩阵$\boldsymbol{A}^*=\begin{pmatrix}1 & 1 & 0\\ 0 & 2 & 1\\ 2 & 0 & 1\end{pmatrix}$,且$\boldsymbol{A}$的行列式$|\boldsymbol{A}|>0$,则$|\boldsymbol{A}|=$(   ).

A. 4; B. 3; C. 2; D. 1.

(14) 设$\boldsymbol{A}$的伴随矩阵$\boldsymbol{A}^*=\begin{pmatrix}1 & 1 & 0\\ 0 & 2 & 1\\ 2 & 0 & 1\end{pmatrix}$,且$\boldsymbol{A}$的行列式$|\boldsymbol{A}|>0$,则$\boldsymbol{A}$的逆矩阵$\boldsymbol{A}^{-1}=$(   ).

A. $\begin{pmatrix}\frac{1}{2} & -\frac{1}{4} & \frac{1}{4}\\ \frac{1}{2} & \frac{1}{4} & -\frac{1}{4}\\ -1 & \frac{1}{2} & \frac{1}{2}\end{pmatrix}$; B. $\begin{pmatrix}\frac{1}{2} & \frac{1}{2} & 0\\ 0 & 1 & \frac{1}{2}\\ 1 & 0 & \frac{1}{2}\end{pmatrix}$;

C. $\begin{pmatrix}1 & 1 & 0\\ 0 & 2 & 1\\ 2 & 0 & 1\end{pmatrix}$; D. $\begin{pmatrix}\frac{1}{4} & \frac{1}{4} & 0\\ 0 & \frac{1}{2} & \frac{1}{4}\\ \frac{1}{2} & 0 & \frac{1}{4}\end{pmatrix}$.

(15) 设$\boldsymbol{A}$是一个3阶方阵,且$|\boldsymbol{A}|=-3$,则$\boldsymbol{A}$的伴随矩阵$\boldsymbol{A}^*$的行列式$|\boldsymbol{A}^*|=$(   ).

A. 3; B. -3; C. 9; D. -9.

相关阅读

行列式发展历史

在线性代数中最重要的内容就是行列式和矩阵.行列式有一定的计算规则,利用行列式可以把一个线性方程组的解表示成公式,因此行列式是解线性方程组的工具.行列式的概念最早是由十七世纪日本数学家关孝和提出来的,他在1683年写了一部叫做《解伏题之法》的著作,标题的意思是“解行列式问题的方法”,书里对行列式的概念和它的展开已经有了清楚的叙述.

1693年4月,莱布尼茨在写给洛比达的一封信中使用并给出了行列式,并给出方程组的系数行列式为零的条件.同时代的日本数学家关孝和在其著作《解伏题之法》中也提出了行列式的概念与算法.

1750年,瑞士数学家克莱姆(G. Cramer, 1704—1752)在其著作《线性代数分析导引》中,对行列式的定义和展开法则给出了比较完整、明确的阐述,并给出了现在我们所称的解线性方程组的克莱姆法则.不久,数学家贝祖(E. Bezout,1730—1783)将确定行列式每一项符号的方法进行了系统化,利用系数行列式概念指出了如何判断一个齐次线性方程组有非零解.

总之,在很长一段时间内,行列式只是作为解线性方程组的一种工具使用,并没有人意识到它可以独立于线性方程组之外,单独形成一门理论加以研究.

在行列式的发展史上,第一个对行列式理论做出连贯的逻辑的阐述,即把行列式理论与线性方程组求解相分离的人,是法国数学家范德蒙(A-T. Vandermonde,1735～1796).范德蒙自幼在父亲的指导下学习音乐,但对数学有浓厚的兴趣,后来终于成为法兰西科学院院士.特别地,他给出了用二阶子式和它们的余子式来展开行列式的法则.就对行列式本身这一点来说,他是这门理论的奠基人.1772年,拉普拉斯在一篇论文中证明了范德蒙提出的一些规则,推广了他的展开行列式的方法.

继范德蒙之后,在行列式的理论方面,又一位做出突出贡献的就是另一位法国大数学家柯西.1815年,柯西在一篇论文中给出了行列式的第一个系统的、几乎是近代的处理.其中主要结果之一是行列式的乘法定理.另外,他第一个把行列式的元素排成方阵,采用双足标记法;引进了行列式特征方程的术语;给出了相似行列式概念;改进了拉普拉斯的行列式展开定理并给出了一个证明等.

19 世纪的半个多世纪中,对行列式理论研究始终不渝的作者之一是詹姆士·西尔维斯特(J. Sylvester,1814—1894). 他是一个活泼、敏感、兴奋、热情,甚至容易激动的人,然而由于是犹太人的缘故,他受到剑桥大学的不平等对待.西尔维斯特用火一般的热情介绍他的学术思想,他的重要成就之一是改进了从一个 n 次和一个 m 次的多项式中消去 x 的方法,他称之为配析法,并给出形成的行列式为零时这两个多项式方程有公共根充分必要条件这一结果,但没有给出证明.

继柯西之后,在行列式理论方面最多产的人就是德国数学家雅可比(J. Jacobi,1804~1851),他引进了函数行列式,即"雅可比行列式",指出函数行列式在多重积分的变量替换中的作用,给出了函数行列式的导数公式.雅可比的著名论文《论行列式的形成和性质》标志着行列式系统理论的建成.由于行列式在数学分析、几何学、线性方程组理论、二次型理论等多方面的应用,促使行列式理论自身在 19 世纪也得到了很大发展.整个 19 世纪都有行列式的新结果.除了一般行列式的大量定理之外,还有许多有关特殊行列式的其他定理都相继得到.

刘易斯·卡罗尔的真名叫查尔斯·勒特威奇·道奇森(1832—1898),是一位数学家,长期在享有盛名的牛津大学任基督堂学院数学讲师,发表了好几本数学著作.卡罗尔因为口吃严重,所以总是远离成人社会.他终身未婚,但却很喜欢孩子,常为他们讲故事.每当他给孩子们讲起故事来,说话就不结巴了.1862 年 7 月金色的下午,卡罗尔和牛津的另一位年轻学者罗宾逊·达克渥斯,带着牛津大学基督教学学院学监,当时颇有名气的教育家亨利·利德尔的三个女儿泛舟美丽的泰晤士河上.三个活泼的小姑娘不肯安静下来欣赏两岸迷人的自然风景,而是缠着卡罗尔给她们讲故事.于是,三十岁的卡罗尔便随口讲了起来,并把当时在场的几个名字都编进了故事中去.卡罗尔最喜欢利德尔的二女儿爱丽思,便使她成为故事的主人公,而利德尔的大女儿洛琳娜(lorina)变成了小鹦鹉(Lory), 小女儿伊迪丝变成了小鹰(Fagiet),他的朋友达克渥斯(Duckworth)变成了母鸭(Duck),他自己道奇森(Dodgson)变成了渡渡鸟(Dodo)以自嘲口吃.卡罗尔信口开河编撰了一篇神奇、美妙而又怪诞的梦记中的故事,小姑娘们听得出神入迷,非常开心.听完故事,爱丽思还不放过卡罗尔,一再请求他把故事写下来.于是在两年后的圣诞节,卡罗尔将《爱丽思漫游奇境记》的手稿当作礼物送给了爱丽思,后来小说家亨利. 金斯利(1830—1876)无意中发现了这部手稿,便鼓动利德尔夫人力劝卡罗尔发表这部作品,于是《爱丽思漫游奇境记》在经过卡罗尔的一番修改补充后于 1865 年 7 月出版了第一版,以此来纪念那次难忘的泰晤士河之旅. 此书一问世便引起了轰动,连印了数版,据说女王陛下见了该书也十分喜欢,命令查尔斯呈献他的下一本著作. 于是,她不久就收到了一本作者的新著:《行列式——计算数值的简易方法》. 女王当然很吃惊,但我想她很快就能领悟:越是严肃的人越是蕴藏着顽皮和天真,否则无法解释她自己为什么政事繁忙、威权隆重还会着迷于年龄早不相称的童话.

复习题 1

1. 给出两个具体的 3 阶矩阵 $\boldsymbol{A}$ 和 $\boldsymbol{B}$,并验证矩阵的迹满足 $\mathrm{tr}(\boldsymbol{A}+\boldsymbol{B})=\mathrm{tr}(\boldsymbol{A})+\mathrm{tr}(\boldsymbol{B})$.

2. 判断下列矩阵是否为阶梯形矩阵,是否为标准阶梯形矩阵.

(1) $\boldsymbol{A}_1=\begin{pmatrix}0&1&0&1\\0&0&1&1\\0&0&0&0\end{pmatrix}$;　(2) $\boldsymbol{A}_2=\begin{pmatrix}1&1&0&1\\0&1&1&1\\0&0&0&0\end{pmatrix}$;

(3) $\boldsymbol{A}_3=\begin{pmatrix}1&0&0&1\\0&1&0&1\\0&1&1&1\end{pmatrix}$;　(4) $\boldsymbol{A}_4=\begin{pmatrix}1&1&0&0\\0&0&1&1\\0&0&0&0\end{pmatrix}$.

3. 举例说明,三角形矩阵不一定是阶梯形矩阵.

4. 求下列矩阵的幂(其中,n 是任意的正整数).

(1) $\begin{pmatrix}0&1\\1&0\end{pmatrix}^2$;　(2) $\begin{pmatrix}0&1\\1&0\end{pmatrix}^n$;　(3) $\begin{pmatrix}1&-1\\1&-1\end{pmatrix}^2$;　(4) $\begin{pmatrix}1&1\\0&1\end{pmatrix}^n$;　(5) $\begin{pmatrix}0&1&0\\0&0&1\\0&0&0\end{pmatrix}^n$.

5. 设 $\boldsymbol{A}$ 是 n 阶方阵,$f(x)=ax^2+bx+c$ 是多项式,称 $f(\boldsymbol{A})=a\boldsymbol{A}^2+b\boldsymbol{A}+c\boldsymbol{I}_n$ 为矩阵 $\boldsymbol{A}$ 的多项式.

(1) 已知 $f(x)=x^2-2x+1$, $\boldsymbol{A}=\begin{pmatrix}1&1\\0&1\end{pmatrix}$,求 $f(\boldsymbol{A})$;

(2) 已知 $f(x)=x^2-3x+5$, $\boldsymbol{A}=\begin{pmatrix}a&0\\0&b\end{pmatrix}$,求 $f(\boldsymbol{A})$;

(3) 已知 $f(x)=x^2-x-1$, $\boldsymbol{A}=\begin{pmatrix}1&1&1\\0&1&1\\0&0&1\end{pmatrix}$,求 $f(\boldsymbol{A})$.

6. 写出下列 3 阶初等矩阵 $\boldsymbol{P}$,并求 $\boldsymbol{P}$ 与 $\boldsymbol{A}=\begin{pmatrix}1&1&0\\0&1&1\\1&0&1\end{pmatrix}$ 的乘积 $\boldsymbol{PA}$.

(1) $\boldsymbol{P}(1,3)$, $\boldsymbol{P}(2,3)$; (2) $\boldsymbol{P}(2(-2))$, $\boldsymbol{P}\left(3\left(-\frac{1}{2}\right)\right)$;

(3) $\boldsymbol{P}(3(-1),1)$, $\boldsymbol{P}\left(2\left(\frac{1}{2}\right),3\right)$.

7. 已知 $\boldsymbol{A}=\begin{pmatrix}1&3\\3&4\end{pmatrix}$,$\boldsymbol{B}=\begin{pmatrix}1&-1\\2&1\end{pmatrix}$.

(1) 求 $\boldsymbol{A}^{-1}$,$\boldsymbol{B}^{-1}$,$(\boldsymbol{A}^T)^{-1}$,$(\boldsymbol{AB})^{-1}$,$\boldsymbol{B}^{-1}\boldsymbol{A}^{-1}$, $((\boldsymbol{AB})^T)^{-1}$;

(2) 验证,$\boldsymbol{A}+\boldsymbol{B}$ 不可逆.

8. 验证下列等式成立.

(1) $\begin{vmatrix}a_1+kb_1&a_2+kb_2&a_3+kb_3\\b_1+c_1&b_2+c_2&b_3+c_3\\c_1&c_2&c_3\end{vmatrix}=\begin{vmatrix}a_1&a_2&a_3\\b_1&b_2&b_3\\c_1&c_2&c_3\end{vmatrix}$;

(2) $\begin{vmatrix}b_1+c_1&b_2+c_2&b_3+c_3\\c_1+a_1&c_2+a_2&c_3+a_3\\a_1+b_1&a_2+b_2&a_3+b_3\end{vmatrix}=2\begin{vmatrix}a_1&a_2&a_3\\b_1&b_2&b_3\\c_1&c_2&c_3\end{vmatrix}$;

(3) $\begin{vmatrix}a_1&a_2&a_3\\b_1&b_2&b_3\\a_1+b_1&a_2+b_2&a_3+b_3\end{vmatrix}=0$;

(4) $\begin{vmatrix}a_1&0&0\\b_1&0&0\\c_1&c_2&c_3\end{vmatrix}=0$.

9. 设 $\boldsymbol{A}=\begin{pmatrix}1&-1&1\\1&2&3\\1&3&2\end{pmatrix}$,$A_{ij}$ 是 $\boldsymbol{A}$ 的第 i 行、j 列元素的代数余子式.

求 (1) $A_{11}+A_{21}+A_{3}1$; (2) $-A_{11}+2A_{21}+3A_{31}$.

10. 设 $\boldsymbol{D}=\begin{pmatrix}3&1&-1&2\\-5&1&3&-4\\2&0&1&-1\\1&-5&3&-3\end{pmatrix}$, A_{kl} 是 $\boldsymbol{D}$ 的第 k 行、l 列元素的代数余子式.

求(1) $A_{31}+3A_{32}-2A_{33}+2A_{34}$; (2) $A_{14}-A_{24}-A_{34}+A_{44}$.

11. 选择题：

(1) 设 $\boldsymbol{A}=\begin{pmatrix} a & b \\ c & d \end{pmatrix}=\begin{pmatrix} 1 & 1 \\ 0 & 1 \end{pmatrix}^{10}$，则 $\begin{pmatrix} a \\ b \end{pmatrix}=$(　　).

A. $\begin{pmatrix} 1 \\ 1 \end{pmatrix}$；　B. $\begin{pmatrix} 10 \\ 10 \end{pmatrix}$；　C. $\begin{pmatrix} 1 \\ 10 \end{pmatrix}$；　D. $\begin{pmatrix} 10 \\ 1 \end{pmatrix}$.

(2) 设 $\boldsymbol{C}$ 是 $m\times n$ 矩阵，若有矩阵 $\boldsymbol{A},\boldsymbol{B}$，使 $\boldsymbol{AC}=\boldsymbol{C}^T\boldsymbol{B}$，则 $\boldsymbol{A}$ 的行数×列数为(　　).

A. $m\times n$；　B. $n\times m$；　C. $m\times m$；　D. $n\times n$.

(3) 设矩阵 $\boldsymbol{A}_{m\times l},\boldsymbol{B}_{l\times n},\boldsymbol{C}_{m\times n}$，下列矩阵运算可行的是(　　).

A. $\boldsymbol{ABC}$；　B. $\boldsymbol{A}^T\boldsymbol{CB}$；　C. $\boldsymbol{ABC}^T$；　D. $\boldsymbol{CB}^T\mathrm{A}$.

(4) 设 $\boldsymbol{A},\boldsymbol{B}$ 均为 n 阶矩阵，$\boldsymbol{I}$ 为 n 阶单位矩阵，若 $(\boldsymbol{A}+\boldsymbol{B})(\boldsymbol{A}-\boldsymbol{B})=\boldsymbol{A}^2-\boldsymbol{B}^2$ 成立，则 $\boldsymbol{A},\boldsymbol{B}$ 必须满足(　　).

A. $\boldsymbol{A}=\boldsymbol{I}$ 或 $\boldsymbol{B}=\boldsymbol{I}$；　B. $\boldsymbol{A}=\boldsymbol{O}$ 或 $\boldsymbol{B}=\boldsymbol{O}$；　C. $\boldsymbol{A}=\boldsymbol{B}$；　D. $\boldsymbol{AB}=\boldsymbol{BA}$.

(5) 设 $\boldsymbol{A}$ 为非零 n 阶矩阵，$\boldsymbol{A}^T$ 为 $\boldsymbol{A}$ 的转置矩阵，下列矩阵中不一定是对称矩阵的是(　　).

A. $\boldsymbol{AA}^T$；　B. $\boldsymbol{A}^T\boldsymbol{A}$；　C. $\boldsymbol{A}-\boldsymbol{A}^T$；　D. $\boldsymbol{A}+\boldsymbol{A}^T$.

(6) 设 $\boldsymbol{A}=\begin{bmatrix} 0 & 1 & 0 \\ 0 & 0 & -1 \\ 1 & 0 & 0 \end{bmatrix}$，把 $\boldsymbol{A}$ 表示为 3 个初等矩阵之积，

① $\boldsymbol{A}=\boldsymbol{P}(1,3)\boldsymbol{P}(1,2)\boldsymbol{P}(3(-1))$，② $\boldsymbol{A}=\boldsymbol{P}(1,2)\boldsymbol{P}(1,3)(\boldsymbol{P}(3(-1))$，

③ $\boldsymbol{A}=\boldsymbol{P}(2(-1))\boldsymbol{P}(2,3)\boldsymbol{P}(1,3)$，④ $\boldsymbol{A}=\boldsymbol{P}(2(-1))\boldsymbol{P}(1,3)\boldsymbol{P}(2,3)$，其中正确的是(　　).

A. ①和③；　B. ①和④；　C. ②和③；　D. ②和④.

(7) 设 $\boldsymbol{A}=\begin{pmatrix} 1 & -1 \\ 1 & 1 \end{pmatrix}$，则下列正确把 $\boldsymbol{A}$ 表示为 2 阶初等矩阵之积的是(　　).

A. $\boldsymbol{A}=\boldsymbol{P}(2(1),1)\boldsymbol{P}\left(2\left(\frac{1}{2}\right)\right)\boldsymbol{P}(1(-1),2)$；

B. $\boldsymbol{A}=\boldsymbol{P}(1(1),2)\boldsymbol{P}(2(2))\boldsymbol{P}(2(-1),1)$；

C. $\boldsymbol{A}=\boldsymbol{P}(1(-1),2)\boldsymbol{P}\left(2\left(\frac{1}{2}\right)\right)\boldsymbol{P}(2(1),1)$；

D. $\boldsymbol{A}=\boldsymbol{P}(2(-1),1)\boldsymbol{P}(2(2))\boldsymbol{P}(1(1),2)$.

(8) 设① $\boldsymbol{P}(2,3)$，②$\boldsymbol{P}(3(-1))$，③ $\boldsymbol{P}(2(-1),3)$，④ $\boldsymbol{P}(3(-2))$是四个 4 阶初等矩阵，则满足 $\boldsymbol{P}^{-1}=\boldsymbol{P}$ 的是(　　).

A. ①和②；　B. ②和③；　C. ③和④；　D. ④和①.

(9) 下列关于初等矩阵的表述不正确的是(　　).

A. 单位矩阵经过初等行变换得到的矩阵都是初等矩阵；

B. 初等矩阵都是可逆矩阵，且它们的逆矩阵也是初等矩阵；

C. 在矩阵$\boldsymbol{A}$的左侧乘上初等矩阵$\boldsymbol{P}(i,j)$，就相当于对$\boldsymbol{A}$实施交换矩阵$\boldsymbol{A}$的第i行和第j行的初等行变换；

D. 可逆矩阵可以表成初等矩阵之积.

(10) 设矩阵 $\boldsymbol{A}=\begin{pmatrix}1 & 0 & b\\0 & 1 & 2\\a & -1 & 1\end{pmatrix}$ 的元素都是整数，且对任意整数a，矩阵$\boldsymbol{A}$都可逆，则$b=$(　　).

A. -1；　B. 0；　C. 1；　D. 2.

(11)设$\boldsymbol{A}$是4阶方阵，且$\boldsymbol{A}$的行列式$|\boldsymbol{A}|=2$，则矩阵$(-2\boldsymbol{A})$的行列式$|(-2\boldsymbol{A})|=$(　　).

A. -4；　B. 4；　C. -32；　D. 32.

(12) 行列式 $\begin{vmatrix}4 & 3 & 2 & 1\\4 & 3 & 2 & 0\\4 & 3 & 0 & 0\\4 & 0 & 0 & 0\end{vmatrix}=$(　　).

A. 24；　B. -24；　C. 12；　D. -12.

(13) 设$\boldsymbol{I}$为3阶单位矩阵，则矩阵$(2\boldsymbol{I})$的行列式$|2\boldsymbol{I}|=$(　　).

A. 2；　B. 4；　C. 6；　D. 8.

(14) 设$\boldsymbol{I}$是4阶单位矩阵，则矩阵$(-2)\boldsymbol{I}$的行列式$|(-2)\boldsymbol{I}|=$(　　).

A. -2；　B. 2；　C. 16；　D. -16.

(15) 设$\boldsymbol{A}$是4阶方阵，则以下矩阵的行列式与矩阵$\boldsymbol{A}$的行列式相等的是(　　).

A. $\boldsymbol{P}(1,2)\boldsymbol{A}$；　B. $\boldsymbol{P}(3(-1))\boldsymbol{A}$；　C. $\boldsymbol{P}(2(-1),3)\boldsymbol{A}$；　D. $2\boldsymbol{A}$.

(16) 4阶行列式 $\begin{vmatrix}0 & a & b & 0\\a & 0 & 0 & b\\0 & c & d & 0\\c & 0 & 0 & d\end{vmatrix}=$(　　).

A. $(ad-bc)^2$；　B. $-(ad-bc)^2$；　C. $a^2d^2-b^2c^2$；　D. $b^2c^2-a^2d^2$.

扫一扫，获取参考答案

第2章 线性方程组与m维向量空间

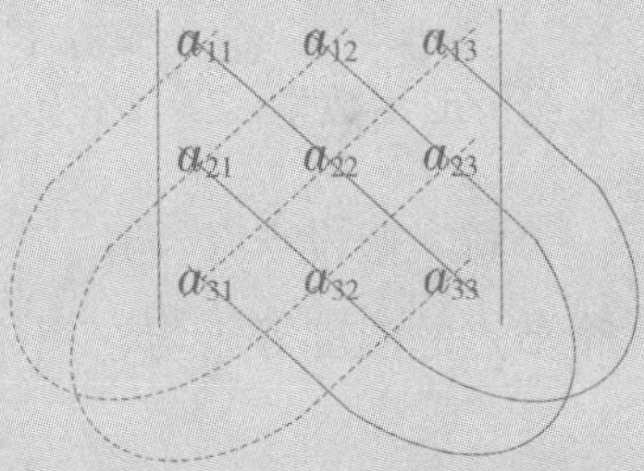

§2.1 线性方程组的向量组合表示

工程、信息、经济等领域中的许多问题,都需要建立线性方程组模型进行描述.

例 2.1.1 **(平板的稳态温度分布模型)** 在热传导的研究中,一个重要的问题是确定一块平板的稳态温度分布. 如图 2.1.1 所示的平板是一条金属梁截面,且已知四周 8 个节点处的温度. 根据热传导定律,"每个节点的温度等于与它相邻的四个节点温度的平均值",求中间 4 个点 T_1, T_2, T_3, T_4 处的温度.

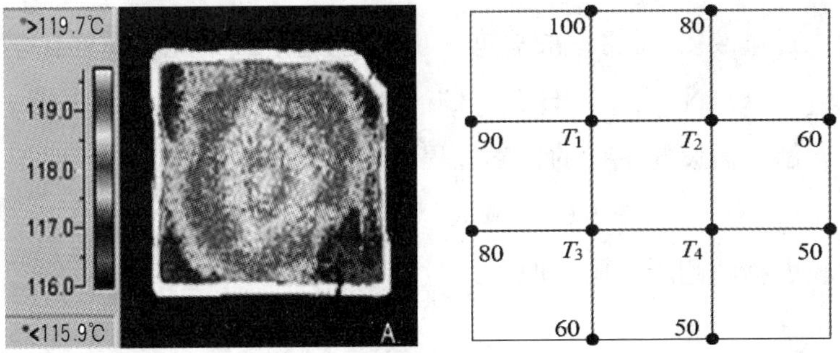

图 2.1.1

解 假设点 T_1,T_2,T_3,T_4 处的温度分别为 t_1,t_2,t_3,t_4，由已知以及“每个节点的温度等于与它相邻的四个节点温度的平均值”，则

$$\begin{cases} t_1=\frac{1}{4}(90+100+t_2+t_3), \\ t_2=\frac{1}{4}(80+60+t_1+t_4), \\ t_3=\frac{1}{4}(80+60+t_1+t_4), \\ t_4=\frac{1}{4}(50+50+t_2+t_3), \end{cases}$$

整理可得问题的线性方程组模型

$$(1)\begin{cases} 4t_1-t_2-t_3=190, \\ -t_1+4t_2-t_4=140, \\ -t_1+4t_3-t_4=140, \\ -t_2-t_3+4t_4=100. \end{cases}$$

例 2.1.2 **(化学方程式配平模型)** 用化学方法处理污水过程涉及复杂的化学反应，而反应方程式是分析计算和工艺设计的重要依据. 在定性地检测出反应物和生成物之后，可以通过求解线性方程组配平化学方程式.

假设某厂废水中含 KCN，其浓度为 650 mg/L. 现用氯氧化法处理，发生如下反应：

$$KCN+2KOH+Cl_2 = KOCN+2KCl+H_2O.$$

投入过量液氯，可将氰酸盐进一步氧化为氮气. 请配平下列化学方程式：

$$\_\ KOCN+\_\ KOH+\_\ Cl_2 = \_\ CO_2+\_\ N_2+\_\ KCl+\_\ H_2O.$$

解 假设配平后的化学方程式为

$$\underline{x_1}KOCN+\underline{x_2}KOH+\underline{x_3}Cl_2 = \underline{x_4}CO_2+\underline{x_5}N_2+\underline{x_6}KCl+\underline{x_7}H_2O.$$

比较方程两侧所含同类原子个数相等，则

$$\begin{cases} x_1+x_2=x_6, \\ x_1+x_2=2x_4+x_7, \\ x_1=x_4, \\ x_1=2x_5, \\ x_2=2x_7, \\ 2x_3=x_6, \end{cases}$$

整理可得线性方程组

$$(2)\begin{cases} x_1+x_2 \qquad\qquad -x_6 \qquad =0, \\ x_1+x_2 \quad -2x_4 \qquad\qquad -x_7=0, \\ x_1 \qquad -x_4 \qquad\qquad\qquad =0, \\ x_1 \qquad\qquad -2x_5 \qquad\qquad =0, \\ x_2 \qquad\qquad\qquad\qquad -2x_7=0, \\ 2x_3 \qquad\qquad -x_6 \qquad =0. \end{cases}$$

(1)和(2)都是实际问题的线性方程组模型.

定义 2.1.1　设 $a_1,a_2,\cdots,a_n,b$ 是 $n+1$ 个已知数，$x_1,x_2,\cdots,x_n$ 是 n 个未知数，称

$$a_1x_1+a_2x_2+\cdots+a_nx_n=b$$

是关于未知量 $x_1,x_2,\cdots,x_n$ 的 n 元线性方程. $a_k(k=1,2,\cdots,n)$为方程中未知量 x_k 的系数，b 称为方程的常数项.

由 m 个关于未知量 $x_1,x_2,\cdots,x_n$ 的 n 元线性方程，构成联立方程组

$$\begin{cases} a_{11}x_1+a_{12}x_2+\cdots+a_{1n}x_n=b_1, \\ a_{21}x_1+a_{22}x_2+\cdots+a_{2n}x_n=b_2, \\ \qquad\vdots \qquad\qquad\qquad \vdots \\ a_{m1}x_1+a_{m2}x_2+\cdots+a_{mn}x_n=b_m \end{cases}$$

称为 n 元线性方程组.

a_{ij} 是方程组第 i 个方程第 j 个未知量 x_j 的系数，$i=1,2,\cdots,m$；$j=1,2,\cdots,n$. b_i 是方程组第 i 个方程的常数项，$i=1,2,\cdots,m$.

若方程组的每一个方程的常数项都是零,即方程组为

$$\begin{cases} a_{11}x_1+a_{12}x_2+\cdots+a_{1n}x_n=0, \\ a_{21}x_1+a_{22}x_2+\cdots+a_{2n}x_n=0, \\ \qquad\vdots \qquad\qquad\qquad \vdots \\ a_{m1}x_1+a_{m2}x_2+\cdots+a_{mn}x_n=0 \end{cases}$$

称为 n 元齐次线性方程组.

若未知量 $x_1,x_2,\cdots,x_n$ 的取值 $\begin{cases} x_1=c_1, \\ x_2=c_2, \\ \quad\vdots \\ x_n=c_n, \end{cases}$ 使得方程组中的每一个方程都成立,即

$$a_{k1}c_1+a_{k2}c_2+\cdots+a_{kn}c_n=b_k, \quad k=1,2,\cdots,m$$

则称 $\begin{cases} x_1=c_1, \\ x_2=c_2, \\ \quad\vdots \\ x_n=c_n \end{cases}$ 是方程组的一个解.

由矩阵关系和矩阵运算,线性方程组

$$(*)\begin{cases} a_{11}x_1+a_{12}x_2+\cdots+a_{1n}x_n=b_1, \\ a_{21}x_1+a_{22}x_2+\cdots+a_{2n}x_n=b_2, \\ \qquad\vdots \qquad\qquad\qquad \vdots \\ a_{m1}x_1+a_{m2}x_2+\cdots+a_{mn}x_n=b_m \end{cases}$$

有以下不同的表示方式.

(1) 矩阵运算表示.

记 $\boldsymbol{A}=\begin{pmatrix} a_{11} & a_{12} & \cdots & a_{1n} \\ a_{21} & a_{22} & \cdots & a_{2n} \\ \vdots & \vdots & \cdots & \vdots \\ a_{m1} & a_{m2} & \cdots & a_{mn} \end{pmatrix}$,即 $\boldsymbol{A}$ 由线性方程组(*)的未知量系数唯一

确定，称为方程组(*)的系数矩阵. 再记 $\boldsymbol{X}=\begin{pmatrix} x_1 \\ x_2 \\ \vdots \\ x_n \end{pmatrix}$，$\boldsymbol{\beta}=\begin{pmatrix} b_1 \\ b_2 \\ \vdots \\ b_m \end{pmatrix}$，分别为未知量列和常数列.

由矩阵的乘法和矩阵的相等知，线性方程组(*)表示为 $\boldsymbol{AX}=\boldsymbol{\beta}$.

$$\begin{cases} a_{11}x_1+a_{12}x_2+\cdots+a_{1n}x_n=b_1, \\ a_{21}x_1+a_{22}x_2+\cdots+a_{2n}x_n=b_2, \\ \quad\vdots \qquad\qquad\qquad \vdots \\ a_{m1}x_1+a_{m2}x_2+\cdots+a_{mn}x_n=b_m \end{cases} \Leftrightarrow \begin{pmatrix} a_{11} & a_{12} & \cdots & a_{1n} \\ a_{21} & a_{22} & \cdots & a_{2n} \\ \vdots & \vdots & \cdots & \vdots \\ a_{m1} & a_{m2} & \cdots & a_{mn} \end{pmatrix}\begin{pmatrix} x_1 \\ x_2 \\ \vdots \\ x_n \end{pmatrix}=\begin{pmatrix} b_1 \\ b_2 \\ \vdots \\ b_m \end{pmatrix}.$$

即求解线性方程组(*)的解，就是求解未知量列 $\boldsymbol{X}$，使得 $\boldsymbol{AX}=\boldsymbol{\beta}$ 成立.

(2) 增广矩阵表示.

用位置代替未知量，缺省方程组中的运算符号和等号，记

$$\overline{\boldsymbol{A}}=\begin{pmatrix} a_{11} & a_{12} & \cdots & a_{1n} & b_1 \\ a_{21} & a_{22} & \cdots & a_{2n} & b_2 \\ \vdots & \vdots & \cdots & \vdots & \vdots \\ a_{m1} & a_{m2} & \cdots & a_{mn} & b_m \end{pmatrix},$$

则 $\overline{\boldsymbol{A}}$ 由方程组(*)唯一确定，$\overline{A}$ 也唯一确定线性方程组(*). 称 $\overline{A}$ 为线性方程组(*)的增广矩阵.

线性方程组(*)与它的增广矩阵 $\overline{\boldsymbol{A}}$ 能相互的唯一确定. 即线性方程组(*)可以由矩阵 $\overline{\boldsymbol{A}}$ 表示.

(3) 向量的线性组合表示.

记 $\boldsymbol{\alpha}_k=\begin{pmatrix} a_{1k} \\ a_{2k} \\ \vdots \\ a_{mk} \end{pmatrix}$ 是方程组(*)的未知量 $x_k(k=1,2,\cdots,n)$ 的系数，按照方程的位置顺序构成的 $m\times 1$ 阶矩阵，由数与矩阵的乘法以及矩阵的加法运算，则

$$x_1\boldsymbol{\alpha}_1+x_2\boldsymbol{\alpha}_2+\cdots+x_n\boldsymbol{\alpha}_n=x_1\begin{pmatrix}a_{11}\\a_{21}\\\vdots\\a_{m1}\end{pmatrix}+x_2\begin{pmatrix}a_{12}\\a_{22}\\\vdots\\a_{m2}\end{pmatrix}+\cdots+x_n\begin{pmatrix}a_{1n}\\a_{2n}\\\vdots\\a_{mn}\end{pmatrix}$$

$$=\begin{pmatrix}a_{11}x_1 & a_{12}x_2 & \cdots & a_{1n}x_n\\a_{21}x_1 & a_{22}x_2 & \cdots & a_{2n}x_n\\\vdots & \vdots & \cdots & \vdots\\a_{m1}x_1 & a_{m2}x_2 & \cdots & a_{mn}x_n\end{pmatrix},$$

所以,

$$x_1\boldsymbol{\alpha}_1+x_2\boldsymbol{\alpha}_2+\cdots+x_n\boldsymbol{\alpha}_n=\boldsymbol{b}\Leftrightarrow\begin{pmatrix}a_{11}x_1 & a_{12}x_2 & \cdots & a_{1n}x_n\\a_{21}x_1 & a_{22}x_2 & \cdots & a_{2n}x_n\\\vdots & \vdots & \cdots & \vdots\\a_{m1}x_1 & a_{m2}x_2 & \cdots & a_{mn}x_n\end{pmatrix}=\begin{pmatrix}b_1\\b_2\\\vdots\\b_m\end{pmatrix}$$

$$\Leftrightarrow\begin{cases}a_{11}x_1+a_{12}x_2+\cdots+a_{1n}x_n=b_1,\\a_{21}x_1+a_{22}x_2+\cdots+a_{2n}x_n=b_2,\\\quad\vdots\qquad\qquad\qquad\qquad\vdots\\a_{m1}x_1+a_{m2}x_2+\cdots+a_{mn}x_n=b_m.\end{cases}$$

引入 $n+1$ 个 $m\times1$ 阶矩阵(也称为 m 维向量)

$$\boldsymbol{\alpha}_1=\begin{pmatrix}a_{11}\\a_{21}\\\vdots\\a_{m1}\end{pmatrix},\boldsymbol{\alpha}_2=\begin{pmatrix}a_{12}\\a_{22}\\\vdots\\a_{m2}\end{pmatrix},\cdots,\boldsymbol{\alpha}_n=\begin{pmatrix}a_{1n}\\a_{2n}\\\vdots\\a_{mn}\end{pmatrix},\boldsymbol{b}=\begin{pmatrix}b_1\\b_2\\\vdots\\b_m\end{pmatrix},$$

则线性方程组(*)表示为 $x_1\boldsymbol{\alpha}_1+x_2\boldsymbol{\alpha}_2+\cdots+x_n\boldsymbol{\alpha}_n=\boldsymbol{\beta}$.

求解线性方程组(*),就是求系数 $x_1,x_2,\cdots,x_n$,使得等式 $x_1\boldsymbol{\alpha}_1+x_2\boldsymbol{\alpha}_2+\cdots+x_n\boldsymbol{\alpha}_n=\boldsymbol{\beta}$ 成立.

称 $x_1\boldsymbol{\alpha}_1+x_2\boldsymbol{\alpha}_2+\cdots+x_n\boldsymbol{\alpha}_n=\boldsymbol{\beta}$ 为线性方程组(*)的向量线性组合表示.

定义 2.1.2　由 m 个数 $a_1,a_2,\cdots,a_m$ 构成的有序数组 $\begin{pmatrix} a_1 \\ a_2 \\ \vdots \\ a_m \end{pmatrix}$，称为 m 维向量. 通常用 $\boldsymbol{\alpha},\boldsymbol{\beta},\boldsymbol{\gamma}$ 等希腊字母表示.

称 a_k 为向量 $\begin{pmatrix} a_1 \\ a_2 \\ \vdots \\ a_m \end{pmatrix}$ 的第 k 个分量，$k=1,2,\cdots,m$.

实数集 $\mathbf{R}$ 上的 m 维向量的全体记作 $\mathbf{R}^m$.

注：m 维向量就是一个 $m\times 1$ 阶矩阵，它的运算也和矩阵运算一致.

定义 2.1.3　设 $\boldsymbol{\alpha}=\begin{pmatrix} a_1 \\ a_2 \\ \vdots \\ a_m \end{pmatrix}$，$\boldsymbol{\beta}=\begin{pmatrix} b_1 \\ b_2 \\ \vdots \\ b_m \end{pmatrix}$ 是 $\mathbf{R}^m$ 中的两个 m 维向量，k 是实数.

（1）向量的相等.

若 $\boldsymbol{\alpha}$ 与 $\boldsymbol{\beta}$ 对应位置的分量都相等，即 $a_i=b_i$，$i=1,2,\cdots,m$，则称 $\boldsymbol{\alpha}$ 与 $\boldsymbol{\beta}$ 相等. 记作 $\boldsymbol{\alpha}=\boldsymbol{\beta}$.

（2）向量的加法.

由向量 $\boldsymbol{\alpha}$ 与 $\boldsymbol{\beta}$ 的对应分量相加所得到的向量，称为向量 $\boldsymbol{\alpha}$ 与 $\boldsymbol{\beta}$ 的和向量，记作 $\boldsymbol{\alpha}+\boldsymbol{\beta}$. 即

$$\boldsymbol{\alpha}+\boldsymbol{\beta}=\begin{pmatrix} a_1 \\ a_2 \\ \vdots \\ a_m \end{pmatrix}+\begin{pmatrix} b_1 \\ b_2 \\ \vdots \\ b_m \end{pmatrix}=\begin{pmatrix} a_1+b_1 \\ a_2+b_2 \\ \vdots \\ a_m+b_m \end{pmatrix}.$$

(3) 向量的减法.

由向量 $\boldsymbol{\alpha}$ 与 $\boldsymbol{\beta}$ 的对应分量相减所得到的向量,称为向量 $\boldsymbol{\alpha}$ 与 $\boldsymbol{\beta}$ 的差向量,记作 $\boldsymbol{\alpha}-\boldsymbol{\beta}$. 即

$$\boldsymbol{\alpha}-\boldsymbol{\beta}=\begin{pmatrix}a_1\\a_2\\\vdots\\a_m\end{pmatrix}-\begin{pmatrix}b_1\\b_2\\\vdots\\b_m\end{pmatrix}=\begin{pmatrix}a_1-b_1\\a_2-b_2\\\vdots\\a_m-b_m\end{pmatrix}.$$

(4) 数与向量的积.

将向量 $\boldsymbol{\alpha}$ 的每一个分量都乘数 k 所得到的向量,称为数 k 与向量 $\boldsymbol{\alpha}$ 的数积,记作 $k\boldsymbol{\alpha}$. 即

$$k\boldsymbol{\alpha}=k\begin{pmatrix}a_1\\a_2\\\vdots\\a_m\end{pmatrix}=\begin{pmatrix}ka_1\\ka_2\\\vdots\\ka_m\end{pmatrix}.$$

(5) 向量的内积.

向量 $\boldsymbol{\alpha}$ 与 $\boldsymbol{\beta}$ 的对应分量乘积的和,称为向量 $\boldsymbol{\alpha}$ 与 $\boldsymbol{\beta}$ 的内积,记作 $(\boldsymbol{\alpha},\boldsymbol{\beta})$. 即

$$(\boldsymbol{\alpha},\boldsymbol{\beta})=a_1b_1+a_2b_2+\cdots+a_mb_m.$$

注:向量的内积可以用矩阵的乘法来表示,即

$$(\boldsymbol{\alpha},\boldsymbol{\beta})=(a_1\quad a_2\quad\cdots\quad a_m)\begin{pmatrix}b_1\\b_2\\\vdots\\b_m\end{pmatrix}=(b_1\quad b_2\quad\cdots\quad b_m)\begin{pmatrix}a_1\\a_2\\\vdots\\a_m\end{pmatrix}$$

$$=\boldsymbol{\alpha}^{\mathrm{T}}\boldsymbol{\beta}=\boldsymbol{\beta}^{\mathrm{T}}\boldsymbol{\alpha}.$$

因为 m 维向量的运算,本质上与 $m\times1$ 阶矩阵的运算是一致的,所以,m 维向量的运算与相应的矩阵运算性质也是一致的.

性质 2.1.1

(1) 向量加法满足交换律. 即

任意的 $\boldsymbol{\alpha},\boldsymbol{\beta}\in\mathbf{R}^m$，都满足 $\boldsymbol{\alpha}+\boldsymbol{\beta}=\boldsymbol{\beta}+\boldsymbol{\alpha}$.

(2) 向量加法满足结合律. 即

任意的 $\boldsymbol{\alpha},\boldsymbol{\beta},\boldsymbol{\gamma}\in\mathbf{R}^m$，都满足 $(\boldsymbol{\alpha}+\boldsymbol{\beta})+\boldsymbol{\gamma}=\boldsymbol{\alpha}+(\boldsymbol{\beta}+\boldsymbol{\gamma})$.

(3) 向量加法存在零向量.

$\mathbf{R}^m$ 中分量全为 0 的向量，称为 m 维零向量，记作 $\mathbf{0}$，也就是

$$\mathbf{0}=\begin{pmatrix}0\\0\\\vdots\\0\end{pmatrix}.$$

两个 0 向量相等当且仅当它们有相同的维数.

任意的 $\boldsymbol{\alpha}\in\mathbf{R}^m$，都满足 $\boldsymbol{\alpha}+\mathbf{0}=\boldsymbol{\alpha}$..

(4) 向量的加法存在负向量. 即

任意的 $\boldsymbol{\alpha}=\begin{pmatrix}a_1\\a_2\\\vdots\\a_m\end{pmatrix}\in\mathbf{R}^m$，存在 $\boldsymbol{\beta}=\begin{pmatrix}-a_1\\-a_2\\\vdots\\-a_m\end{pmatrix}\in\mathbf{R}^m$，满足

$$\boldsymbol{\alpha}+\boldsymbol{\beta}=\begin{pmatrix}a_1+(-a_1)\\a_2+(-a_2)\\\vdots\\a_m+(-a_m)\end{pmatrix}=\begin{pmatrix}0\\0\\\vdots\\0\end{pmatrix}=\mathbf{0},$$

称 $\boldsymbol{\beta}$ 为 $\boldsymbol{\alpha}$ 的负向量，记作 $\boldsymbol{\beta}=-\boldsymbol{\alpha}$.

(5) 数与向量的乘积满足数积结合律. 即

任意的 $k,l\in\mathbf{R}$, $\boldsymbol{\alpha}\in\mathbf{R}^m$，都满足 $(kl)\boldsymbol{\alpha}=k(l\boldsymbol{\alpha})$.

(6) 数与向量的乘积对数的加法满足分配律. 即

任意的 $k,l\in\mathbf{R}$, $\boldsymbol{\alpha}\in\mathbf{R}^m$，都满足 $(k+l)\boldsymbol{\alpha}=k\boldsymbol{\alpha}+l\boldsymbol{\alpha}$.

(7) 数与向量的乘积对向量的加法满足分配律. 即

任意的 $k\in\mathbf{R}$, $\boldsymbol{\alpha},\boldsymbol{\beta}\in\mathbf{R}^m$，都满足 $k(\boldsymbol{\alpha}+\boldsymbol{\beta})=k\boldsymbol{\alpha}+k\boldsymbol{\beta}$.

(8) 任意的$\boldsymbol{\alpha}\in\mathbf{R}^m$，$k\in\mathbf{R}$，则$k\boldsymbol{\alpha}=\mathbf{0}$当且仅当$k=0$或者$\boldsymbol{\alpha}=\mathbf{0}$.

(9) 任意的$\boldsymbol{\alpha}\in\mathbf{R}^m$，都满足$-\boldsymbol{\alpha}=(-1)\boldsymbol{\alpha}$.

(10) 向量的内积满足对称性(也称满足交换律).即

任意的$\boldsymbol{\alpha},\boldsymbol{\beta}\in\mathbf{R}^m$,都满足$(\boldsymbol{\alpha},\boldsymbol{\beta})=(\boldsymbol{\beta},\boldsymbol{\alpha})$.

(11) 线性性质.即

任意的$\boldsymbol{\alpha},\boldsymbol{\beta},\boldsymbol{\gamma}\in\mathbf{R}^m$，$k\in\mathbf{R}$，都满足

$$(\boldsymbol{\alpha}+\boldsymbol{\beta},\boldsymbol{\gamma})=(\boldsymbol{\alpha},\boldsymbol{\gamma})+(\boldsymbol{\beta},\boldsymbol{\gamma}),\quad (k\boldsymbol{\alpha},\boldsymbol{\beta})=k(\boldsymbol{\alpha},\boldsymbol{\beta}).$$

向量内积的线性性质,可以统一的表述成

任意的$\boldsymbol{\alpha},\boldsymbol{\beta},\boldsymbol{\gamma}\in\mathbf{R}^m$，$k,l\in\mathbf{R}$，都有

$$(k\boldsymbol{\alpha}+l\boldsymbol{\beta},\boldsymbol{\gamma})=k(\boldsymbol{\alpha},\boldsymbol{\gamma})+l(\boldsymbol{\beta},\boldsymbol{\gamma}).$$

(12) 正定性质.即

任意的$\boldsymbol{\alpha}\in\mathbf{R}^m$，都满足$(\boldsymbol{\alpha},\boldsymbol{\alpha})\geqslant 0$,当且仅当$\boldsymbol{\alpha}=\mathbf{0}$时,$(\boldsymbol{\alpha},\boldsymbol{\alpha})=0$成立.

向量内积的正定性是说,任意非零向量与自身的内积都大于零,且只有零向量与自身的内积等于零.

习题 2.1

1. 列出下列问题相应的线性方程组,并给出相应方程组的矩阵运算表示、增广矩阵表示、向量的线性组合表示.

(1) 某地有煤矿、发电厂和地方铁路等三个重要企业.如果开采1万元的煤,煤矿必须支付0.25万元的运输费,0.25万元的电力费用;生产1万元的电力,发电厂需要支付0.65万元的煤作燃料,自己亦须支付0.05万元的电费来驱动辅助设备以及支付0.05万元的运输费;铁路获得1万元的运输费,需要支付0.55万元的煤作燃料,0.1万元的电费驱动它的辅助设备.

2019年,煤矿从外地接到50000万元煤炭的订货,发电厂从外地接到25000万元电力订货,外地对地方铁路没有要求.问这三个企业在2019年内生产总产值多少时才能满足它们本身的要求和外界的要求?

(2)一幢大型公寓可以有三种方案安排各层建筑结构.现在要实现整个公寓各种居室结构总数如下表所示：

居室结构	方案甲	方案乙	方案丙	公寓合计
一室一厅	8	8	9	116
二室一厅	7	4	3	61
三室一厅	3	5	6	68

问各种方案的楼层选多少能满足要求？

(3) 诺贝尔经济学奖获得者华西里·里昂惕夫(Wassily Leontief)的投入产出模型的基本思想是：假设一个经济系统分为很多行业(如制造业、通讯业、娱乐业和服务业等)，把一个部门产出的总货币价值称为该产出的价格(price).若知道每个部门一年的总产出，并准确了解其产出如何在经济的其他部门之间分配或“交易”.华西里·里昂惕夫证明了如下结论：存在赋给各部门总产出的平衡价格，使得每个部门的投入与产出都相等.

假设一个经济系统有三个行业：五金化工、能源、机械，每个行业的产出在各个行业中的分配如下表所示：

产出分配			购买者
五金化工	能　源	机　械	
0.2	0.8	0.4	五金化工
0.3	0.1	0.4	能　源
0.5	0.1	0.2	机　械

每一列中的元素表示占该行业总产出的比例.以第 2 列为例，能源行业的总产出的分配如下：80%分配到五金化工行业，10%分配到机械行业，10%供给到自身行业使用.

把五金化工、能源、机械行业每年总产出的价格分别用 p_1,p_2,p_3 表示.表中的列表示每个行业的产出分配到何处，行表示每个行业所需的投入.

依据华西里·里昂惕夫的模型，写出每个行业产出的价格应满足的方程式组.

(4) 某工厂有三个车间，各车间相互提供产品(或劳务)，2017 年各车间出厂产量以及对其他车间的消耗如下表所示：

消耗系数 \ 车间 / 车间	一	二	三	出厂产量（万元）	总产量（万元）
一	0.1	0.2	0.45	22	x_1
二	0.2	0.2	0.3	0	x_2
三	0.5	0	0.12	55.6	x_3

表中第一列消耗系数0.1,0.2,0.5表示第一车间生产1万元的产品需分别消耗第一、二、三车间0.1万元、0.2万元、0.5万元的产品;第二列、第三列类同.写出 x_1, x_2, x_3 满足的线性方程组.

2. 分别给出下列方程组的矩阵运算表示、增广矩阵表示、向量的线性组合表示.

(1) $\begin{cases}2x_1-x_2+3x_3=3,\\3x_1+x_2-5x_3=0,\\4x_1-x_2+x_3=3,\\x_1+3x_2-13x_3=-6;\end{cases}$ (2) $\begin{cases}x_1+x_2+x_3+x_4+x_5=2,\\2x_1+3x_2+x_3+x_4-3x_5=0,\\x_1+2x_3+2x_4+6x_5=6,\\4x_1+5x_2+3x_3+3x_4-x_5=4;\end{cases}$

(3) $\begin{cases}2x_1-3x_2+x_3+5x_4=6,\\-3x_1+x_2+2x_3-4x_4=5,\\-x_1-2x_2+3x_3+x_4=-2;\end{cases}$ (4) $\begin{cases}2x_1-3x_2+x_3+5x_4=6,\\-3x_1+x_2+2x_3-4x_4=5,\\-x_1-2x_2+3x_3+x_4=11;\end{cases}$

(5) $\begin{cases}x_1+x_2=a_1,\\x_2+x_3=a_2,\\x_3+x_4=a_3,\\x_1+x_4=a_4.\end{cases}$

3. 求解下列各题.

(1) 设 $\boldsymbol{\alpha}_1=\begin{pmatrix}1\\1\\0\end{pmatrix}$, $\boldsymbol{\alpha}_2=\begin{pmatrix}0\\1\\1\end{pmatrix}$, $\boldsymbol{\alpha}_3=\begin{pmatrix}3\\4\\0\end{pmatrix}$,求 $2\boldsymbol{\alpha}_1-3\boldsymbol{\alpha}_2$; $3\boldsymbol{\alpha}_1+2\boldsymbol{\alpha}_2-\boldsymbol{\alpha}_3$;

(2) 设 $\boldsymbol{\alpha}=\begin{pmatrix}1\\3\\5\end{pmatrix}$, $\boldsymbol{\beta}=\begin{pmatrix}-1\\4\\3\end{pmatrix}$. 若 $\boldsymbol{\alpha}+\boldsymbol{\gamma}=\boldsymbol{\beta}$,求 $\boldsymbol{\gamma}$; 若 $3\boldsymbol{\alpha}-2\boldsymbol{\eta}=-\boldsymbol{\beta}$,求 $\boldsymbol{\eta}$;

(3) 设 $\boldsymbol{\alpha}_1=\begin{pmatrix}2\\5\\1\end{pmatrix}$, $\boldsymbol{\alpha}_2=\begin{pmatrix}10\\1\\5\end{pmatrix}$, $\boldsymbol{\alpha}_3=\begin{pmatrix}4\\1\\-1\end{pmatrix}$. 若 $3(\boldsymbol{\alpha}_1-\boldsymbol{\beta})+2(\boldsymbol{\alpha}_2+\boldsymbol{\beta})=5(\boldsymbol{\alpha}_3+\boldsymbol{\beta})$,求 $\boldsymbol{\beta}$;

(4) 设 $\boldsymbol{\alpha}_1=\begin{pmatrix}1\\-1\\0\end{pmatrix}$, $\boldsymbol{\alpha}_2=\begin{pmatrix}-1\\2\\3\end{pmatrix}$, $\boldsymbol{\alpha}_3=\begin{pmatrix}1\\1\\-1\end{pmatrix}$. 若 $2(\boldsymbol{\alpha}_1-\boldsymbol{\beta})+3(\boldsymbol{\alpha}_2+\boldsymbol{\beta})=4\boldsymbol{\alpha}_3+2\boldsymbol{\beta}$,求 $\boldsymbol{\beta}$;

(5) 设 $\boldsymbol{\alpha},\boldsymbol{\beta},\boldsymbol{\gamma}\in\mathbf{R}^3$，$\alpha+\beta=\beta+\gamma=\alpha+\gamma=\begin{pmatrix}2\\0\\-4\end{pmatrix}$，求 $\alpha+\beta+\gamma$.

4. 选择题：

(1) 设 $\boldsymbol{\alpha}=\begin{pmatrix}a_1\\a_2\\\vdots\\a_n\end{pmatrix}\in F^n$，$\boldsymbol{\beta}=\begin{pmatrix}b_1\\b_2\\\vdots\\b_m\end{pmatrix}\in F^m$，则 $\boldsymbol{\alpha}=\boldsymbol{\beta}$ 的充要条件是(　　).

A. $n=m$；　　B. $a_k=b_k$，$k=1,2,\cdots,n$；

C. $a_k=b_k$，$k=1,2,\cdots,m$；　　D. $n=m$ 且 $a_k=b_k$，$k=1,2,\cdots,n$.

(2) 下列关于 F^n 中向量加法的性质表述不正确的是(　　).

A. 加法具有交换律. 即对任意的 $\boldsymbol{\alpha},\boldsymbol{\beta}\in F^n$，都有 $\boldsymbol{\alpha}+\boldsymbol{\beta}=\boldsymbol{\beta}+\boldsymbol{\alpha}$；

B. 加法具有结合律. 即对任意的 $\boldsymbol{\alpha},\boldsymbol{\beta},\boldsymbol{\gamma}\in F^n$，都有 $(\boldsymbol{\alpha}+\boldsymbol{\beta})+\boldsymbol{\gamma}=\boldsymbol{\alpha}+(\boldsymbol{\beta}+\boldsymbol{\gamma})$；

C. 加法运算存在 $\mathbf{0}$ 向量. 即 F^n 中存在一向量 $\mathbf{0}$，使得任意的 $\boldsymbol{\alpha}\in F^n$，都有 $\boldsymbol{\alpha}+\mathbf{0}=\boldsymbol{\alpha}$；

D. 加法运算存在负向量. 即 F^n 中存在一个向量 $\boldsymbol{\alpha}$，使得任意的 $\boldsymbol{\beta}\in F^n$，都有 $\boldsymbol{\alpha}+\boldsymbol{\beta}=\mathbf{0}$.

(3) 设 k 是一个数，$\boldsymbol{\alpha}$ 是一个 n 维数组向量，若 $k\boldsymbol{\alpha}=\boldsymbol{\alpha}$，则(　　).

A. $k=1$；　B. $\boldsymbol{\alpha}=\mathbf{0}$；　C. $k=1$ 且 $\boldsymbol{\alpha}=\mathbf{0}$　D. $k=1$ 或 $\boldsymbol{\alpha}=\mathbf{0}$.

(4) 设 k 是一个数，$\boldsymbol{\alpha}$ 是一个 n 维数组向量，若 $k\boldsymbol{\alpha}=-\boldsymbol{\alpha}$，则(　　).

A. $k=-1$；　B. $\boldsymbol{\alpha}=\mathbf{0}$；　C. $k=-1$ 或 $\boldsymbol{\alpha}=\mathbf{0}$　D. $k=-1$ 且 $\boldsymbol{\alpha}=\mathbf{0}$.

(5) 设 $\boldsymbol{\alpha}_1=\begin{pmatrix}1\\-1\\0\end{pmatrix}$，$\boldsymbol{\alpha}_2=\begin{pmatrix}-1\\2\\3\end{pmatrix}$，$\boldsymbol{\alpha}_3=\begin{pmatrix}1\\1\\-1\end{pmatrix}$，且 $2\boldsymbol{\alpha}_1+3\boldsymbol{\alpha}_2=2\boldsymbol{\alpha}_3-\boldsymbol{\beta}$，则 $\boldsymbol{\beta}=$(　　).

A. $\begin{pmatrix}2\\-1\\0\end{pmatrix}$；　B. $\begin{pmatrix}3\\-2\\7\end{pmatrix}$；　C. $\begin{pmatrix}-4\\-4\\4\end{pmatrix}$；　D. $\begin{pmatrix}-5\\0\\13\end{pmatrix}$.

(6) 将线性方程组 $\begin{cases}x_1+x_2=1,\\x_2+x_3=2,\\x_3+x_1=3\end{cases}$ 表示为向量组合形式，正确的是(　　).

A. $\begin{pmatrix}x_1\\x_2\\x_3\end{pmatrix}+\begin{pmatrix}x_2\\x_3\\x_1\end{pmatrix}=\begin{pmatrix}1\\2\\3\end{pmatrix}$；　　B. $x_1\begin{pmatrix}1\\1\end{pmatrix}+x_2\begin{pmatrix}1\\1\end{pmatrix}+x_3\begin{pmatrix}1\\1\end{pmatrix}=\begin{pmatrix}1\\2\\3\end{pmatrix}$；

C. $x_1\begin{pmatrix}1\\0\\1\end{pmatrix}+x_2\begin{pmatrix}1\\1\\0\end{pmatrix}+x_3\begin{pmatrix}0\\1\\1\end{pmatrix}=\begin{pmatrix}1\\2\\3\end{pmatrix}$； D. $x_1\begin{pmatrix}1\\1\\1\end{pmatrix}+x_2\begin{pmatrix}1\\1\\1\end{pmatrix}+x_3\begin{pmatrix}1\\1\\1\end{pmatrix}=\begin{pmatrix}1\\2\\3\end{pmatrix}$.

(7) 将线性方程组$\begin{cases}x_1+2x_2-2x_3+3x_4=2,\\ x_3-2x_4=1,\\ 2x_3-4x_4=4\end{cases}$表成数组向量形式 $x_1\boldsymbol{\alpha}_1+x_2\boldsymbol{\alpha}_2+x_3\boldsymbol{\alpha}_3+x_4\boldsymbol{\alpha}_4=\boldsymbol{\beta}$,则 $\boldsymbol{\alpha}_1=$(   ).

A. $\begin{pmatrix}1\\1\\2\end{pmatrix}$； B. $\begin{pmatrix}1\\0\\0\end{pmatrix}$； C. $\begin{pmatrix}2\\0\\0\end{pmatrix}$； D. $\begin{pmatrix}2\\-2\\-4\end{pmatrix}$.

(8) 将线性方程组$\begin{cases}x_1+2x_2-2x_3+3x_4=2,\\ x_3-2x_4=1,\\ 2x_3-4x_4=4\end{cases}$表成数组向量形式 $x_1\boldsymbol{\alpha}_1+x_2\boldsymbol{\alpha}_2+x_3\boldsymbol{\alpha}_3+x_4\boldsymbol{\alpha}_4=\boldsymbol{\beta}$,则 $\boldsymbol{\alpha}_4=$(   ).

A. $\begin{pmatrix}3\\0\\0\end{pmatrix}$； B. $\begin{pmatrix}3\\1\\2\end{pmatrix}$； C. $\begin{pmatrix}3\\-2\\-4\end{pmatrix}$； D. $\begin{pmatrix}3\\1\\4\end{pmatrix}$.

(9) 设 $\boldsymbol{\alpha}_1=\begin{pmatrix}a_1\\a_2\\a_3\end{pmatrix}$, $\boldsymbol{\alpha}_2=\begin{pmatrix}b_1\\b_2\\b_3\end{pmatrix}$, $\boldsymbol{\alpha}_3=\begin{pmatrix}c_1\\c_2\\c_3\end{pmatrix}$, $\boldsymbol{\beta}=\begin{pmatrix}d_1\\d_2\\d_3\end{pmatrix}$,则向量组合表示的方程组 $x_1\boldsymbol{\alpha}_1+x_2\boldsymbol{\alpha}_2+x_3\boldsymbol{\alpha}_3=\boldsymbol{\beta}$有解是矩阵运算表示的方程组 $\begin{pmatrix}a_1&a_2&a_3\\b_1&b_2&b_3\\c_1&c_2&c_3\end{pmatrix}\begin{pmatrix}x_1\\x_2\\x_3\end{pmatrix}=\begin{pmatrix}d_1\\d_2\\d_3\end{pmatrix}$有解的(   ).

A. 充分但非必要条件； B. 必要但非充分条件；

C. 充分必要条件； D. 既不是充分条件,也不是必要条件.

(10) 设 $\boldsymbol{\alpha}_1=\begin{pmatrix}a_1\\a_2\\a_3\end{pmatrix}$, $\boldsymbol{\alpha}_2=\begin{pmatrix}b_1\\b_2\\b_3\end{pmatrix}$, $\boldsymbol{\alpha}_3=\begin{pmatrix}c_1\\c_2\\c_3\end{pmatrix}$, $\boldsymbol{\beta}=\begin{pmatrix}d_1\\d_2\\d_3\end{pmatrix}$, 则向量组合表示的方程组 $x_1\boldsymbol{\alpha}_1+x_2\boldsymbol{\alpha}_2+x_3\boldsymbol{\alpha}_3=\boldsymbol{\beta}$有解是矩阵运算表示的方程组 $\begin{pmatrix}a_1&b_1&c_1\\a_2&b_2&c_2\\a_3&b_3&c_3\end{pmatrix}\begin{pmatrix}x_1\\x_2\\x_3\end{pmatrix}=\begin{pmatrix}d_1\\d_2\\d_3\end{pmatrix}$

有解的(　　).

A. 充分但非必要条件；　　B. 必要但非充分条件；

C. 充分必要条件；　　D. 既不是充分条件，也不是必要条件.

§ 2.2　线性方程组解的情形

"加减消元法"是求解线性方程组的基本方法，先看一个利用"加减消元法"求解线性方程组的例子.

例 2.2.1　利用"加减消元法"解线性方程组 $\begin{cases} x_1+x_2+x_3=6, \\ 2x_1+x_2+x_3=7, \\ x_1+2x_2+x_3=8, \\ 3x_1+2x_2+x_3=10. \end{cases}$

解　$\begin{cases} x_1+x_2+x_3=6, \\ 2x_1+x_2+x_3=7, \\ x_1+2x_2+x_3=8, \\ 3x_1+2x_2+x_3=10 \end{cases}$　第 1 个方程的(−2)倍加到第 2 个方程　第 1 个方程的(−1)倍加到第 3 个方程　第 1 个方程的(−3)倍加到第 4 个方程

得 $\begin{cases} x_1+x_2+x_3=6, \\ -x_2-x_3=-5, \\ x_2=2, \\ -x_2-2x_3=-8 \end{cases}$　第 2 和第 3 两个方程交换

得 $\begin{cases} x_1+x_2+x_3=6, \\ x_2=2, \\ -x_2-x_3=-5, \\ -x_2-2x_3=-8 \end{cases}$　第 2 个方程加到第 3 个方程　第 2 个方程加到第 4 个方程

得 $\begin{cases} x_1+x_2+x_3=6, \\ x_2=2, \\ -x_3=-3, \\ -2x_3=-6 \end{cases}$　第 2 个方程的(−1)倍加到第 1 个方程　第 3 个方程加到第 1 个方程　第 3 个方程的(−2)倍加到第 4 个方程

$$
\text{得}\begin{cases} x_1 \qquad\quad = 1, \\ \quad x_2 \qquad = 2, \\ \qquad -x_3 = -3, \\ \qquad\quad 0 = 0 \end{cases} \qquad \text{第 3 个方程乘}(-1)
$$

$$
\text{得}\begin{cases} x_1 \qquad = 1, \\ \quad x_2 \quad = 2, \\ \qquad x_3 = 3. \end{cases}
$$

由例 2.2.1 知道,“加减消元法”解线性方程组,是对线性方程组的系数实施以下“运算”:

(1) 交换两个方程的位置;

(2) 将某个方程的倍数加到另一个方程;

(3) 将某一个方程乘一个非零数.

因为增广矩阵是由方程组的系数确定,且增广矩阵的第 k 行,是由方程组中的第 k 个方程的系数唯一确定,所以,

(1) 交换增广矩阵的两行,就是交换方程组中的两个方程的位置;

(2) 将增广矩阵的某一行的倍数加到另一行,就是将方程组中的某一个方程的倍数加到另一个方程;

(3) 将增广矩阵的某一行乘一个非零数,就是将方程组中的某一个方程乘非零数.

所以由方程组的增广矩阵的初等行变换,能求解线性方程组.下面,以前面的例子为例,对比给出求解的过程.

$$
\begin{cases} x_1 + x_2 + x_3 = 6, \\ 2x_1 + x_2 + x_3 = 7, \\ x_1 + 2x_2 + x_3 = 8, \\ 3x_1 + 2x_2 + x_3 = 10 \end{cases} \qquad \text{增广矩阵为} \qquad \begin{pmatrix} 1 & 1 & 1 & 6 \\ 2 & 1 & 1 & 7 \\ 1 & 2 & 1 & 8 \\ 3 & 2 & 1 & 10 \end{pmatrix},
$$

第 1 个方程的(−2)倍加到第 2 个方程　　　　第 1 行的(−2)倍加到第 2 行

第 1 个方程的(−1)倍加到第 3 个方程　相应的初等行变换　第 1 行的(−1)倍加到第 3 行

第 1 个方程的(−3)倍加到第 4 个方程　　　　第 1 行的(−3)倍加到第 4 行

得 $\begin{cases} x_1+x_2+x_3=6, \\ -x_2-x_3=-5, \\ x_2=2, \\ -x_2-2x_3=-8 \end{cases}$　　相应的矩阵化为　$\begin{pmatrix} 1 & 1 & 1 & 6 \\ 0 & -1 & -1 & -5 \\ 0 & 1 & 0 & 2 \\ 0 & -1 & -2 & -8 \end{pmatrix}$

交换第 2 和第 3 两个方程　　相应的初等行变换　　交换增广矩阵的第 2 和第 3 行

得 $\begin{cases} x_1+x_2+x_3=6, \\ x_2=2, \\ -x_2-x_3=-5, \\ -x_2-2x_3=-8 \end{cases}$　　相应的矩阵化为　$\begin{pmatrix} 1 & 1 & 1 & 6 \\ 0 & 1 & 0 & 2 \\ 0 & -1 & -1 & -5 \\ 0 & -1 & -2 & -8 \end{pmatrix}$

第 2 个方程加到第 3 个方程　　　　　　第 2 行加到第 3 行
第 2 个方程加到第 4 个方程　相应的初等行变换　第 2 行加到第 4 行

得 $\begin{cases} x_1+x_2+x_3=6, \\ x_2=2, \\ -x_3=-3, \\ -2x_3=-6 \end{cases}$　　相应的矩阵化为　$\begin{pmatrix} 1 & 1 & 1 & 6 \\ 0 & 1 & 0 & 2 \\ 0 & 0 & -1 & -3 \\ 0 & 0 & -2 & -6 \end{pmatrix}$

第 2 个方程的(−1)倍加到第 1 个方程　　　　　　第 2 行的(−1)倍加到第 1 行
第 3 个方程加到第 1 个方程　相应的初等行变换　第 3 行加到第 1 行
第 3 个方程的(−2)倍加到第 4 个方程　　　　　　第 3 行的(−2)倍加到第 4 行

得 $\begin{cases} x_1=1, \\ x_2=2, \\ -x_3=-3, \\ 0=0 \end{cases}$　　相应的矩阵化为　$\begin{pmatrix} 1 & 0 & 0 & 1 \\ 0 & 1 & 0 & 2 \\ 0 & 0 & -1 & -3 \\ 0 & 0 & 0 & 0 \end{pmatrix}$

第 3 个方程乘(−1)　　相应的初等行变换　　第 3 行乘(−1)

得 $\begin{cases} x_1=1, \\ x_2=2, \\ x_3=3. \end{cases}$　　相应的矩阵化为　$\begin{pmatrix} 1 & 0 & 0 & 1 \\ 0 & 1 & 0 & 2 \\ 0 & 0 & 1 & 3 \\ 0 & 0 & 0 & 0 \end{pmatrix}$

“加减消元法”求解线性方程组，相应的增广矩阵经“初等行变换”化为标准阶梯形. 求解线性方程组的过程，就是将方程组的增广矩阵经初等行变换化为标准阶梯形.

例 2.2.2 解线性方程组$\begin{cases} x_1-\ x_2+x_3=1, \\ x_1-\ x_2-x_3=3, \\ 2x_1-2x_2-x_3=5. \end{cases}$

解 写出方程组的增广矩阵$\overline{\mathbf{A}}=\begin{pmatrix} 1 & -1 & 1 & 1 \\ 1 & -1 & -1 & 3 \\ 2 & -2 & -1 & 5 \end{pmatrix}$,对$\overline{\mathbf{A}}$实施初等行变换,化为标准阶梯形.

$$\overline{\mathbf{A}}=\begin{pmatrix} 1 & -1 & 1 & 1 \\ 1 & -1 & -1 & 3 \\ 2 & -2 & -1 & 5 \end{pmatrix} \xrightarrow[\text{第 1 行的}(-2)\text{倍加到第 3 行}]{\text{第 1 行的}(-1)\text{倍加到第 2 行}} \begin{pmatrix} 1 & -1 & 1 & 1 \\ 0 & 0 & -2 & 2 \\ 0 & 0 & -3 & 3 \end{pmatrix}$$

$$\xrightarrow[\substack{\text{第 2 行乘}\left(\frac{1}{2}\right) \\ \text{第 2 行的}(-1)\text{倍加到第 1 行}}]{\text{第 2 行的}\left(-\frac{3}{2}\right)\text{倍加到第 3 行}} \begin{pmatrix} 1 & -1 & 0 & 2 \\ 0 & 0 & 1 & -1 \\ 0 & 0 & 0 & 0 \end{pmatrix}.$$

初等行变换化方程组的增广矩阵为标准阶梯形$\begin{pmatrix} 1 & -1 & 0 & 2 \\ 0 & 0 & 1 & -1 \\ 0 & 0 & 0 & 0 \end{pmatrix}$,相应的线性方程组经“加减消元法”化为最简方程组$\begin{cases} x_1-x_2=2, \\ \qquad\ x_3=-1, \end{cases}$所以方程组同解于$\begin{cases} x_1=2+x_2, \\ x_3=-1, \end{cases}$这里,未知量$x_2$是可以任意取值的.

当x_2取数值k时,x_1就被唯一地确定为$x_1=k+2$,方程组的解为$\begin{cases} x_1=k+2, \\ x_2=k, \\ x_3=-1, \end{cases}$ k为任意数. 因为k是任意的,所以方程组有无穷多解,它的解集可以用向量形式表示为

$$\left\{\begin{pmatrix} x_1 \\ x_2 \\ x_3 \end{pmatrix}=\begin{pmatrix} k+2 \\ k \\ 1 \end{pmatrix} \middle| \ k\text{是任意数}\right\}.$$

注：表达式 $\begin{cases} x_1=2+x_2, \\ x_3=-1 \end{cases}$ 是方程组解的一种表示形式，称为方程组的一般解，也称为通解；可以任意取值的未知量 x_2，称为自由未知量；方程组的一般解（通解）就是用自由未知量来表示出其他未知量.

例 2.2.3 解线性方程组 $\begin{cases} x_1-\ x_2+x_3=1, \\ x_1-\ x_2-x_3=3, \\ 2x_1-2x_2-x_3=3. \end{cases}$

解　写出方程组的增广矩阵 $\overline{\mathbf{A}}=\begin{pmatrix} 1 & -1 & 1 & 1 \\ 1 & -1 & -1 & 3 \\ 2 & -2 & -1 & 3 \end{pmatrix}$，对 $\overline{\mathbf{A}}$ 实施初等行变换，化为标准阶梯形.

$$\overline{\mathbf{A}}=\begin{pmatrix} 1 & -1 & 1 & 1 \\ 1 & -1 & -1 & 3 \\ 2 & -2 & -1 & 3 \end{pmatrix} \xrightarrow[\text{第 1 行的}(-2)\text{倍加到第 3 行}]{\text{第 1 行的}(-1)\text{倍加到第 2 行}} \begin{pmatrix} 1 & -1 & 1 & 1 \\ 0 & 0 & -2 & 2 \\ 0 & 0 & -3 & 1 \end{pmatrix}$$

$$\xrightarrow[\text{第 2 行乘}\left(\frac{1}{2}\right)]{\text{第 2 行的}\left(-\frac{3}{2}\right)\text{倍加到第 3 行}} \begin{pmatrix} 1 & -1 & 0 & 2 \\ 0 & 0 & 1 & -1 \\ 0 & 0 & 0 & -2 \end{pmatrix},$$

$$\xrightarrow[\text{第 3 行乘}\left(-\frac{1}{2}\right)]{\text{第 2 行的}(-1)\text{倍加到第 1 行}} \begin{pmatrix} 1 & -1 & 0 & 2 \\ 0 & 0 & 1 & -1 \\ 0 & 0 & 0 & 1 \end{pmatrix}.$$

初等行变换化方程组的增广矩阵为标准阶梯形 $\begin{pmatrix} 1 & -1 & 0 & 2 \\ 0 & 0 & 1 & -1 \\ 0 & 0 & 0 & 1 \end{pmatrix}$，相应的线性方程组经“加减消元法”化为最简方程组 $\begin{cases} x_1-x_2\quad =2, \\ \qquad\quad x_3=-1, \\ \qquad\quad 0=1, \end{cases}$ 所以方程组同解于 $\begin{cases} x_1=2+x_2, \\ x_3=-1, \\ 0=1. \end{cases}$

显然,最简方程组中第三个方程"0=1"是不可能成立的,这也就是说,原方程组是一个不可能成立的方程组,原方程组无解.

关于一般线性方程组的解的情形,有以下结论:

定理 2.2.1 线性方程组 $\begin{cases} a_{11}x_1+a_{12}x_2+\cdots+a_{1n}x_n=b_1, \\ a_{21}x_1+a_{22}x_2+\cdots+a_{2n}x_n=b_2, \\ \quad\vdots \qquad\qquad\qquad\qquad \vdots \\ a_{m1}x_1+a_{m2}x_2+\cdots+a_{mn}x_n=b_m \end{cases}$ 的系数矩阵 $\boldsymbol{A}$、常数列 $\boldsymbol{\beta}$、增广矩阵 $\overline{\boldsymbol{A}}$ 分别是

$$\boldsymbol{A}=\begin{pmatrix} a_{11} & a_{12} & \cdots & a_{1n} \\ a_{21} & a_{22} & \cdots & a_{2n} \\ \vdots & \vdots & \cdots & \vdots \\ a_{m1} & a_{m2} & \cdots & a_{mn} \end{pmatrix}, \quad \boldsymbol{\beta}=\begin{pmatrix} b_1 \\ b_2 \\ \vdots \\ b_m \end{pmatrix}, \quad \overline{\boldsymbol{A}}=\begin{pmatrix} a_{11} & a_{12} & \cdots & a_{1n} & b_1 \\ a_{21} & a_{22} & \cdots & a_{2n} & b_2 \\ \vdots & \vdots & \cdots & \vdots & \vdots \\ a_{m1} & a_{m2} & \cdots & a_{mn} & b_m \end{pmatrix}.$$

加减消元法解线性方程组 $\boldsymbol{AX}=\boldsymbol{\beta}$,就是对增广矩阵 $\overline{\boldsymbol{A}}$ 实施初等行变换,化为标准阶梯形 $\overline{\boldsymbol{B}}$,以 $\overline{\boldsymbol{B}}$ 为增广矩阵的线性方程组与 $\boldsymbol{AX}=\boldsymbol{\beta}$ 同解.

方程组 $\boldsymbol{AX}=\boldsymbol{\beta}$ 的解存在三种情形:有唯一解;有无穷多解;无解.

(1) 若 $\overline{\boldsymbol{B}}$ 的最后一列没有主元,则方程组有解;若 $\overline{\boldsymbol{B}}$ 的最后一列出现了主元,则方程组无解;

(2) 在方程组有解时,若主元个数等于未知量个数,方程组有唯一解;若主元个数小于未知量个数,方程组有无穷多解.

例 2.2.4 a 为何值时,线性方程组 $\begin{cases} x_1+x_2-x_3+x_4=1, \\ x_2+2x_3-x_4=a, \\ x_1+2x_2+x_3=3, \\ 2x_1+3x_2+x_3+2x_4=4 \end{cases}$ 有解,并求它的通解.

解 线性方程组的增广矩阵 $\overline{\boldsymbol{A}}=\begin{pmatrix} 1 & 1 & -1 & 1 & 1 \\ 0 & 1 & 2 & -1 & a \\ 1 & 2 & 1 & 0 & 3 \\ 2 & 3 & 1 & 2 & 4 \end{pmatrix}$,对 $\overline{\boldsymbol{A}}$ 实施初等行

变换,化为标准阶梯形

$$\overline{A}\xrightarrow[\text{第1行的}(-2)\text{倍加到第4行}]{\text{第1行的}(-1)\text{倍加到第3行}}\begin{pmatrix}1&1&-1&1&1\\0&1&2&-1&a\\0&1&2&-1&2\\0&1&3&0&2\end{pmatrix}$$

$$\xrightarrow[\text{第2行的}(-1)\text{倍加到第4行}]{\text{第2行的}(-1)\text{倍加到第3行}}\begin{pmatrix}1&1&-1&1&1\\0&1&2&-1&a\\0&0&0&0&2-a\\0&0&1&1&2-a\end{pmatrix}$$

$$\xrightarrow[\text{交换第3行、第4行}]{}\begin{pmatrix}1&1&-1&1&1\\0&1&2&-1&a\\0&0&1&1&2-a\\0&0&0&0&2-a\end{pmatrix}$$

$$\xrightarrow[\substack{\text{第3行的}(-2)\text{倍加到第2行}\\\text{第2行的}(-1)\text{倍加到第1行}}]{\text{第3行加到第1行}}\begin{pmatrix}1&0&0&5&7-4a\\0&1&0&-3&-4+3a\\0&0&1&1&2-a\\0&0&0&0&2-a\end{pmatrix}.$$

方程组的增广矩阵经初等行变换化为 $\overline{\boldsymbol{B}}=\begin{pmatrix}1&0&0&5&7-4a\\0&1&0&-3&-4+3a\\0&0&1&1&2-a\\0&0&0&0&2-a\end{pmatrix}$,

相应的方程组经加减消元化为 $\begin{cases}x_1\qquad +5x_4=7-4a,\\ \quad x_2\quad -3x_4=-4+3a,\\ \qquad x_3+\ x_4=2-a,\\ \qquad\qquad 0=2-a.\end{cases}$

当 $2-a\neq 0$ 时,$\overline{\boldsymbol{B}}$ 的最后一列出现了主元,方程组出现了矛盾等式"$0=2-a\neq0$",方程组无解.

当 $a=2$ 时,$\overline{\boldsymbol{B}}$ 的最后一列没有主元,方程组有解.这时,$\overline{\boldsymbol{B}}$ 的主元个数为 3,小于未知量个数,方程组有无穷多解.

且 $\overline{\boldsymbol{B}}=\begin{pmatrix}1&0&0&5&-1\\0&1&0&-3&2\\0&0&1&1&0\\0&0&0&0&0\end{pmatrix}$，相应的方程组为 $\begin{cases}x_1\qquad\quad+5x_4=-1,\\ \quad x_2\qquad-3x_4=2,\\ \qquad x_3+\quad x_4=0,\end{cases}$

方程组的通解是 $\begin{cases}x_1=-1-5x_4,\\x_2=2+3x_4,\\x_3=-x_4,\end{cases}$ x_4 是自由未知量.

齐次线性方程组的增广矩阵的常数列全为零，它的增广矩阵经初等行变换化为标准阶梯形后，常数列不会出现主元，齐次线性方程组不存在无解的情形(未知量全取 0，一定是它的解).

关于齐次线性方程组解的情形，有以下定理.

定理 2.2.2 齐次线性方程组 $\begin{cases}a_{11}x_1+a_{12}x_2+\cdots+a_{1n}x_n=0,\\a_{21}x_1+a_{22}x_2+\cdots+a_{2n}x_n=0,\\\quad\vdots\qquad\qquad\qquad\qquad\quad\vdots\\a_{m1}x_1+a_{m2}x_2+\cdots+a_{mn}x_n=0\end{cases}$

的系数矩阵 **A**、常数列 **0** 、未知量列 **X** 分别是

$$\boldsymbol{A}=\begin{pmatrix}a_{11}&a_{12}&\cdots&a_{1n}\\a_{21}&a_{22}&\cdots&a_{2n}\\\vdots&\vdots&\cdots&\vdots\\a_{m1}&a_{m2}&\cdots&a_{mn}\end{pmatrix},\quad \boldsymbol{0}=\begin{pmatrix}0\\0\\\vdots\\0\end{pmatrix},\quad \boldsymbol{X}=\begin{pmatrix}x_1\\x_2\\\vdots\\x_n\end{pmatrix}.$$

加减消元法解齐次线性方程组 $\boldsymbol{AX}=\boldsymbol{0}$，只对系数矩阵 **A** 实施初等行变换，化为标准阶梯形 **B**，以 **B** 为系数矩阵的齐次线性方程组与 $\boldsymbol{AX}=\boldsymbol{0}$ 同解.

齐次线性方程组 $\boldsymbol{AX}=\boldsymbol{0}$ 的解存在两种情形：有唯一解；有无穷多解.

(1) 若 **B** 的主元个数等于方程组的未知量个数，则齐次线性方程组 $\boldsymbol{AX}=\boldsymbol{0}$ 有唯一解，也就是只有零解；

(2) 若 **B** 的主元个数小于方程组的未知量个数，则齐次线性方程组 $\boldsymbol{AX}=\boldsymbol{0}$ 有无穷多解，也就是有非零解.

例 2.2.5　a 为何值时，齐次线性方程组 $\begin{cases} x_1+x_2+x_3=0, \\ x_1+2x_2-ax_3=0, \\ 2x_1-x_2+3x_3=0 \end{cases}$ 只有零解？有非零解？有非零解时，求出它的通解.

解　齐次线性方程组的系数矩阵 $\boldsymbol{A}=\begin{pmatrix} 1 & 1 & 1 \\ 1 & 2 & -a \\ 2 & -1 & 3 \end{pmatrix}$，对 $\boldsymbol{A}$ 实施初等行变换，化为标准阶梯形

$$\boldsymbol{A}\xrightarrow[\text{第 1 行的}(-2)\text{倍加到第 3 行}]{\text{第 1 行的}(-1)\text{倍加到第 2 行}}\begin{pmatrix} 1 & 1 & 1 \\ 0 & 1 & -a-1 \\ 0 & -3 & 1 \end{pmatrix}$$

$$\xrightarrow[\text{第 2 行的 3 倍加到第 3 行}]{\text{第 2 行的}(-1)\text{倍加到第 1 行}}\begin{pmatrix} 1 & 0 & a+2 \\ 0 & 1 & -a-1 \\ 0 & 0 & -3a-2 \end{pmatrix}.$$

齐次线性方程组的系数经初等行变换化为 $\boldsymbol{B}=\begin{pmatrix} 1 & 0 & a+2 \\ 0 & 1 & -a-1 \\ 0 & 0 & -3a-2 \end{pmatrix}$，相应的齐次线性方程组化为 $\begin{cases} x_1+(a+2)x_3=0, \\ x_2-(a+1)x_3=0, \\ -(3a+2)x_3=0. \end{cases}$

当 $-3a-2\neq 0$，$a\neq -\dfrac{2}{3}$ 时，$\boldsymbol{B}$ 有 3 个主元，等于未知量个数，方程组只有零解. 当 $-3a-2=0$，$a=-\dfrac{2}{3}$ 时，$\boldsymbol{B}$ 有 2 个主元，小于未知量个数，方程组有非零解；这时，$\boldsymbol{B}=\begin{pmatrix} 1 & 0 & \frac{4}{3} \\ 0 & 1 & -\frac{1}{3} \\ 0 & 0 & 0 \end{pmatrix}$，相应的方程组为 $\begin{cases} x_1+\dfrac{4}{3}x_3=0, \\ x_2-\dfrac{1}{3}x_3=0, \end{cases}$ 方程组的通解为 $\begin{cases} x_1=-\dfrac{4}{3}x_3, \\ x_2=\dfrac{1}{3}x_3, \end{cases}$ x_3 是自由未知量.

注:利用增广矩阵的初等行变换,求解线性方程组的一般步骤:

(1) 写出增广矩阵.写出线性方程组的增广矩阵$\overline{\boldsymbol{A}}$;

(2) 化阶梯形.对增广矩阵$\overline{\boldsymbol{A}}$实施初等行变换,化为标准阶梯形矩阵$\overline{\boldsymbol{B}}$;

(3) 判定.若$\overline{\boldsymbol{B}}$中常数列(最后一列)出现了主元,则方程组无解;若$\overline{\boldsymbol{B}}$中常数列(最后一列)没有主元,则方程组有解;

有解时,若$\overline{\boldsymbol{B}}$的主元个数等于未知量个数,则方程组有唯一解;若$\overline{\boldsymbol{B}}$的主元个数小于未知量个数,则方程组有无穷多解;

(4) 求出解.方程组有唯一解时,把以$\overline{\boldsymbol{B}}$为增广矩阵的方程写出来,得方程组的唯一解;

方程组有无穷多解时,则方程组的自由未知量个数等于"方程组的未知量个数——$\overline{\boldsymbol{B}}$的主元个数".写出以$\overline{\boldsymbol{B}}$为增广矩阵的线性方程组,把$\overline{\boldsymbol{B}}$中的主元1相对应的未知量保留在等式的左侧,其余的未知量(自由未知量)移项到右侧,得到方程组的通解.

例 2.2.6 解线性方程组$\begin{cases} x_1+x_2+x_3+x_4+x_5=2, \\ 2x_1+3x_2+x_3+x_4-3x_5=0, \\ x_1+2x_3+2x_4+6x_5=6, \\ 4x_1+5x_2+3x_3+3x_4-x_5=4. \end{cases}$

解 方程组的增广矩阵$\overline{\boldsymbol{A}}=\begin{pmatrix} 1 & 1 & 1 & 1 & 1 & 2 \\ 2 & 3 & 1 & 1 & -3 & 0 \\ 1 & 0 & 2 & 2 & 6 & 6 \\ 4 & 5 & 3 & 3 & -1 & 4 \end{pmatrix}$,对$\overline{\boldsymbol{A}}$实施初等行变换,化为标准阶梯形矩阵.

$$\overline{\boldsymbol{A}} \xrightarrow[\substack{\text{第1行的}(-1)\text{倍加到第3行} \\ \text{第1行的}(-4)\text{倍加到第4行}}]{\text{第1行的}(-2)\text{倍加到第2行}} \begin{pmatrix} 1 & 1 & 1 & 1 & 1 & 2 \\ 0 & 1 & -1 & -1 & -5 & -4 \\ 0 & -1 & 1 & 1 & 5 & 4 \\ 0 & 1 & -1 & -1 & -5 & -4 \end{pmatrix}$$

$$\xrightarrow[\substack{\text{第 2 行的}(-1)\text{倍加到第 4 行}\\ \text{第 2 行的}(-1)\text{倍加到第 1 行}}]{\text{第 2 行加到第 3 行}}\begin{pmatrix}1&0&2&2&6&6\\0&1&-1&-1&-5&-4\\0&0&0&0&0&0\\0&0&0&0&0&0\end{pmatrix}.$$

方程组的增广矩阵经初等行变换化为标准阶梯形

$$\overline{\boldsymbol{B}}=\begin{pmatrix}1&0&2&2&6&6\\0&1&-1&-1&-5&-4\\0&0&0&0&0&0\\0&0&0&0&0&0\end{pmatrix},$$

$\overline{\boldsymbol{B}}$ 的最后一列没有主元,所以方程组有解.

又因为 $\overline{\boldsymbol{B}}$ 的主元个数为 2,小于方程组未知量个数 5,所以方程组有无穷多解,自由未知量个数为 $5-2=3$.

$\overline{\boldsymbol{B}}$ 确定的线性方程组为 $\begin{cases}x_1\quad +2x_3+2x_4+6x_5=6,\\ x_2-x_3-x_4-x_5=-4.\end{cases}$

方程组的通解为 $\begin{cases}x_1=6-2x_3-2x_4-6x_5,\\ x_2=-4+x_3+x_4+5x_5,\end{cases}$ x_3,x_4,x_5 是自由未知量.

习题 2.2

1. 利用初等行变换化方程组的增广矩阵所得标准阶梯形(或阶梯形),判断下列方程组解的情形. 在方程组有无穷多解时,求出它的通解.

(1) $\begin{cases}2x_1-x_2+3x_3=3,\\3x_1+x_2-5x_3=0,\\4x_1-x_2+x_3=3,\\x_1+3x_2-13x_3=-6;\end{cases}$　(2) $\begin{cases}x_1+x_2+x_3+x_4+x_5=2,\\2x_1+3x_2+x_3+x_4-3x_5=0,\\x_1\quad +2x_3+2x_4+6x_5=6,\\4x_1+5x_2+3x_3+3x_4-x_5=4;\end{cases}$

(3) $\begin{cases}2x_1-3x_2+x_3+5x_4=6,\\-3x_1+x_2+2x_3-4x_4=5,\\-x_1-2x_2+3x_3+x_4=-2;\end{cases}$　(4) $\begin{cases}2x_1-3x_2+x_3+5x_4=6,\\-3x_1+x_2+2x_3-4x_4=5,\\-x_1-2x_2+3x_3+x_4=11;\end{cases}$

(5) $\begin{cases} x_1-5x_2-2x_3=4, \\ 2x_1-3x_2+x_3=7, \\ -x_1+12x_2+7x_3=-5, \\ x_1+16x_2+13x_3=-1; \end{cases}$ (6) $\begin{cases} x_1-5x_2-2x_3=4, \\ 2x_1-3x_2+x_3=7, \\ -x_1+12x_2+7x_3=-5, \\ x_1+16x_2+13x_3=1. \end{cases}$

2. 解答下列各题.

(1) 若线性方程组 $\begin{cases} x_1-x_2=a_1, \\ x_2-x_3=2, \\ x_3-x_4=3, \\ x_1-x_4=a_2 \end{cases}$ 有解,求 a_1,a_2 满足的条件;

(2) 若线性方程组 $\begin{cases} x_1+x_2=2, \\ x_2+x_3=a_1, \\ x_3+x_4=3, \\ x_1+x_4=a_2 \end{cases}$ 有解,求 a_1,a_2 满足的条件;

(3) 设线性方程组 $\begin{cases} x_1+x_2=-a_1, \\ x_2+x_3=a_2, \\ x_3+x_4=-a_3, \\ x_1+x_4=a_4 \end{cases}$ 有解,求 a_1,a_2,a_3,a_4 满足的条件,并求它的通解;

(4) 若方程组 $\begin{pmatrix} 1 & 2 & 1 \\ 2 & 3 & a+2 \\ 1 & a & -2 \end{pmatrix}\begin{pmatrix} x_1 \\ x_2 \\ x_3 \end{pmatrix}=\begin{pmatrix} 1 \\ 3 \\ 0 \end{pmatrix}$ 无解,求 a 的值;

(5) 若 $\begin{cases} x_1+x_2+x_3=a, \\ ax_1+x_2+x_3=1, \\ x_1+x_2+ax_3=1 \end{cases}$ 有解,求 a 的值,并求它的解.

3. 选择题:

(1) 线性方程组 $\begin{cases} x_1-x_2+x_3=1, \\ -x_1+2x_3=1, \\ x_1-x_2=1 \end{cases}$ 的增广矩阵 $\overline{\mathbf{A}}=$( ).

A. $\begin{pmatrix} 1 & -1 & 1 & 1 \\ 1 & 0 & -2 & -1 \\ 1 & -1 & 0 & 1 \end{pmatrix}$; B. $\begin{pmatrix} 1 & -1 & 1 & 1 \\ -1 & 2 & 0 & 1 \\ 1 & -1 & 0 & 1 \end{pmatrix}$;

C. $\begin{pmatrix} 1 & -1 & 1 & 1 \\ -1 & 0 & 2 & 1 \\ 1 & -1 & 0 & 1 \end{pmatrix}$; D. $\begin{pmatrix} 1 & -1 & 1 & 1 \\ 1 & -2 & 0 & -1 \\ 1 & -1 & 0 & 1 \end{pmatrix}$.

(2) 对线性方程组 $\begin{cases} x_1-x_2+x_3=1, \\ x_1-x_2-x_3=3, \\ 2x_1-2x_2-x_3=3 \end{cases}$ 依次作如下消元：①将第一个方程的(-1)倍加到第二个方程，②将第一个方程的(-2)倍加到第三个方程. 所得新的方程组的增广矩阵 $\bar{\boldsymbol{B}}=$(　　).

A. $\begin{pmatrix} 1 & -1 & 1 & 1 \\ 1 & -1 & -1 & 3 \\ 2 & -2 & -1 & 3 \end{pmatrix}$；　　B. $\begin{pmatrix} 1 & -1 & 1 & 1 \\ 0 & 0 & -2 & 2 \\ 2 & -2 & -1 & 3 \end{pmatrix}$；

C. $\begin{pmatrix} 1 & -1 & 1 & 1 \\ 0 & 0 & -2 & 2 \\ 0 & 0 & -3 & 1 \end{pmatrix}$；　　D. $\begin{pmatrix} 1 & -1 & 1 & 1 \\ 0 & 0 & 1 & -1 \\ 0 & 0 & -3 & 1 \end{pmatrix}$.

(3) 线性方程组的增广矩阵经过一系列行初等变换化为了 $\bar{\boldsymbol{B}}=\begin{pmatrix} 1 & -1 & 1 \\ 0 & 0 & 1 \\ 0 & 0 & 0 \end{pmatrix}$，则下列陈述正确的是(　　).

A. 原方程组同解于 $\begin{cases} x_1-x_2+x_3=0, \\ x_3=0; \end{cases}$　　B. 原方程组有 2 个主变量 x_1 和 x_2；

C. 原方程组同解于 $x_1-x_2=1$；　　D. 原方程组无解.

(4) 线性方程组的增广矩阵经过一系列行初等变换化为 $\bar{\boldsymbol{B}}=\begin{pmatrix} 1 & -1 & 0 & 2 \\ 0 & 0 & 1 & -1 \\ 0 & 0 & 0 & 0 \end{pmatrix}$，下面给出方程组自由未知量的 3 个陈述：①$x_3$ 是原方程组的自由未知量，x_1 和 x_2 可以由 x_3 唯一确定，②x_2 是原方程组的自由未知量，x_1 和 x_3 可以由 x_2 唯一确定，③x_1 是原方程组的自由未知量，x_2 和 x_3 可以由 x_1 唯一确定，其中正确的是(　　).

A. ①和②；　B. ①和③；　C. ②和③；　D. ①和②和③.

(5) 线性方程组的增广矩阵经过一系列行初等变换化为 $\bar{\boldsymbol{B}}=\begin{pmatrix} 1 & -1 & 0 & 2 \\ 0 & 0 & 1 & -1 \\ 0 & 0 & 0 & 0 \end{pmatrix}$，则原方程组解集的正确表示是(　　).

A. $\begin{pmatrix} x_1 \\ x_2 \\ x_3 \end{pmatrix}=\begin{pmatrix} k+2 \\ k \\ -1 \end{pmatrix}$；　　B. $\begin{pmatrix} x_1 \\ x_2 \\ x_3 \end{pmatrix}=\begin{pmatrix} k_1+k_2 \\ k_2 \\ -k_2 \end{pmatrix}$；

C. $\left\{\begin{pmatrix}k+2\\k\\-1\end{pmatrix}\middle| k\text{ 为任意数}\right\}$； D. $\left\{\begin{pmatrix}k_1+k_2\\k_2\\-k_2\end{pmatrix}\middle| k_1,k_2\text{ 为任意数}\right\}$.

(6) 线性方程组的增广矩阵为$\overline{\boldsymbol{A}}=\begin{pmatrix}1&1&a&1\\1&2&1&a\\1&3&3&1\end{pmatrix}$，且经过初等行变换化为阶梯形的矩阵后，常数列出现了主元，则数 a 满足(　　).

A. $a=1$； B. $a=-1$； C. $a\neq-1$； D. 不能确定 a 的值.

(7) 线性方程组$\begin{cases}x_1-x_2+x_3=1,\\x_1-x_2-x_3=3,\\2x_1-2x_2-x_3=3\end{cases}$的增广矩阵经初等行变换化得的规范阶梯形矩阵是(　　).

A. $\begin{pmatrix}1&-1&1&1\\0&0&1&-1\\0&0&0&-2\end{pmatrix}$； B. $\begin{pmatrix}1&-1&1&1\\0&0&1&-1\\0&0&0&1\end{pmatrix}$；

C. $\begin{pmatrix}1&-1&0&0\\0&0&1&0\\0&0&0&1\end{pmatrix}$； D. $\begin{pmatrix}1&1&0&0\\0&0&1&0\\0&0&0&1\end{pmatrix}$.

(8) 线性方程组$\begin{cases}x_1+x_2+x_3=a,\\ax_1+x_2+x_3=2,\\x_1+x_2+ax_3=1\end{cases}$的增广矩阵经初等行变换化为阶梯形矩阵后，常数项列出现了主元，则数 a 满足(　　).

A. $a\neq-1$； B. $a=1$； C. $a=-1$； D. 不能确定 a 的值.

(9) 线性方程组$\begin{cases}x_1+x_2+x_3=a,\\ax_1+x_2+x_3=2,\\x_1+x_2+ax_3=1\end{cases}$的增广矩阵经初等行变换化为阶梯形矩阵后，主元个数为 2，则数 a 满足(　　).

A. $a\neq-1$； B. $a=1$； C. $a=-1$； D. 不能确定 a 的值.

(10) 对线性方程组$\begin{cases}x_1-x_2=a_1,\\x_2-x_3=a_2,\\x_3-x_1=a_3,\end{cases}$给出 4 个矩阵：① $\begin{pmatrix}1&-1\\1&-1\\1&-1\end{pmatrix}$，② $\begin{pmatrix}1&-1&0\\0&1&-1\\-1&0&1\end{pmatrix}$，

③ $\begin{pmatrix}1&-1&a_1\\1&-1&a_2\\1&-1&a_3\end{pmatrix}$，④ $\begin{pmatrix}1&-1&0&a_1\\0&1&-1&a_2\\-1&0&1&a_3\end{pmatrix}$，则分别是方程组的系数矩阵和增广

矩阵的是(　　).

A. ①和③；　B. ①和④；　C. ②和③；　D. ②和④.

(11) 线性方程组 $\begin{cases} x_1-x_2=a_1, \\ x_2-x_3=a_2, \\ x_3-x_1=a_3 \end{cases}$ 的增广矩阵经初等行变换化为阶梯形矩阵后，主元个数为 2，则 a_1,a_2,a_3 满足的关系式是(　　).

A. $a_1+a_2-a_3=0$；　B. $a_2+a_3-a_1=0$；

C. $a_1+a_3-a_2=0$；　D. $a_1+a_3+a_2=0$.

(12) 线性方程组 $\begin{cases} x_1-x_2=a_1, \\ x_2-x_3=a_2, \\ x_3-x_1=a_3 \end{cases}$ 的增广矩阵经初等行变换化为阶梯形矩阵后，主元个数为 3，则 a_1,a_2,a_3 满足的关系式是(　　).

A. $a_1+a_2-a_3\neq 0$；　B. $a_2+a_3-a_1\neq 0$；

C. $a_1+a_3-a_2\neq 0$；　D. $a_1+a_3+a_2\neq 0$.

(13) 线性方程组 $\begin{cases} x_1-x_2=a_1, \\ x_2-x_3=a_2, \\ x_3-x_1=a_3 \end{cases}$ 的增广矩阵经初等行变换化为阶梯形矩阵后，主元个数为 3，则(　　).

A. 线性方程组有唯一解；　B. 线性方程组有无穷多解；

C. 线性方程组无解；　D. 不能确定线性方程组解的情形.

(14) 线性方程组 $\begin{cases} x_1-x_2+x_3=1, \\ x_1-x_2-x_3=3, \\ 2x_1-2x_2-x_3=a \end{cases}$ 的增广矩阵经初等行变换化为阶梯形矩阵后，主元个数为 3，则(　　).

A. 线性方程组有唯一解；　B. 线性方程组有无穷多解；

C. 线性方程组无解；　D. 不能确定线性方程组解的情形.

(15) 线性方程组 $\begin{cases} x_1+x_2+x_3=a, \\ ax_1+x_2+x_3=2, \\ x_1+x_2+ax_3=1 \end{cases}$ 的增广矩阵经初等行变换化为阶梯形矩阵后，主元个数为 2，则(　　).

A. 线性方程组有唯一解；　B. 线性方程组有无穷多解；

C. 线性方程组无解；　D. 不能确定线性方程组解的情形.

§2.3 向量组的线性相关性

定义 2.3.1 设$\boldsymbol{\alpha}_1,\boldsymbol{\alpha}_2,\cdots,\boldsymbol{\alpha}_m,\boldsymbol{\beta}$是$m+1$个$n$维向量,若存在系数$k_1,k_2,\cdots,k_m$,满足$k_1\boldsymbol{\alpha}_1+k_2\boldsymbol{\alpha}_2+\cdots+k_m\boldsymbol{\alpha}_m=\boldsymbol{\beta}$,则称向量$\boldsymbol{\beta}$可以由$\boldsymbol{\alpha}_1,\boldsymbol{\alpha}_2,\cdots,\boldsymbol{\alpha}_m$线性表出,也称$\boldsymbol{\beta}$是$\boldsymbol{\alpha}_1,\boldsymbol{\alpha}_2,\cdots,\boldsymbol{\alpha}_m$的一个线性组合.

例如,$\boldsymbol{\alpha}_1=\begin{pmatrix}3\\4\\-2\\5\end{pmatrix},\boldsymbol{\alpha}_2=\begin{pmatrix}2\\5\\0\\-3\end{pmatrix},\boldsymbol{\alpha}_3=\begin{pmatrix}5\\0\\-1\\2\end{pmatrix},\boldsymbol{\alpha}_4=\begin{pmatrix}3\\3\\-3\\5\end{pmatrix},\boldsymbol{\beta}=\begin{pmatrix}3\\6\\0\\5\end{pmatrix}$,是5个4维向量,存在系数$k_1=1,k_2=-1,k_3=1,k_4=-1$,满足$\boldsymbol{\alpha}_1-\boldsymbol{\alpha}_2+\boldsymbol{\alpha}_3-\boldsymbol{\alpha}_4=\boldsymbol{\beta}$,也就是说,$\boldsymbol{\beta}$由$\boldsymbol{\alpha}_1,\boldsymbol{\alpha}_2,\boldsymbol{\alpha}_3,\boldsymbol{\alpha}_4$线性表出,也可以说$\boldsymbol{\beta}$是$\boldsymbol{\alpha}_1,\boldsymbol{\alpha}_2,\boldsymbol{\alpha}_3,\boldsymbol{\alpha}_4$的一个线性组合.

依据向量运算和相等,系数为x_1,x_2,x_3,x_4的向量线性组合$x_1\boldsymbol{\alpha}_1+x_2\boldsymbol{\alpha}_2+x_3\boldsymbol{\alpha}_3+x_4\boldsymbol{\alpha}_4=\boldsymbol{\beta}$与线性方程$\begin{cases}3x_1+2x_2+5x_3+3x_4=3,\\4x_1-5x_2\qquad\quad+3x_4=6,\\-2x_1\qquad\;-\;x_3-3x_4=0,\\5x_1-3x_2+2x_3+5x_4=5\end{cases}$是等价的,也就是说,满足组合$x_1\boldsymbol{\alpha}_1+x_2\boldsymbol{\alpha}_2+x_3\boldsymbol{\alpha}_3+x_4\boldsymbol{\alpha}_4=\boldsymbol{\beta}$的系数$x_1,x_2,x_3,x_4$,都满足方程组$\begin{cases}3x_1+2x_2+5x_3+3x_4=3,\\4x_1-5x_2\qquad\quad+3x_4=6,\\-2x_1\qquad\;-\;x_3-3x_4=0,\\5x_1-3x_2+2x_3+5x_4=5\end{cases}$而方程组$\begin{cases}3x_1+2x_2+5x_3+3x_4=3,\\4x_1-5x_2\qquad\quad+3x_4=6,\\-2x_1\qquad\;-\;x_3-3x_4=0,\\5x_1-3x_2+2x_3+5x_4=5\end{cases}$的解,都满足$x_1\boldsymbol{\alpha}_1+x_2\boldsymbol{\alpha}_2+x_3\boldsymbol{\alpha}_3+x_4\boldsymbol{\alpha}_4=\boldsymbol{\beta}$. 所以,求解线性方程组的问题,与求解满足向量组合成立的系数,是相同的问题. 一般线性方程组的解存在三种情形:无解,有唯一解,有无穷多解. 所以,任意的n维向量组$\boldsymbol{\alpha}_1,\boldsymbol{\alpha}_2,\cdots,\boldsymbol{\alpha}_m,\boldsymbol{\beta}$,也存在$\boldsymbol{\beta}$不能由$\boldsymbol{\alpha}_1,\boldsymbol{\alpha}_2,\cdots,\boldsymbol{\alpha}_m$线性表出,$\boldsymbol{\beta}$能被$\boldsymbol{\alpha}_1,\boldsymbol{\alpha}_2,\cdots,\boldsymbol{\alpha}_m$唯一地线性表出(表出系数唯一确定),$\boldsymbol{\beta}$能被$\boldsymbol{\alpha}_1,\boldsymbol{\alpha}_2,\cdots,\boldsymbol{\alpha}_m$线性表出,且有无穷多种表出方式(表出系数不唯一).

因为任意的 n 维向量 $\boldsymbol{\alpha}_1,\boldsymbol{\alpha}_2,\cdots,\boldsymbol{\alpha}_m$，都有 $0\boldsymbol{\alpha}_1+0\boldsymbol{\alpha}_2+\cdots+0\boldsymbol{\alpha}_m=\mathbf{0}$，所以，$n$ 维 0 向量可以被任意的 n 维向量 $\boldsymbol{\alpha}_1,\boldsymbol{\alpha}_2,\cdots,\boldsymbol{\alpha}_m$ 线性表出，问题是表出系数是否唯一，为此，引入如下概念.

定义 2.3.2　设 $\boldsymbol{\alpha}_1,\boldsymbol{\alpha}_2,\cdots,\boldsymbol{\alpha}_m$ 是 m 个 n 维向量，若存在不全为零的系数 $k_1,k_2,\cdots,k_m$，满足 $k_1\boldsymbol{\alpha}_1+k_2\boldsymbol{\alpha}_2+\cdots+k_m\boldsymbol{\alpha}_m=\mathbf{0}$，则称 $\boldsymbol{\alpha}_1,\boldsymbol{\alpha}_2,\cdots,\boldsymbol{\alpha}_m$ 线性相关.

若只有当系数 $k_1,k_2,\cdots,k_m$ 全取 0 时，才有 $k_1\boldsymbol{\alpha}_1+k_2\boldsymbol{\alpha}_2+\cdots+k_m\boldsymbol{\alpha}_m=\mathbf{0}$ 成立，也就是由 $k_1\boldsymbol{\alpha}_1+k_2\boldsymbol{\alpha}_2+\cdots+k_m\boldsymbol{\alpha}_m=\mathbf{0}$，可以得到系数 $k_1,k_2,\cdots,k_m$ 全为 0，则称 $\boldsymbol{\alpha}_1,\boldsymbol{\alpha}_2,\cdots,\boldsymbol{\alpha}_m$ 线性相关.

注：n 维向量 $\boldsymbol{\alpha}_1,\boldsymbol{\alpha}_2,\cdots,\boldsymbol{\alpha}_m$ 线性相关还是线性无关，与齐次线性方程组 $x_1\boldsymbol{\alpha}_1+x_2\boldsymbol{\alpha}_2+\cdots+x_m\boldsymbol{\alpha}_m=\mathbf{0}$ 是否有非零解完全一致. 若 $x_1\boldsymbol{\alpha}_1+x_2\boldsymbol{\alpha}_2+\cdots+x_m\boldsymbol{\alpha}_m=\mathbf{0}$ 只有零解，则 $\boldsymbol{\alpha}_1,\boldsymbol{\alpha}_2,\cdots,\boldsymbol{\alpha}_m$ 线性无关；若 $x_1\boldsymbol{\alpha}_1+x_2\boldsymbol{\alpha}_2+\cdots+x_m\boldsymbol{\alpha}_m=\mathbf{0}$ 存在非零解，则 $\boldsymbol{\alpha}_1,\boldsymbol{\alpha}_2,\cdots,\boldsymbol{\alpha}_m$ 线性相关.

例 2.3.1　设 $\boldsymbol{\alpha}_1=\begin{pmatrix}3\\4\\-2\\5\end{pmatrix},\boldsymbol{\alpha}_2=\begin{pmatrix}2\\-5\\0\\-3\end{pmatrix},\boldsymbol{\alpha}_3=\begin{pmatrix}5\\0\\-1\\2\end{pmatrix},\boldsymbol{\alpha}_4=\begin{pmatrix}3\\3\\-3\\5\end{pmatrix}$，判断 $\boldsymbol{\alpha}_1,\boldsymbol{\alpha}_2,\boldsymbol{\alpha}_3,\boldsymbol{\alpha}_4$ 线性相关还是线性无关.

解　向量 $\boldsymbol{\alpha}_1,\boldsymbol{\alpha}_2,\boldsymbol{\alpha}_3,\boldsymbol{\alpha}_4$ 的组合 $x_1\boldsymbol{\alpha}_1+x_2\boldsymbol{\alpha}_2+x_3\boldsymbol{\alpha}_3+x_4\boldsymbol{\alpha}_4=\mathbf{0}$ 与齐次线性方程组 $\begin{cases}3x_1+2x_2+5x_3+3x_4=0,\\4x_1-5x_2+3x_4=0,\\-2x_1-x_3-3x_4=0,\\5x_1-3x_2+2x_3+5x_4=0\end{cases}$ 是等价的.

齐次线性方程组 $\begin{cases}3x_1+2x_2+5x_3+3x_4=0,\\4x_1-5x_2+3x_4=0,\\-2x_1-x_3-3x_4=0,\\5x_1-3x_2+2x_3+5x_4=0\end{cases}$ 的解都满足 $x_1\boldsymbol{\alpha}_1+x_2\boldsymbol{\alpha}_2+x_3\boldsymbol{\alpha}_3+x_4\boldsymbol{\alpha}_4=\mathbf{0}$ 成立；满足 $x_1\boldsymbol{\alpha}_1+x_2\boldsymbol{\alpha}_2+x_3\boldsymbol{\alpha}_3+x_4\boldsymbol{\alpha}_4=\mathbf{0}$ 成立的系数

x_1,x_2,x_3,x_4 都是$\begin{cases}3x_1+2x_2+5x_3+3x_4=0,\\4x_1-5x_2\qquad\quad+3x_4=0,\\-2x_1\qquad\quad-\ x_3-3x_4=0,\\5x_1-3x_2+2x_3+5x_4=0\end{cases}$的解.

判断是否存在不全为零的系数 x_1,x_2,x_3,x_4，满足 $x_1\boldsymbol{\alpha}_1+x_2\boldsymbol{\alpha}_2+x_3\boldsymbol{\alpha}_3+x_4\boldsymbol{\alpha}_4=\mathbf{0}$ 成立，与判断$\begin{cases}3x_1+2x_2+5x_3+3x_4=0,\\4x_1-5x_2\qquad\quad+3x_4=0,\\-2x_1\qquad\quad-\ x_3-3x_4=0,\\5x_1-3x_2+2x_3+5x_4=0\end{cases}$是否有非零解是一致的.

齐次线性方程组$\begin{cases}3x_1+2x_2+5x_3+3x_4=0,\\4x_1-5x_2\qquad\quad+3x_4=0,\\-2x_1\qquad\quad-\ x_3-3x_4=0,\\5x_1-3x_2+2x_3+5x_4=0\end{cases}$的系数矩阵

$$\boldsymbol{A}=\begin{pmatrix}3&2&5&3\\4&-5&0&3\\-2&0&-1&-3\\5&-3&2&5\end{pmatrix},$$

经初等行变换把 $\boldsymbol{A}$ 化为标准阶梯形.

$$\boldsymbol{A}\xrightarrow{\text{第 3 行加到第 1 行}}\begin{pmatrix}1&2&4&0\\4&-5&0&3\\-2&0&-1&-3\\5&-3&2&5\end{pmatrix}$$

$$\xrightarrow[\text{第 1 行的}(-5)\text{倍加到第 4 行}]{\substack{\text{第 1 行的}(-4)\text{倍加到第 2 行}\\ \text{第 1 行的 2 倍加到第 3 行}}}\begin{pmatrix}1&2&4&0\\0&-13&-16&3\\0&4&7&-3\\0&-13&-18&5\end{pmatrix}$$

$$\xrightarrow{\text{第 3 行的 3 倍加到第 2 行}}\begin{pmatrix}1&2&4&0\\0&-1&5&-6\\0&4&7&-3\\0&-13&-18&5\end{pmatrix}$$

$$\xrightarrow[\text{第 2 行的}(-13)\text{倍加到第 4 行}]{\text{第 2 行的 4 倍加到第 3 行}}\begin{pmatrix}1&2&4&0\\0&-1&5&-6\\0&0&27&-27\\0&0&-83&83\end{pmatrix}$$

$$\xrightarrow[\text{第 3 行的}(83)\text{倍加到第 4 行}]{\text{第 3 行乘}\left(\frac{1}{27}\right)}\begin{pmatrix}1&2&4&0\\0&-1&5&-6\\0&0&1&-1\\0&0&0&0\end{pmatrix}$$

$$\xrightarrow[\text{第 3 行的}(-4)\text{倍加到第 1 行}]{\text{第 3 行的}(-5)\text{倍加到第 2 行}}\begin{pmatrix}1&2&0&4\\0&-1&0&-1\\0&0&1&-1\\0&0&0&0\end{pmatrix}$$

$$\xrightarrow[\text{第 2 行的}(-2)\text{倍加到第 1 行}]{\text{第 2 行乘}(-1)}\begin{pmatrix}1&0&0&2\\0&1&0&1\\0&0&1&-1\\0&0&0&0\end{pmatrix},$$

齐次线性方程组的系数矩阵化为标准阶梯形 $\begin{pmatrix}1&0&0&2\\0&1&0&1\\0&0&1&-1\\0&0&0&0\end{pmatrix}$，主元个数小于未知量个数，有非零解. 即存在不全为零的数 k_1,k_2,k_3,k_4，满足 $\begin{cases}x_1=k_1,\\x_2=k_2,\\x_3=k_3,\\x_4=k_4\end{cases}$ 是方程组的解，也就是 $k_1\boldsymbol{\alpha}_1+k_2\boldsymbol{\alpha}_2+k_3\boldsymbol{\alpha}_3+k_4\boldsymbol{\alpha}_4=\mathbf{0}$ 成立，所以，$\boldsymbol{\alpha}_1,\boldsymbol{\alpha}_2,\boldsymbol{\alpha}_3,\boldsymbol{\alpha}_4$ 线性相关.

注：(1) 系数矩阵经初等行变换化为标准阶梯形 $\begin{pmatrix}1&0&0&2\\0&1&0&1\\0&0&1&-1\\0&0&0&0\end{pmatrix}$ 时，相

应的齐次线性方程组化为$\begin{cases} x_1 \quad +2x_4=0, \\ x_2 \quad + x_4=0, \\ x_3- x_4=0, \end{cases}$有无穷多解,方程组有通解

$\begin{cases} x_1=-2x_4, \\ x_2=-x_4, \\ x_3=x_4, \end{cases}$ x_4 是自由未知量;

(2) 任取 $x_4\neq 0$,即得到方程组的一个非零解,从而得到一组不全为零的系数,满足 $x_1\boldsymbol{\alpha}_1+x_2\boldsymbol{\alpha}_2+x_3\boldsymbol{\alpha}_3+x_4\boldsymbol{\alpha}_4=\mathbf{0}$ 成立.

比如,取 $x_4=-1$,得方程组的一个非零解$\begin{cases} x_1=2, \\ x_2=1, \\ x_3=-1, \\ x_4=-1, \end{cases}$满足 $2\boldsymbol{\alpha}_1+\boldsymbol{\alpha}_2-\boldsymbol{\alpha}_3-\boldsymbol{\alpha}_4=\mathbf{0}$ 成立;

取 $x_4=2$,得方程组的一个非零解$\begin{cases} x_1=-4, \\ x_2=-2, \\ x_3=2, \\ x_4=2, \end{cases}$满足$-4\boldsymbol{\alpha}_1-2\boldsymbol{\alpha}_2+2\boldsymbol{\alpha}_3+2\boldsymbol{\alpha}_4=\mathbf{0}$ 成立;

(3) 由于 x_4 是任意的,所以满足 $x_1\boldsymbol{\alpha}_1+x_2\boldsymbol{\alpha}_2+x_3\boldsymbol{\alpha}_3+x_4\boldsymbol{\alpha}_4=\mathbf{0}$ 的系数有无穷多.要说明 $\boldsymbol{\alpha}_1,\boldsymbol{\alpha}_2,\boldsymbol{\alpha}_3,\boldsymbol{\alpha}_4$ 线性相关,只要能说明存在不全为零的系数就可以了.

例 2.3.2 设 $\boldsymbol{\alpha}_1=\begin{pmatrix}1\\1\\2\end{pmatrix},\boldsymbol{\alpha}_2=\begin{pmatrix}1\\2\\1\end{pmatrix},\boldsymbol{\alpha}_3=\begin{pmatrix}2\\1\\1\end{pmatrix}$,判断 $\boldsymbol{\alpha}_1,\boldsymbol{\alpha}_2,\boldsymbol{\alpha}_3$ 是线性相关还是线性无关.

解 齐次线性方程组 $x_1\boldsymbol{\alpha}_1+x_2\boldsymbol{\alpha}_2+x_3\boldsymbol{\alpha}_3=\mathbf{0}$ 的系数矩阵,是以 $\boldsymbol{\alpha}_1,\boldsymbol{\alpha}_2,\boldsymbol{\alpha}_3$ 为列的矩阵 $\boldsymbol{A}=\begin{pmatrix}1&1&2\\1&2&1\\2&1&1\end{pmatrix}$,对 $\boldsymbol{A}$ 实施初等行变换,化为标准阶梯形

$$\boldsymbol{A}\xrightarrow[\text{第 1 行的}(-2)\text{倍加到第 3 行}]{\text{第 1 行的}(-1)\text{倍加到第 2 行}}\begin{pmatrix}1&1&2\\0&1&-1\\0&-1&-3\end{pmatrix}$$

$$\xrightarrow[\text{第 2 行的}(-1)\text{倍加到第 1 行}]{\text{第 2 行加到第 3 行}}\begin{pmatrix}1 & 0 & 3\\0 & 1 & -1\\0 & 0 & 4\end{pmatrix}$$

$$\xrightarrow[\substack{\text{第 3 行的}(-3)\text{倍加到第 1 行}\\ \text{第 3 行加到第 2 行}}]{\text{第 3 行乘}\left(-\frac{1}{4}\right)}\begin{pmatrix}1 & 0 & 0\\0 & 1 & 0\\0 & 0 & 1\end{pmatrix},$$

方程组的系数矩阵经初等行变换，化为标准阶梯形 $\begin{pmatrix}1 & 0 & 0\\0 & 1 & 0\\0 & 0 & 1\end{pmatrix}$，主元个数等于未知量个数，只有零解，所以 $\boldsymbol{\alpha}_1,\boldsymbol{\alpha}_2,\boldsymbol{\alpha}_3$ 是线性无关.

注：因为判断 n 维向量 $\boldsymbol{\alpha}_1,\boldsymbol{\alpha}_2,\cdots,\boldsymbol{\alpha}_m$ 是否线性相关与判断齐次线性方程组 $x_1\boldsymbol{\alpha}_1+x_2\boldsymbol{\alpha}_2+\cdots+x_m\boldsymbol{\alpha}_m=\mathbf{0}$ 是否有非零解是一致的，所以，判断 $\boldsymbol{\alpha}_1,\boldsymbol{\alpha}_2,\cdots,\boldsymbol{\alpha}_m$ 是否线性相关有以下步骤：

(1) 以 $\boldsymbol{\alpha}_1,\boldsymbol{\alpha}_2,\cdots,\boldsymbol{\alpha}_m$ 为列，构作矩阵 $\boldsymbol{A}=(\boldsymbol{\alpha}_1\quad\boldsymbol{\alpha}_2\quad\cdots\quad\boldsymbol{\alpha}_m)$；

(2) 对 $\boldsymbol{A}$ 实施初等行变换，化为标准阶梯形 $\boldsymbol{B}$；

(3) 若 $\boldsymbol{B}$ 的主元个数小于向量个数 m，则 $\boldsymbol{\alpha}_1,\boldsymbol{\alpha}_2,\cdots,\boldsymbol{\alpha}_m$ 线性相关；

若 $\boldsymbol{B}$ 的主元个数等于向量个数 m，则 $\boldsymbol{\alpha}_1,\boldsymbol{\alpha}_2,\cdots,\boldsymbol{\alpha}_m$ 线性无关.

关于向量的线性相关性(线性相关或线性无关)，有以下性质.

性质 2.3.1

(1) 单个零向量 $\boldsymbol{\alpha}=\mathbf{0}$ 是线性相关的，单个非零向量 $\boldsymbol{\alpha}\neq\mathbf{0}$ 是线性无关的.

(2) m 个 n 维向量 $\boldsymbol{\alpha}_1,\boldsymbol{\alpha}_2,\cdots,\boldsymbol{\alpha}_m$，当向量个数 m 大于向量维数 n 时，$\boldsymbol{\alpha}_1,\boldsymbol{\alpha}_2,\cdots,\boldsymbol{\alpha}_m$ 一定线性相关.

(3) 向量 $\boldsymbol{\alpha}_1,\boldsymbol{\alpha}_2,\cdots,\boldsymbol{\alpha}_m$ 中的若干个向量，称为它的部分组.

向量 $\boldsymbol{\alpha}_1,\boldsymbol{\alpha}_2,\cdots,\boldsymbol{\alpha}_m$ 的某一个部分组线性相关，则 $\boldsymbol{\alpha}_1,\boldsymbol{\alpha}_2,\cdots,\boldsymbol{\alpha}_m$ 线性相关.

向量 $\boldsymbol{\alpha}_1,\boldsymbol{\alpha}_2,\cdots,\boldsymbol{\alpha}_m$ 线性无关，则 $\boldsymbol{\alpha}_1,\boldsymbol{\alpha}_2,\cdots,\boldsymbol{\alpha}_m$ 的任何一个部分组都线性无关.

比如，$\boldsymbol{\alpha}_2,\boldsymbol{\alpha}_3,\boldsymbol{\alpha}_5$ 就是向量 $\boldsymbol{\alpha}_1,\boldsymbol{\alpha}_2,\boldsymbol{\alpha}_3,\boldsymbol{\alpha}_4,\boldsymbol{\alpha}_5$ 的一个部分组. 假设 $\boldsymbol{\alpha}_2,\boldsymbol{\alpha}_3,\boldsymbol{\alpha}_5$ 线性相关，则存在不全为零的系数 l_1,l_2,l_3，满足 $l_1\boldsymbol{\alpha}_2+l_2\boldsymbol{\alpha}_3+l_3\boldsymbol{\alpha}_5=\mathbf{0}$，从而 $0\boldsymbol{\alpha}_1+l_1\boldsymbol{\alpha}_2+l_2\boldsymbol{\alpha}_3+0\boldsymbol{\alpha}_4+l_3\boldsymbol{\alpha}_5=\mathbf{0}$ 成立，这里 5 个系数 $0,l_1,l_2,0,l_3$ 仍不全为

零,所以,$\boldsymbol{\alpha}_1,\boldsymbol{\alpha}_2,\boldsymbol{\alpha}_3,\boldsymbol{\alpha}_4,\boldsymbol{\alpha}_5$ 线性相关.

需要特别注意的是,向量 $\boldsymbol{\alpha}_1,\boldsymbol{\alpha}_2,\cdots,\boldsymbol{\alpha}_m$ 线性相关时,它的部分组可能线性相关,也可能线性无关.

比如,$\boldsymbol{\alpha}_1=\begin{pmatrix}1\\0\end{pmatrix},\boldsymbol{\alpha}_2=\begin{pmatrix}0\\1\end{pmatrix},\boldsymbol{\alpha}_3=\begin{pmatrix}1\\1\end{pmatrix},\boldsymbol{\alpha}_4=\begin{pmatrix}-1\\0\end{pmatrix}$是线性相关的,但它的部分组 $\boldsymbol{\alpha}_1,\boldsymbol{\alpha}_2$ 是线性无关的,部分组 $\boldsymbol{\alpha}_1,\boldsymbol{\alpha}_4$ 是线性无关的.

这条性质还可以表述为部分线性相关,整体一定线性相关;整体线性无关,部分一定线性无关.

性质 2.3.1

(4) 第 k 个分量是 1,其他分量全为 0 的 n 维向量 $\boldsymbol{\varepsilon}_k=\begin{pmatrix}0\\\vdots\\0\\1\\0\\\vdots\\0\end{pmatrix}$,称为 n 单位向量. n 个 n 维单位向量 $\boldsymbol{\varepsilon}_1,\boldsymbol{\varepsilon}_2,\cdots,\boldsymbol{\varepsilon}_n$ 是线性无关的,任意一个 n 维向量 $\boldsymbol{\alpha}=\begin{pmatrix}a_1\\a_2\\\vdots\\a_n\end{pmatrix}$ 都可以由 $\boldsymbol{\varepsilon}_1,\boldsymbol{\varepsilon}_2,\cdots,\boldsymbol{\varepsilon}_n$ 线性表出,且 $\boldsymbol{\alpha}=a_1\boldsymbol{\varepsilon}_1+a_2\boldsymbol{\varepsilon}_2+\cdots+a_n\boldsymbol{\varepsilon}_n$.

比如,3 维单位向量有 3 个,它们是 $\boldsymbol{\varepsilon}_1=\begin{pmatrix}1\\0\\0\end{pmatrix},\boldsymbol{\varepsilon}_2=\begin{pmatrix}0\\1\\0\end{pmatrix},\boldsymbol{\varepsilon}_3=\begin{pmatrix}0\\0\\1\end{pmatrix}$,它们是线性无关的,且任意一个 3 维向量 $\boldsymbol{\alpha}=\begin{pmatrix}k_1\\k_2\\k_3\end{pmatrix}$,都有 $k_1\boldsymbol{\varepsilon}_1+k_2\boldsymbol{\varepsilon}_2+k_3\boldsymbol{\varepsilon}_3$

$$=\begin{pmatrix}k_1\\0\\0\end{pmatrix}+\begin{pmatrix}0\\k_2\\0\end{pmatrix}+\begin{pmatrix}0\\0\\k_3\end{pmatrix}=\begin{pmatrix}k_1\\k_2\\k_3\end{pmatrix}=\boldsymbol{\alpha}$$

,也就是 $\boldsymbol{\alpha}$ 可以由 $\boldsymbol{\varepsilon}_1,\boldsymbol{\varepsilon}_2,\boldsymbol{\varepsilon}_3$ 线性表出.

设 $\boldsymbol{\alpha}=\begin{pmatrix}a\\b\\c\end{pmatrix}$ 是一个 3 维向量，可以在某一个位置增加分量构成更多维的向量，比如增加第 2 个分量 d，构成了 4 维向量 $\tilde{\boldsymbol{\alpha}}=\begin{pmatrix}a\\d\\b\\c\end{pmatrix}$.

$\boldsymbol{\alpha}_1=\begin{pmatrix}a_1\\b_1\\c_1\end{pmatrix},\boldsymbol{\alpha}_2=\begin{pmatrix}a_2\\b_2\\c_2\end{pmatrix},\boldsymbol{\alpha}_3=\begin{pmatrix}a_3\\b_3\\c_3\end{pmatrix}$ 是 3 个 3 维向量，在相同位置增加分量，构成更多维的向量. 比如都增加第 3 个分量(原来第 3 个分量成为第 4 个分量)，构成 3 个 4 维向量 $\tilde{\boldsymbol{\alpha}}_1=\begin{pmatrix}a_1\\b_1\\d_1\\c_1\end{pmatrix},\tilde{\boldsymbol{\alpha}}_2=\begin{pmatrix}a_2\\b_2\\d_2\\c_2\end{pmatrix},\tilde{\boldsymbol{\alpha}}_3=\begin{pmatrix}a_3\\b_3\\d_3\\c_3\end{pmatrix}$，反过来看，在 3 个 4 维向量 $\tilde{\boldsymbol{\alpha}}_1=\begin{pmatrix}a_1\\b_1\\d_1\\c_1\end{pmatrix},\tilde{\boldsymbol{\alpha}}_2=\begin{pmatrix}a_2\\b_2\\d_2\\c_2\end{pmatrix},\tilde{\boldsymbol{\alpha}}_3=\begin{pmatrix}a_3\\b_3\\d_3\\c_3\end{pmatrix}$ 的每一个向量中，都删除第 3 个分量，则构成 3 个 3 维向量 $\boldsymbol{\alpha}_1=\begin{pmatrix}a_1\\b_1\\c_1\end{pmatrix},\boldsymbol{\alpha}_2=\begin{pmatrix}a_2\\b_2\\c_2\end{pmatrix},\boldsymbol{\alpha}_3=\begin{pmatrix}a_3\\b_3\\c_3\end{pmatrix}$，称 $\tilde{\boldsymbol{\alpha}}_1,\tilde{\boldsymbol{\alpha}}_2,\tilde{\boldsymbol{\alpha}}_3$ 是 $\boldsymbol{\alpha}_1,\boldsymbol{\alpha}_2,\boldsymbol{\alpha}_3$ 的延伸组，$\boldsymbol{\alpha}_1,\boldsymbol{\alpha}_2,\boldsymbol{\alpha}_3$ 是 $\tilde{\boldsymbol{\alpha}}_1,\tilde{\boldsymbol{\alpha}}_2,\tilde{\boldsymbol{\alpha}}_3$ 的缩短组.

性质 2.3.1

(5) 向量 $\boldsymbol{\alpha}_1,\boldsymbol{\alpha}_2,\cdots,\boldsymbol{\alpha}_m$ 是线性无关的，则它的延伸组 $\tilde{\boldsymbol{\alpha}}_1,\tilde{\boldsymbol{\alpha}}_2,\cdots,\tilde{\boldsymbol{\alpha}}_m$ 也是线性无关的；若 $\tilde{\boldsymbol{\alpha}}_1,\tilde{\boldsymbol{\alpha}}_2,\cdots,\tilde{\boldsymbol{\alpha}}_m$ 线性相关，则它的缩短组 $\boldsymbol{\alpha}_1,\boldsymbol{\alpha}_2,\cdots,\tilde{\boldsymbol{\alpha}}_m$ 也是线性相关的.

例如,$\boldsymbol{\varepsilon}_1=\begin{pmatrix}1\\0\\0\end{pmatrix}$,$\boldsymbol{\varepsilon}_2=\begin{pmatrix}0\\1\\0\end{pmatrix}$,$\boldsymbol{\varepsilon}_3=\begin{pmatrix}0\\0\\1\end{pmatrix}$是线性无关的,它的延伸组 $\tilde{\boldsymbol{\varepsilon}}_1=\begin{pmatrix}1\\a_1\\0\\0\\a_2\end{pmatrix}$,$\tilde{\boldsymbol{\varepsilon}}_2=\begin{pmatrix}0\\b_1\\1\\0\\b_2\end{pmatrix}$,$\tilde{\boldsymbol{\varepsilon}}_3=\begin{pmatrix}0\\c_1\\0\\1\\c_2\end{pmatrix}$就是线性无关的. 需要注意的是缩短组线性相关时,延伸组可能线性相关,也可能线性无关;延伸组线性无关时,缩短组可能线性无关,也可能线性相关.

假设 $\boldsymbol{\alpha}_1,\boldsymbol{\alpha}_2,\boldsymbol{\alpha}_3$ 是 3 个线性无关的向量,添加一个向量 $\boldsymbol{\beta}$ 后,向量 $\boldsymbol{\alpha}_1,\boldsymbol{\alpha}_2,\boldsymbol{\alpha}_3,\boldsymbol{\beta}$ 线性相关,则存在不全为零的系数 k_1,k_2,k_3,k,满足 $k_1\boldsymbol{\alpha}_1+k_2\boldsymbol{\alpha}_2+k_3\boldsymbol{\alpha}_3+k\boldsymbol{\beta}=\mathbf{0}$.

若 $k=0$,则 k_1,k_2,k_3 不全为零,且 $k_1\boldsymbol{\alpha}_1+k_2\boldsymbol{\alpha}_2+k_3\boldsymbol{\alpha}_3=k_1\boldsymbol{\alpha}_1+k_2\boldsymbol{\alpha}_2+k_3\boldsymbol{\alpha}_3+k\boldsymbol{\beta}=\mathbf{0}$,从而 $\boldsymbol{\alpha}_1,\boldsymbol{\alpha}_2,\boldsymbol{\alpha}_3$ 线性相关,这与已知是矛盾的.

所以 $k\neq0$.

将 $k_1\boldsymbol{\alpha}_1+k_2\boldsymbol{\alpha}_2+k_3\boldsymbol{\alpha}_3+k\boldsymbol{\beta}=\mathbf{0}$ 的两侧分别加上$(-k\boldsymbol{\beta})$,得到 $k_1\boldsymbol{\alpha}_1+k_2\boldsymbol{\alpha}_2+k_3\boldsymbol{\alpha}_3=-k\boldsymbol{\beta}$,两边再同时乘$\left(-\frac{1}{k}\right)$,得到$\left(-\frac{k_1}{k}\right)\boldsymbol{\alpha}_1+\left(-\frac{k_2}{k}\right)\boldsymbol{\alpha}_2+\left(-\frac{k_3}{k}\right)\boldsymbol{\alpha}_3=\boldsymbol{\beta}$,也就是 $\boldsymbol{\beta}$ 可以由 $\boldsymbol{\alpha}_1,\boldsymbol{\alpha}_2,\boldsymbol{\alpha}_3$ 线性表出.

性质 2.3.1

(6) 若 n 维向量 $\boldsymbol{\alpha}_1,\boldsymbol{\alpha}_2,\cdots,\boldsymbol{\alpha}_m$ 线性无关,且 $\boldsymbol{\alpha}_1,\boldsymbol{\alpha}_2,\cdots,\boldsymbol{\alpha}_m,\boldsymbol{\beta}$ 线性相关,则向量 $\boldsymbol{\beta}$ 可以由 $\boldsymbol{\alpha}_1,\boldsymbol{\alpha}_2,\cdots,\boldsymbol{\alpha}_m$ 线性表出.

习题 2.3

1. 举例说明,下列结论是错误的.

(1) 若存在全为零的系数 $k_1,k_2,\cdots,k_s$,满足 $k_1\boldsymbol{\alpha}_1+k_2\boldsymbol{\alpha}_2+\cdots+k_s\boldsymbol{\alpha}_s=\mathbf{0}$,则 $\boldsymbol{\alpha}_1,\boldsymbol{\alpha}_2,\cdots,\boldsymbol{\alpha}_s$ 线性无关.

(2) 若存在不全为零的系数 $k_1,k_2,\cdots,k_s$,满足 $k_1\boldsymbol{\alpha}_1+k_2\boldsymbol{\alpha}_2+\cdots+k_s\boldsymbol{\alpha}_s\neq\mathbf{0}$,则 $\boldsymbol{\alpha}_1,\boldsymbol{\alpha}_2,\cdots,\boldsymbol{\alpha}_s$ 线性无关.

(3) 若存在不全为零的系数 $k_1,k_2,\cdots,k_s$,满足 $k_1\boldsymbol{\alpha}_1+\cdots+k_s\boldsymbol{\alpha}_s+k_1\boldsymbol{\beta}_1+\cdots+k_s\boldsymbol{\beta}_s=\mathbf{0}$,则 $\boldsymbol{\alpha}_1,\boldsymbol{\alpha}_2,\cdots,\boldsymbol{\alpha}_s$ 线性相关,$\boldsymbol{\beta}_1,\boldsymbol{\beta}_2,\cdots,\boldsymbol{\beta}_s$ 也线性相关.

(4) 若只有系数 $k_1,k_2,\cdots,k_s$ 全为零时,才满足 $k_1\boldsymbol{\alpha}_1+\cdots+k_s\boldsymbol{\alpha}_s+k_1\boldsymbol{\beta}_1+\cdots+k_s\boldsymbol{\beta}_s=\mathbf{0}$,则 $\boldsymbol{\alpha}_1,\boldsymbol{\alpha}_2,\cdots,\boldsymbol{\alpha}_s$ 线性无关,$\boldsymbol{\beta}_1,\boldsymbol{\beta}_2,\cdots,\boldsymbol{\beta}_s$ 也线性无关.

(5) 若 $\boldsymbol{\alpha}_1,\boldsymbol{\alpha}_2,\cdots,\boldsymbol{\alpha}_s$ 线性相关,$\boldsymbol{\beta}_1,\boldsymbol{\beta}_2,\cdots,\boldsymbol{\beta}_s$ 也线性相关,则存在不全为零的系数 $k_1,k_2,\cdots,k_s$,同时满足 $k_1\boldsymbol{\alpha}_1+k_2\boldsymbol{\alpha}_2+\cdots+k_s\boldsymbol{\alpha}_s=\mathbf{0}$,$k_1\boldsymbol{\beta}_1+k_2\boldsymbol{\beta}_2+\cdots+k_s\boldsymbol{\beta}_s=\mathbf{0}$.

(6) 若向量组的延伸组线性无关,则它的缩短组也线性无关.

(7) 若向量组线性相关,则它的任意部分组都线性相关.

2. 判断下列所给的每一组向量是线性相关还是线性无关.

(1) $\boldsymbol{\alpha}_1=\begin{pmatrix}1\\1\\1\end{pmatrix}$, $\boldsymbol{\alpha}_2=\begin{pmatrix}1\\2\\3\end{pmatrix}$, $\boldsymbol{\alpha}_3=\begin{pmatrix}1\\3\\6\end{pmatrix}$;　　(2) $\boldsymbol{\alpha}_1=\begin{pmatrix}1\\-1\\2\\4\end{pmatrix}$, $\boldsymbol{\alpha}_2=\begin{pmatrix}0\\3\\1\\2\end{pmatrix}$, $\boldsymbol{\alpha}_3=\begin{pmatrix}3\\0\\7\\14\end{pmatrix}$;

(3) $\boldsymbol{\alpha}_1=\begin{pmatrix}1\\0\\0\\1\end{pmatrix}$, $\boldsymbol{\alpha}_2=\begin{pmatrix}0\\1\\0\\2\end{pmatrix}$, $\boldsymbol{\alpha}_3=\begin{pmatrix}0\\0\\1\\3\end{pmatrix}$;　　(4) 任意四个 3 维向量 $\boldsymbol{\alpha}_1,\boldsymbol{\alpha}_2,\boldsymbol{\alpha}_3,\boldsymbol{\alpha}_4$;

(5) $\boldsymbol{\alpha}_1=\begin{pmatrix}3\\1\\2\\-4\end{pmatrix}$, $\boldsymbol{\alpha}_2=\begin{pmatrix}1\\0\\5\\2\end{pmatrix}$, $\boldsymbol{\alpha}_3=\begin{pmatrix}-1\\2\\0\\3\end{pmatrix}$;

(6) $\boldsymbol{\alpha}_1=\begin{pmatrix}-2\\1\\0\\3\end{pmatrix}$, $\boldsymbol{\alpha}_2=\begin{pmatrix}1\\-3\\2\\4\end{pmatrix}$, $\boldsymbol{\alpha}_3=\begin{pmatrix}3\\0\\2\\-1\end{pmatrix}$, $\boldsymbol{\alpha}_4=\begin{pmatrix}2\\-2\\4\\6\end{pmatrix}$;

(7) $\boldsymbol{\alpha}_1=\begin{pmatrix}3\\-1\\2\end{pmatrix}$, $\boldsymbol{\alpha}_2=\begin{pmatrix}1\\5\\-7\end{pmatrix}$, $\boldsymbol{\alpha}_3=\begin{pmatrix}7\\-13\\20\end{pmatrix}$, $\boldsymbol{\alpha}_4=\begin{pmatrix}-2\\6\\1\end{pmatrix}$.

3. 解答下列各题.

(1) 若 $\boldsymbol{\alpha}_1=\begin{pmatrix}1\\1\\2\end{pmatrix}$,$\boldsymbol{\alpha}_2=\begin{pmatrix}3\\a\\1\end{pmatrix}$,$\boldsymbol{\alpha}_3=\begin{pmatrix}0\\1\\-a\end{pmatrix}$线性相关,求 a 的值;

(2) 若 $\boldsymbol{\alpha}_1=\begin{pmatrix}1\\1\\2\end{pmatrix}$,$\boldsymbol{\alpha}_2=\begin{pmatrix}3\\a\\1\end{pmatrix}$,$\boldsymbol{\alpha}_3=\begin{pmatrix}0\\1\\-a\end{pmatrix}$线性无关,求 a 的值;

(3) 若 $\boldsymbol{\alpha}_1=\begin{pmatrix}1\\a\\1\end{pmatrix}$,$\boldsymbol{\alpha}_2=\begin{pmatrix}a\\1\\1\end{pmatrix}$,$\boldsymbol{\alpha}_3=\begin{pmatrix}1\\1\\2\end{pmatrix}$线性相关,求 a 的值.

4. 选择题:

(1) 存在全为零的系数 $x_1,x_2,\cdots,x_m$,使得 $x_1\boldsymbol{\alpha}_1+x_2\boldsymbol{\alpha}_2+\cdots+x_m\boldsymbol{\alpha}_m=\mathbf{0}$ 成立. 它是 $\boldsymbol{\alpha}_1$,$\boldsymbol{\alpha}_2,\cdots,\boldsymbol{\alpha}_m$ 线性无关的(　　).

A. 充分但非必要条件;　　B. 必要但非充分条件;

C. 充分必要条件;　　D. 既不是充分条件,也不是必要条件.

(2) 齐次线性方程组 $x_1\boldsymbol{\alpha}_1+x_2\boldsymbol{\alpha}_2+\cdots+x_m\boldsymbol{\alpha}_m=\mathbf{0}$ 有无穷多解是向量 $\boldsymbol{\alpha}_1,\boldsymbol{\alpha}_2,\cdots,\boldsymbol{\alpha}_m$ 线性相关的(　　).

A. 充分但非必要条件;　　B. 必要但非充分条件;

C. 充分必要条件;　　D. 既不是充分条件,也不是必要条件.

(3) 齐次线性方程组 $x_1\boldsymbol{\alpha}_1+x_2\boldsymbol{\alpha}_2+x_3\boldsymbol{\alpha}_3+x_4\boldsymbol{\alpha}_4+x_5\boldsymbol{\alpha}_5=\mathbf{0}$ 只有零解是向量组 $\boldsymbol{\alpha}_1,\boldsymbol{\alpha}_2,\boldsymbol{\alpha}_3$ 线性相关的(　　).

A. 充分但非必要条件;　　B. 必要但非充分条件;

C. 充分必要条件;　　D. 既不是充分条件,也不是必要条件.

(4) 以 3 维向量 $\boldsymbol{\alpha}_1,\boldsymbol{\alpha}_2,\boldsymbol{\alpha}_3,\boldsymbol{\alpha}_4$ 为列构成一个 3×4 矩阵 $\boldsymbol{A}$,对 $\boldsymbol{A}$ 实施初等行变换化成了阶梯形矩阵 $\begin{pmatrix}1&0&1&-1\\0&1&-1&1\\0&0&0&0\end{pmatrix}$,则下列结论错误的是(　　).

A. $\boldsymbol{\alpha}_1,\boldsymbol{\alpha}_2,\boldsymbol{\alpha}_3$ 线性相关;　　B. $\boldsymbol{\alpha}_1,\boldsymbol{\alpha}_2,\boldsymbol{\alpha}_4$ 线性相关;

C. $\boldsymbol{\alpha}_1,\boldsymbol{\alpha}_2$ 线性相关;　　D. $\boldsymbol{\alpha}_3,\boldsymbol{\alpha}_4$ 线性相关.

(5) 向量 $\boldsymbol{\alpha}_1=\begin{pmatrix}1\\1\\1\end{pmatrix},\boldsymbol{\alpha}_2=\begin{pmatrix}1\\2\\3\end{pmatrix},\boldsymbol{\alpha}_3=\begin{pmatrix}1\\3\\6\end{pmatrix}$ 是线性相关的.(　　).

A. 上述陈述是正确的；　　　B. 上述陈述是错误的.

(6) 向量 $\boldsymbol{\alpha}_1=\begin{pmatrix}1\\0\\0\\1\end{pmatrix},\boldsymbol{\alpha}_2=\begin{pmatrix}0\\1\\0\\2\end{pmatrix},\boldsymbol{\alpha}_3=\begin{pmatrix}0\\0\\1\\3\end{pmatrix}$ 是线性无关的.(　　).

A. 上述陈述是正确的；　　　B. 上述陈述是错误的.

(7) 向量组 $\boldsymbol{\alpha}_1=\begin{pmatrix}3\\-1\\2\end{pmatrix},\boldsymbol{\alpha}_2=\begin{pmatrix}1\\5\\-7\end{pmatrix},\boldsymbol{\alpha}_3=\begin{pmatrix}7\\-13\\20\end{pmatrix},\boldsymbol{\alpha}_4=\begin{pmatrix}-2\\6\\1\end{pmatrix}$ 一定线性相关.(　　).

A. 上述陈述是正确的；　　　B. 上述陈述是错误的.

(8) 向量组 $\boldsymbol{\alpha}_1,\boldsymbol{\alpha}_2,\cdots,\boldsymbol{\alpha}_m$ 中含有一个零向量,则 $\boldsymbol{\alpha}_1,\boldsymbol{\alpha}_2,\cdots,\boldsymbol{\alpha}_m$ 一定线性相关.(　　).

A. 上述陈述是正确的；　　　B. 上述陈述是错误的.

(9) 向量组 $\boldsymbol{\alpha}_1,\boldsymbol{\alpha}_2,\cdots,\boldsymbol{\alpha}_m$ 中有两个向量相同是向量 $\boldsymbol{\alpha}_1,\boldsymbol{\alpha}_2,\cdots,\boldsymbol{\alpha}_m$ 线性相关的(　　).

A. 充分但非必要条件；　　　B. 必要但非充分条件；

C. 充分必要条件；　　　D. 既不是充分条件,也不是必要条件.

(10) m 个 n 维向量 $\boldsymbol{\alpha}_1,\boldsymbol{\alpha}_2,\cdots,\boldsymbol{\alpha}_m$ 的某部分组 $\boldsymbol{\alpha}_{i1},\boldsymbol{\alpha}_{i2},\cdots,\boldsymbol{\alpha}_{ik}$ 线性相关是 $\boldsymbol{\alpha}_1,\boldsymbol{\alpha}_2,\cdots,\boldsymbol{\alpha}_m$ 线性相关的(　　).

A. 充分但非必要条件；　　　B. 必要但非充分条件；

C. 充分必要条件；　　　D. 既不是充分条件,也不是必要条件.

(11) m 个 n 维向量 $\boldsymbol{\alpha}_1,\boldsymbol{\alpha}_2,\cdots,\boldsymbol{\alpha}_m$ 的某部分组 $\boldsymbol{\alpha}_{i1},\boldsymbol{\alpha}_{i2},\cdots,\boldsymbol{\alpha}_{ik}$ 线性无关是 $\boldsymbol{\alpha}_1,\boldsymbol{\alpha}_2,\cdots,\boldsymbol{\alpha}_m$ 线性无关的(　　).

A. 充分但非必要条件；　　　B. 必要但非充分条件；

C. 充分必要条件；　　　D. 既不是充分条件,也不是必要条件.

(12) 单个非零向量一定是线性无关的.(　　).

A. 上述陈述是正确的；　　　B. 上述陈述是错误的.

(13) 设 $\boldsymbol{\alpha}=\begin{pmatrix}a_1\\a_2\\a_3\end{pmatrix},\boldsymbol{\beta}=\begin{pmatrix}b_1\\b_2\\b_3\end{pmatrix},\boldsymbol{\gamma}=\begin{pmatrix}c_1\\c_2\\c_3\end{pmatrix},\boldsymbol{\alpha}_1=\begin{pmatrix}a_1\\a_2\\a_3\\a_4\end{pmatrix},\boldsymbol{\beta}_1=\begin{pmatrix}b_1\\b_2\\b_3\\b_4\end{pmatrix},\boldsymbol{\gamma}_1=\begin{pmatrix}c_1\\c_2\\c_3\\c_4\end{pmatrix}$,则 $\boldsymbol{\alpha},\boldsymbol{\beta},\boldsymbol{\gamma}$ 线性相关是 $\boldsymbol{\alpha}_1,\boldsymbol{\beta}_1,\boldsymbol{\gamma}_1$ 线性相关的(　　).

A. 充分但非必要条件；　　B. 必要但非充分条件；

C. 充分必要条件；　　D. 既不是充分条件,也不是必要条件.

(14) 设 $\boldsymbol{\alpha}=\begin{pmatrix}a_1\\a_2\\a_3\end{pmatrix}$, $\boldsymbol{\beta}=\begin{pmatrix}b_1\\b_2\\b_3\end{pmatrix}$, $\boldsymbol{\gamma}=\begin{pmatrix}c_1\\c_2\\c_3\end{pmatrix}$, $\boldsymbol{\alpha}_1=\begin{pmatrix}a_1\\a_2\\a_3\\a_4\end{pmatrix}$, $\boldsymbol{\beta}_1=\begin{pmatrix}b_1\\b_2\\b_3\\b_4\end{pmatrix}$, $\boldsymbol{\gamma}_1=\begin{pmatrix}c_1\\c_2\\c_3\\c_4\end{pmatrix}$,则 $\boldsymbol{\alpha},\boldsymbol{\beta},\boldsymbol{\gamma}$ 线性无关是 $\boldsymbol{\alpha}_1,\boldsymbol{\beta}_1,\boldsymbol{\gamma}_1$ 线性无关的(　　).

A. 充分但非必要条件；　　B. 必要但非充分条件；

C. 充分必要条件；　　D. 既不是充分条件,也不是必要条件.

(15) 若向量 $\boldsymbol{\alpha}_1=\begin{pmatrix}1\\1\\2\end{pmatrix}$, $\boldsymbol{\alpha}_2=\begin{pmatrix}3\\t\\1\end{pmatrix}$, $\boldsymbol{\alpha}_3=\begin{pmatrix}0\\2\\-t\end{pmatrix}$ 线性相关,则(　　).

A. $t=5$；　B. $t=-2$；　C. $t=5$ 或 $t=-2$；　D. t 的值不能确定.

§2.4 向量组的秩与方程组解的判定

设 $\boldsymbol{\alpha}_1=\begin{pmatrix}1\\-1\\2\end{pmatrix}$, $\boldsymbol{\alpha}_2=\begin{pmatrix}2\\-1\\1\end{pmatrix}$, $\boldsymbol{\alpha}_3=\begin{pmatrix}3\\-2\\3\end{pmatrix}$, $\boldsymbol{\alpha}_4=\begin{pmatrix}-1\\0\\-1\end{pmatrix}$ 是 4 个 3 维向量,以 $\boldsymbol{\alpha}_1,\boldsymbol{\alpha}_2,\boldsymbol{\alpha}_3,\boldsymbol{\alpha}_4$ 为列,构成矩阵 $\boldsymbol{A}=\begin{pmatrix}1&2&3&-1\\-1&-1&-2&0\\2&1&3&1\end{pmatrix}$,对 $\boldsymbol{A}$ 实施初等行变换,化为标准阶梯形

$$\boldsymbol{A}\xrightarrow[\text{第 1 行的}(-2)\text{倍加到第 3 行}]{\text{第 1 行加到第 2 行}}\begin{pmatrix}1&2&3&-1\\0&1&1&-1\\0&-3&-3&3\end{pmatrix}$$

$$\xrightarrow[\text{第 2 行的}(-2)\text{倍加到第 1 行}]{\text{第 2 行的 3 倍加到第 3 行}}\begin{pmatrix}1&0&1&1\\0&1&1&-1\\0&0&0&0\end{pmatrix},$$

经初等行变换,$\boldsymbol{A}$ 化为标准阶梯形,且主元在 $\boldsymbol{\alpha}_1,\boldsymbol{\alpha}_2$ 所在的列,所以说,

$x_1\boldsymbol{\alpha}_1+x_2\boldsymbol{\alpha}_2=\mathbf{0}$ 的系数矩阵 $\begin{pmatrix}1&2\\-1&-1\\2&1\end{pmatrix}$，经对矩阵 $\boldsymbol{A}$ 实施相同的初等行变换，化为 $\begin{pmatrix}1&0\\0&1\\0&0\end{pmatrix}$，所以 $\boldsymbol{\alpha}_1,\boldsymbol{\alpha}_2$ 是线性无关的.

齐次方程组 $x_1\boldsymbol{\alpha}_1+x_2\boldsymbol{\alpha}_2+x_3\boldsymbol{\alpha}_3+x_4\boldsymbol{\alpha}_4=\mathbf{0}$ 相应的化为 $\begin{cases}x_1\quad+x_3+x_4=0,\\ x_2+x_3-x_4=0,\end{cases}$ 方程组 $x_1\boldsymbol{\alpha}_1+x_2\boldsymbol{\alpha}_2+x_3\boldsymbol{\alpha}_3+x_4\boldsymbol{\alpha}_4=\mathbf{0}$ 有无穷多解. 它的通解是 $\begin{cases}x_1=-x_3-x_4,\\ x_2=-x_3+x_4,\end{cases}$ x_3,x_4 是自由未知量.

取 $x_3=-1$，$x_4=0$，得 $x_1\boldsymbol{\alpha}_1+x_2\boldsymbol{\alpha}_2+x_3\boldsymbol{\alpha}_3+x_4\boldsymbol{\alpha}_4=\mathbf{0}$ 的一个解 $\begin{cases}x_1=1,\\ x_2=1,\\ x_3=-1,\\ x_4=0,\end{cases}$ 从而 $\boldsymbol{\alpha}_1+\boldsymbol{\alpha}_2-\boldsymbol{\alpha}_3+0\boldsymbol{\alpha}_4=\mathbf{0}$，$\boldsymbol{\alpha}_1+\boldsymbol{\alpha}_2=\boldsymbol{\alpha}_3$，$\boldsymbol{\alpha}_3$ 可以被 $\boldsymbol{\alpha}_1,\boldsymbol{\alpha}_2$ 线性表出.

取 $x_3=0$，$x_4=-1$，$x_1\boldsymbol{\alpha}_1+x_2\boldsymbol{\alpha}_2+x_3\boldsymbol{\alpha}_3+x_4\boldsymbol{\alpha}_4=\mathbf{0}$ 一个解 $\begin{cases}x_1=1,\\ x_2=-1,\\ x_3=0,\\ x_4=-1,\end{cases}$ 从而 $\boldsymbol{\alpha}_1-\boldsymbol{\alpha}_2+0\boldsymbol{\alpha}_3-\boldsymbol{\alpha}_4=\mathbf{0}$，$\boldsymbol{\alpha}_1-\boldsymbol{\alpha}_2=\boldsymbol{\alpha}_4$，$\boldsymbol{\alpha}_4$ 可以被 $\boldsymbol{\alpha}_1,\boldsymbol{\alpha}_2$ 线性表出.

也就是说，以 $\boldsymbol{\alpha}_1,\boldsymbol{\alpha}_2,\boldsymbol{\alpha}_3,\boldsymbol{\alpha}_4$ 为列的矩阵 $\boldsymbol{A}$，经初等行变换化为标准阶梯形之后，有 2 个主元，主元所在的第 1 列、第 2 列相应的向量 $\boldsymbol{\alpha}_1,\boldsymbol{\alpha}_2$ 是线性无关的，且余下的向量 $\boldsymbol{\alpha}_3,\boldsymbol{\alpha}_4$ 可以由 $\boldsymbol{\alpha}_1,\boldsymbol{\alpha}_2$ 线性表出.

即向量 $\boldsymbol{\alpha}_1,\boldsymbol{\alpha}_2,\boldsymbol{\alpha}_3,\boldsymbol{\alpha}_4$ 的部分组 $\boldsymbol{\alpha}_1,\boldsymbol{\alpha}_2$ 线性无关，且其余的向量都可以由 $\boldsymbol{\alpha}_1,\boldsymbol{\alpha}_2$ 线性表出. 具有这种性质的部分组，称为 $\boldsymbol{\alpha}_1,\boldsymbol{\alpha}_2,\boldsymbol{\alpha}_3,\boldsymbol{\alpha}_4$ 的极大线性无关组，极大线性无关组含有的向量个数，称为 $\boldsymbol{\alpha}_1,\boldsymbol{\alpha}_2,\boldsymbol{\alpha}_3,\boldsymbol{\alpha}_4$ 的秩.

定义 2.4.1 设 $\boldsymbol{\alpha}_1,\boldsymbol{\alpha}_2,\cdots,\boldsymbol{\alpha}_m$ 是 m 个 n 维向量，以 $\boldsymbol{\alpha}_1,\boldsymbol{\alpha}_2,\cdots,\boldsymbol{\alpha}_m$ 为列构作矩阵 $\boldsymbol{A}$，对 $\boldsymbol{A}$ 实施初等行变换，化为标准阶梯形 $\boldsymbol{B}$.

若 $\boldsymbol{B}$ 的主元在第 $k_1,k_2,\cdots,k_r$ 列，则相应的部分组 $\boldsymbol{\alpha}_{k1},\boldsymbol{\alpha}_{k2},\cdots,\boldsymbol{\alpha}_{kr}$ 是线性无关的，且其余的向量可以由 $\boldsymbol{\alpha}_{k1},\boldsymbol{\alpha}_{k2},\cdots,\boldsymbol{\alpha}_{kr}$ 线性表出.

称 $\boldsymbol{\alpha}_{k1},\boldsymbol{\alpha}_{k2},\cdots,\boldsymbol{\alpha}_{kr}$ 是 $\boldsymbol{\alpha}_1,\boldsymbol{\alpha}_2,\cdots,\boldsymbol{\alpha}_m$ 的一个极大线性无关组，r 是 $\boldsymbol{\alpha}_1,\boldsymbol{\alpha}_2,\cdots,\boldsymbol{\alpha}_m$ 的秩.

$\boldsymbol{\alpha}_1,\boldsymbol{\alpha}_2,\cdots,\boldsymbol{\alpha}_m$ 的秩，也称为矩阵 $\boldsymbol{A}$ 的秩，记作 $\mathrm{r}(\boldsymbol{A})$. $\boldsymbol{A}$ 的秩就是 $\boldsymbol{A}$ 的列向量组的秩.

注:求 m 个 n 维向量 $\boldsymbol{\alpha}_1,\boldsymbol{\alpha}_2,\cdots,\boldsymbol{\alpha}_m$ 的秩和极大线性无关组，就是要对以 $\boldsymbol{\alpha}_1,\boldsymbol{\alpha}_2,\cdots,\boldsymbol{\alpha}_m$ 为列的矩阵实施初等行变换，化为标准阶梯形，则主元的个数就是 $\boldsymbol{\alpha}_1,\boldsymbol{\alpha}_2,\cdots,\boldsymbol{\alpha}_m$ 的秩，主元所在列相对应的部分组，就是它的极大线性无关组.

例 2.4.1 设 $\boldsymbol{\alpha}_1=\begin{pmatrix}1\\-1\\1\\-1\end{pmatrix}$, $\boldsymbol{\alpha}_2=\begin{pmatrix}-1\\-1\\1\\1\end{pmatrix}$, $\boldsymbol{\alpha}_3=\begin{pmatrix}0\\-1\\1\\0\end{pmatrix}$, $\boldsymbol{\alpha}_4=\begin{pmatrix}2\\-1\\1\\-2\end{pmatrix}$,

$\boldsymbol{\alpha}_5=\begin{pmatrix}1\\1\\0\\0\end{pmatrix}$ 是 5 个 4 维向量，求它的秩和极大线性无关组.

解 以 $\boldsymbol{\alpha}_1,\boldsymbol{\alpha}_2,\boldsymbol{\alpha}_3,\boldsymbol{\alpha}_4,\boldsymbol{\alpha}_5$ 为列，构作矩阵

$$\boldsymbol{A}=\begin{pmatrix}1&-1&0&2&1\\-1&-1&-1&-1&1\\1&1&1&1&0\\-1&1&0&-2&0\end{pmatrix},$$

对 $\boldsymbol{A}$ 实施初等行变换，化为标准阶梯形

$$A \xrightarrow[\substack{\text{第 1 行的}(-1)\text{倍加到第 3 行} \\ \text{第 1 行加到第 4 行}}]{\text{第 1 行加到第 2 行}} \begin{pmatrix} 1 & -1 & 0 & 2 & 1 \\ 0 & -2 & -1 & 1 & 2 \\ 0 & 2 & 1 & -1 & -1 \\ 0 & 0 & 0 & 0 & 1 \end{pmatrix}$$

$$\xrightarrow[\text{第 3 行的}(-1)\text{倍加到第 4 行}]{\text{第 2 行加到第 3 行}} \begin{pmatrix} 1 & -1 & 0 & 2 & 1 \\ 0 & -2 & -1 & 1 & 2 \\ 0 & 0 & 0 & 0 & 1 \\ 0 & 0 & 0 & 0 & 0 \end{pmatrix}$$

$$\xrightarrow[\text{第 2 行加到第 1 行}]{\text{第 2 行乘}\left(-\frac{1}{2}\right)} \begin{pmatrix} 1 & 0 & \frac{1}{2} & \frac{3}{2} & 0 \\ 0 & 1 & \frac{1}{2} & -\frac{1}{2} & 1 \\ 0 & 0 & 0 & 0 & 1 \\ 0 & 0 & 0 & 0 & 0 \end{pmatrix}$$

$$\xrightarrow[\text{第 3 行的}(-1)\text{倍加到第 2 行}]{} \begin{pmatrix} 1 & 0 & \frac{1}{2} & \frac{3}{2} & 0 \\ 0 & 1 & \frac{1}{2} & -\frac{1}{2} & 0 \\ 0 & 0 & 0 & 0 & 1 \\ 0 & 0 & 0 & 0 & 0 \end{pmatrix},$$

$\boldsymbol{A}$ 经初等行变换,化为标准阶梯形 $\boldsymbol{B}=\begin{pmatrix} 1 & 0 & \frac{1}{2} & \frac{3}{2} & 0 \\ 0 & 1 & \frac{1}{2} & -\frac{1}{2} & 0 \\ 0 & 0 & 0 & 0 & 1 \\ 0 & 0 & 0 & 0 & 0 \end{pmatrix}$.

$\boldsymbol{B}$ 有 3 个主元,所以向量 $\boldsymbol{\alpha}_1,\boldsymbol{\alpha}_2,\boldsymbol{\alpha}_3,\boldsymbol{\alpha}_4,\boldsymbol{\alpha}_5$ 的秩为 3;

$\boldsymbol{B}$ 的主元在第 1、第 2、第 5 列,所以 $\boldsymbol{\alpha}_1=\begin{pmatrix} 1 \\ -1 \\ 1 \\ -1 \end{pmatrix}$,$\boldsymbol{\alpha}_2=\begin{pmatrix} -1 \\ -1 \\ 1 \\ 1 \end{pmatrix}$,$\boldsymbol{\alpha}_5=\begin{pmatrix} 1 \\ 1 \\ 0 \\ 0 \end{pmatrix}$是它的极大线性无关组.

注:$\boldsymbol{\alpha}_1,\boldsymbol{\alpha}_2,\boldsymbol{\alpha}_5$ 是 $\boldsymbol{\alpha}_1,\boldsymbol{\alpha}_2,\boldsymbol{\alpha}_3,\boldsymbol{\alpha}_4,\boldsymbol{\alpha}_5$ 的极大线性无关组,$\boldsymbol{\alpha}_3,\boldsymbol{\alpha}_4$ 可以由 $\boldsymbol{\alpha}_1$,

$\boldsymbol{\alpha}_2$,$\boldsymbol{\alpha}_5$ 线性表出,且 $\boldsymbol{\alpha}_3=\frac{1}{2}\boldsymbol{\alpha}_1+\frac{1}{2}\boldsymbol{\alpha}_2+0\boldsymbol{\alpha}_5$, $\boldsymbol{\alpha}_4=\frac{3}{2}\boldsymbol{\alpha}_1-\frac{1}{2}\boldsymbol{\alpha}_2+0\boldsymbol{\alpha}_5$.

利用向量秩的概念,也可以刻画和描述线性方程组有解的判定.

线性方程组 $\begin{cases} a_{11}x_1+a_{12}x_2+\cdots+a_{1n}x_n=b_1, \\ a_{21}x_1+a_{22}x_2+\cdots+a_{2n}x_n=b_2, \\ \quad\vdots \qquad\qquad\qquad\quad \vdots \\ a_{m1}x_1+a_{m2}x_2+\cdots+a_{mn}x_n=b_m \end{cases}$ 的系数矩阵 $\boldsymbol{A}$、常数列 $\boldsymbol{\beta}$、增广矩阵 $\overline{\boldsymbol{A}}$ 分别是

$$\boldsymbol{A}=\begin{pmatrix} a_{11} & a_{12} & \cdots & a_{1n} \\ a_{21} & a_{22} & \cdots & a_{2n} \\ \vdots & \vdots & \cdots & \vdots \\ a_{m1} & a_{m2} & \cdots & a_{mn} \end{pmatrix}, \quad \boldsymbol{\beta}=\begin{pmatrix} b_1 \\ b_2 \\ \vdots \\ b_m \end{pmatrix}, \quad \overline{\boldsymbol{A}}=\begin{pmatrix} a_{11} & a_{12} & \cdots & a_{1n} & b_1 \\ a_{21} & a_{22} & \cdots & a_{2n} & b_2 \\ \vdots & \vdots & \cdots & \vdots & \vdots \\ a_{m1} & a_{m2} & \cdots & a_{mn} & b_m \end{pmatrix}.$$

对 $\overline{\boldsymbol{A}}$ 实施初等行变换,化为标准阶梯形 $\overline{\boldsymbol{B}}$. $\overline{\boldsymbol{B}}$ 的前 n 列组成的矩阵记为 $\boldsymbol{B}$,则 $\boldsymbol{B}$ 是由方程组的系数矩阵 $\boldsymbol{A}$ 经过相应的初等行变换得到的.

由于 $\boldsymbol{B}$ 的列是 $\overline{\boldsymbol{B}}$ 的前 n 列,所以 $\boldsymbol{B}$ 的主元都是 $\overline{\boldsymbol{B}}$ 的主元. $\boldsymbol{B}$ 的主元个数是 $\boldsymbol{A}$ 的秩, $\overline{\boldsymbol{B}}$ 的主元个数是 $\overline{\boldsymbol{A}}$ 的秩.

若线性方程组 $\boldsymbol{AX}=\boldsymbol{\beta}$ 有解,则 $\overline{\boldsymbol{B}}$ 的最后一列没有主元, $\overline{\boldsymbol{B}}$ 的主元都是 $\boldsymbol{B}$ 的主元,所以 $\overline{\boldsymbol{A}}$ 的秩与 $\boldsymbol{A}$ 的秩相等,即 $\mathrm{r}(\overline{\boldsymbol{A}})=\mathrm{r}(\boldsymbol{A})$.

若 $\mathrm{r}(\overline{\boldsymbol{A}})=\mathrm{r}(\boldsymbol{A})$,则 $\overline{\boldsymbol{B}}$ 与 $\boldsymbol{B}$ 有相同的主元个数,而 $\boldsymbol{B}$ 的主元都是 $\overline{\boldsymbol{B}}$ 的主元,所以 $\overline{\boldsymbol{B}}$ 的最后一列没有主元,从而方程组 $\boldsymbol{AX}=\boldsymbol{\beta}$ 有解.

定理 2.4.1 设 n 元线性方程组 $\boldsymbol{AX}=\boldsymbol{\beta}$ 的系数矩阵为 $\boldsymbol{A}$,增广矩阵为 $\overline{\boldsymbol{A}}$,则 $\boldsymbol{AX}=\boldsymbol{\beta}$ 有解的充要条件是 $\boldsymbol{A}$ 与 $\overline{\boldsymbol{A}}$ 有相同的秩.

若 $\mathrm{r}(\overline{\boldsymbol{A}})=\mathrm{r}(\boldsymbol{A})=n$,则方程 $\boldsymbol{AX}=\boldsymbol{\beta}$ 有唯一解;

若 $\mathrm{r}(\overline{\boldsymbol{A}})=\mathrm{r}(\boldsymbol{A})<n$,则方程 $\boldsymbol{AX}=\boldsymbol{\beta}$ 有无穷多解.

注:利用矩阵的秩判断线性方程组解的情形,与利用加减消元法求解线性方程组的结论是一致的,是相同的结论,不同的表述方法.

例 2.4.2 设线性方程组

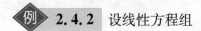

$$\begin{cases}(2-\lambda)x_1+2x_2-2x_3=1,\\ 2x_1+(5-\lambda_2)x_2-4x_3=2,\\ -2x_1-4x_2+(5-\lambda)x_3=-\lambda-1,\end{cases}$$

问 λ 为何值时，线性方程组有唯一解、无解、无穷多解？有无穷多解时，求出通解.

解　线性方程组的增广矩阵 $\overline{\mathbf{A}}=\begin{pmatrix}2-\lambda & 2 & -2 & 1\\ 2 & 5-\lambda & -4 & 2\\ -2 & -4 & 5-\lambda & -\lambda-1\end{pmatrix}$，对 $\overline{\mathbf{A}}$ 实施初等行变换，化 $\overline{\mathbf{A}}$ 为标准阶梯形，

$$\overline{\mathbf{A}}\xrightarrow[\text{交换第 1 行、第 3 行}]{}\begin{pmatrix}-2 & -4 & 5-\lambda & -\lambda-1\\ 2 & 5-\lambda & -4 & 2\\ 2-\lambda & 2 & -2 & 1\end{pmatrix}$$

$$\xrightarrow[\text{第 1 行的}\left(\frac{2-\lambda}{2}\right)\text{倍加到第 3 行}]{\text{第 1 行加到第 2 行}}\begin{pmatrix}-2 & -4 & 5-\lambda & -\lambda-1\\ 0 & 1-\lambda & 1-\lambda & 1-\lambda\\ 0 & -2+2\lambda & 3-\frac{7}{2}\lambda+\frac{1}{2}\lambda^2 & -\frac{1}{2}\lambda+\frac{1}{2}\lambda^2\end{pmatrix}$$

$$\xrightarrow[\text{第 2 行的 2 倍加到第 3 行}]{}\begin{pmatrix}-2 & -4 & 5-\lambda & -\lambda-1\\ 0 & 1-\lambda & 1-\lambda & 1-\lambda\\ 0 & 0 & 5-\frac{11}{2}\lambda+\frac{1}{2}\lambda^2 & 2-\frac{5}{2}\lambda+\frac{1}{2}\lambda^2\end{pmatrix},$$

当 $1-\lambda\neq0$ 且 $5-\frac{11}{2}\lambda+\frac{1}{2}\lambda^2\neq0$ 时，得 $\lambda\neq1$ 且 $\lambda\neq10$. 在 $\lambda\neq1$ 且 $\lambda\neq10$ 时，$\overline{\mathbf{A}}$ 经初等行变换可以进一步化为

$$\xrightarrow[\text{第 3 行乘}\frac{1}{5-\frac{11}{2}\lambda+\frac{1}{2}\lambda^2}]{\text{第 2 行乘}\frac{1}{1-\lambda}}\begin{pmatrix}-2 & -4 & 5-\lambda & -\lambda-1\\ 0 & 1 & 1 & 1\\ 0 & 0 & 1 & \frac{4-\lambda}{10-\lambda}\end{pmatrix}$$

$$\xrightarrow[\substack{\text{第 3 行的}(-1)\text{倍加到第 2 行}\\ \text{第 3 行的}(\lambda-9)\text{倍加到第 1 行}}]{\text{第 2 行的 4 倍加到第 1 行}}\begin{pmatrix}-2 & 0 & 0 & -\frac{6}{10-\lambda}\\ 0 & 1 & 0 & \frac{6}{10-\lambda}\\ 0 & 0 & 1 & \frac{4-\lambda}{10-\lambda}\end{pmatrix}$$

$$\xrightarrow{\text{第1行乘}\left(-\frac{1}{2}\right)}\begin{pmatrix}1 & 0 & 0 & \frac{3}{10-\lambda}\\ 0 & 1 & 0 & \frac{6}{10-\lambda}\\ 0 & 0 & 1 & \frac{4-\lambda}{10-\lambda}\end{pmatrix},$$

方程组的增广矩阵$\overline{\boldsymbol{A}}$化为标准阶梯形$\overline{\boldsymbol{B}}=\begin{pmatrix}1 & 0 & 0 & \frac{3}{10-\lambda}\\ 0 & 1 & 0 & \frac{6}{10-\lambda}\\ 0 & 0 & 1 & \frac{4-\lambda}{10-\lambda}\end{pmatrix}$，$\overline{\boldsymbol{B}}$的最后一列没有主元，且主元个数为 3，所以 $r(\overline{\boldsymbol{A}})=r(\boldsymbol{A})=3$，等于未知量个数，方程组有唯一解；方程组的解为$\begin{cases}x_1=\frac{3}{10-\lambda},\\ x_2=\frac{6}{10-\lambda},\\ x_3=\frac{4-\lambda}{10-\lambda}.\end{cases}$

在 $1-\lambda=0$，$\lambda=1$ 时，方程的增广矩阵$\overline{\boldsymbol{A}}$经初等行变换化为$\begin{pmatrix}-2 & -4 & 4 & 2\\ 0 & 0 & 0 & 0\\ 0 & 0 & 0 & 0\end{pmatrix}$，再经初等行变换，进一步化为标准阶梯形

$$\xrightarrow{\text{第1行乘}\left(-\frac{1}{2}\right)}\begin{pmatrix}1 & 2 & -2 & 1\\ 0 & 0 & 0 & 0\\ 0 & 0 & 0 & 0\end{pmatrix}.$$

所得标准阶梯形的只有一个主元，且最后一列没有主元，所以 $r(\overline{\boldsymbol{A}})=r(\boldsymbol{A})=1$，小于未知量个数，方程组有无穷多解.

方程组同解于 $x_1+2x_2-2x_3=1$，通解为 $x_1=1-2x_2+2x_3$，x_2,x_3 是自由未知量.

在 $10-\lambda=0$，$\lambda=10$ 时，方程的增广矩阵$\overline{\boldsymbol{A}}$经初等行变换化为$\begin{pmatrix}-2 & -4 & -5 & -11\\ 0 & -9 & -9 & -9\\ 0 & 0 & 0 & 27\end{pmatrix}$，再经初等行变换，进一步化为标准阶梯形

$$\xrightarrow[\text{第 3 行乘}\frac{1}{27}]{\substack{\text{第 1 行乘}\left(-\frac{1}{2}\right) \\ \text{第 2 行乘}\left(-\frac{1}{9}\right)}} \begin{pmatrix} 1 & 2 & \frac{5}{2} & \frac{11}{2} \\ 0 & 1 & 1 & 1 \\ 0 & 0 & 0 & 1 \end{pmatrix}$$

$$\xrightarrow[\substack{\text{第 3 行的}\left(-\frac{11}{2}\right)\text{倍加到第 1 行} \\ \text{第 2 行的}(-2)\text{倍加到第 1 行}}]{\text{第 3 行的}(-1)\text{倍加到第 2 行}} \begin{pmatrix} 1 & 0 & \frac{1}{2} & 0 \\ 0 & 1 & 1 & 0 \\ 0 & 0 & 0 & 1 \end{pmatrix},$$

方程组的增广矩阵 $\overline{\boldsymbol{A}}$，经初等行变换化得标准阶梯形 $\overline{\boldsymbol{B}} = \begin{pmatrix} 1 & 0 & \frac{1}{2} & 0 \\ 0 & 1 & 1 & 0 \\ 0 & 0 & 0 & 1 \end{pmatrix}$.

$\overline{\boldsymbol{B}}$ 有 3 个主元，且 $\overline{\boldsymbol{B}}$ 的最后一列出现了主元，$\mathrm{r}(\overline{\boldsymbol{A}})=3$，$\mathrm{r}(\boldsymbol{A})=2$，方程组无解.

注：求解线性方程组时，要把方程组的增广矩阵经初等行变换化为标准阶梯形，而判断线性方程组是否有解，只要把增广矩阵经初等行变换化为阶梯形就可以了.

例如，在上例中，在 $\lambda=10$ 时，由 $\overline{\boldsymbol{A}}$ 化得的阶梯形 $\begin{pmatrix} -2 & -4 & -5 & -11 \\ 0 & -9 & -9 & -9 \\ 0 & 0 & 0 & 27 \end{pmatrix}$，已经可以得到，它有 3 个主元，且最后一列（常数列）存在主元，得到 $\mathrm{r}(\overline{\boldsymbol{A}})=3$，$\mathrm{r}(\boldsymbol{A})=2$，方程组无解.

齐次线性方程组只存在有无穷多解，有唯一解两种情形，利用系数矩阵的秩，判定齐次线性方程组解的情形，可以表述成定理 2.4.2.

> **定理 2.4.2** n 元齐次线性方程组 $\boldsymbol{AX}=\boldsymbol{0}$ 存在非零解的充要条件是系数矩阵 $\boldsymbol{A}$ 的秩 $\mathrm{r}(\boldsymbol{A})<n$，只有零解的充要条件是系数矩阵 $\boldsymbol{A}$ 的秩 $\mathrm{r}(\boldsymbol{A})=n$.

推论 1 设 $\boldsymbol{A}$ 是一个 n 阶方阵，则 n 元齐次线性方程组 $\boldsymbol{AX}=\boldsymbol{0}$ 只有零解的充要条件是 $\boldsymbol{A}$ 的行列式 $|\boldsymbol{A}|\neq 0$.

假设方阵$\boldsymbol{A}$的行列式$|\boldsymbol{A}|\neq 0$. 记$\boldsymbol{P}_1,\boldsymbol{P}_2,\cdots,\boldsymbol{P}_n$是$\boldsymbol{A}$的第1列,第2列,$\cdots$,第$n$列,则齐次线性方程组$x_1\boldsymbol{P}_1+x_2\boldsymbol{P}_2+\cdots+x_n\boldsymbol{P}_n=\boldsymbol{0}$只有零解,从而$\boldsymbol{P}_1,\boldsymbol{P}_2,\cdots,\boldsymbol{P}_n$线性无关. 所以

推论2 设$\boldsymbol{P}_1,\boldsymbol{P}_2,\cdots,\boldsymbol{P}_n$是$n$阶方阵$\boldsymbol{A}$的第1列,第2列,$\cdots$,第$n$列.

若$\boldsymbol{A}$的行列式$|\boldsymbol{A}|\neq 0$,则$\boldsymbol{P}_1,\boldsymbol{P}_2,\cdots,\boldsymbol{P}_n$线性无关,若$\boldsymbol{A}$的行列式$|\boldsymbol{A}|=0$,则$\boldsymbol{P}_1,\boldsymbol{P}_2,\cdots,\boldsymbol{P}_n$线性相关.

习题 2.4

1. 求下列各组向量的秩以及它的一个极大无关组.

(1) $\boldsymbol{\alpha}_1=\begin{pmatrix}1\\1\\4\end{pmatrix},\boldsymbol{\alpha}_2=\begin{pmatrix}-2\\-2\\-8\end{pmatrix},\boldsymbol{\alpha}_3=\begin{pmatrix}-3\\2\\3\end{pmatrix},\boldsymbol{\alpha}_4=\begin{pmatrix}1\\-1\\-2\end{pmatrix}$;

(2) $\boldsymbol{\alpha}_1=\begin{pmatrix}-1\\5\\3\\-2\end{pmatrix},\boldsymbol{\alpha}_2=\begin{pmatrix}4\\1\\-2\\9\end{pmatrix},\boldsymbol{\alpha}_3=\begin{pmatrix}2\\0\\-1\\4\end{pmatrix},\boldsymbol{\alpha}_4=\begin{pmatrix}0\\3\\4\\-5\end{pmatrix}$;

(3) $\boldsymbol{\alpha}_1=\begin{pmatrix}1\\-1\\2\\3\end{pmatrix},\boldsymbol{\alpha}_2=\begin{pmatrix}3\\-7\\8\\9\end{pmatrix},\boldsymbol{\alpha}_3=\begin{pmatrix}-1\\-3\\0\\3\end{pmatrix},\boldsymbol{\alpha}_4=\begin{pmatrix}1\\-9\\6\\3\end{pmatrix}$;

(4) $\boldsymbol{\alpha}_1=\begin{pmatrix}1\\-2\\0\\3\end{pmatrix},\boldsymbol{\alpha}_2=\begin{pmatrix}2\\-5\\-3\\6\end{pmatrix},\boldsymbol{\alpha}_3=\begin{pmatrix}0\\1\\3\\0\end{pmatrix},\boldsymbol{\alpha}_4=\begin{pmatrix}2\\-1\\4\\-7\end{pmatrix},\boldsymbol{\alpha}_5=\begin{pmatrix}5\\-8\\1\\2\end{pmatrix}$;

(5) $\boldsymbol{\alpha}_1=\begin{pmatrix}1\\1\\3\\1\end{pmatrix},\boldsymbol{\alpha}_2=\begin{pmatrix}-1\\1\\-1\\3\end{pmatrix},\boldsymbol{\alpha}_3=\begin{pmatrix}5\\-2\\8\\-9\end{pmatrix},\boldsymbol{\alpha}_4=\begin{pmatrix}-1\\3\\1\\7\end{pmatrix}$;

(6) $\boldsymbol{\alpha}_1=\begin{pmatrix}1\\1\\2\\3\end{pmatrix},\boldsymbol{\alpha}_2=\begin{pmatrix}2\\-5\\-3\\6\end{pmatrix},\boldsymbol{\alpha}_3=\begin{pmatrix}1\\3\\3\\5\end{pmatrix},\boldsymbol{\alpha}_4=\begin{pmatrix}4\\-2\\5\\6\end{pmatrix},\boldsymbol{\alpha}_5=\begin{pmatrix}-3\\-1\\-5\\-7\end{pmatrix}$.

2. 解答下列各题.

(1) 若向量组 $\boldsymbol{\alpha}_1=\begin{pmatrix}1\\1\\a\end{pmatrix},\boldsymbol{\alpha}_2=\begin{pmatrix}1\\a\\1\end{pmatrix},\boldsymbol{\alpha}_3=\begin{pmatrix}a\\1\\1\end{pmatrix}$ 的秩等于 2,求 a 的值.

(2) 设 $\boldsymbol{A}=\begin{pmatrix}1&1&1\\1&1&2\\a&2&3\end{pmatrix}$. 若 $\boldsymbol{A}$ 的秩 $\mathrm{r}(\boldsymbol{A})=2$,求 a 的值;若 $\boldsymbol{A}$ 的秩 $\mathrm{r}(\boldsymbol{A})=3$,求 a 的值.

3. 求下列线性方程组的系数矩阵与增广矩阵的秩,并判断线性方程组解的情形. 若线性方程组有无穷多解,求它的通解.

(1) $\begin{cases}x_1-x_2+5x_3-x_4=1,\\x_1+x_2-2x_3+3x_4=2,\\3x_1-x_2+8x_3+x_4=4,\\x_1+3x_2-9x_3+7x_4=3;\end{cases}$

(2) $\begin{cases}x_1-3x_2+x_3-2x_4-x_5=1,\\-3x_1+9x_2-3x_3+6x_4+3x_5=3,\\2x_1-6x_2+2x_3-4x_4-2x_5=-2,\\5x_1-15x_2+5x_3-10x_4-5x_5=-5;\end{cases}$

(3) $\begin{cases}x_1-3x_2+x_3-2x_4=-2,\\-5x_1+x_2-2x_3+3x_4=3,\\-x_1-11x_2+2x_3-5x_4=-5,\\3x_1+5x_2+x_4=1;\end{cases}$

(4) $\begin{cases}2x_1-5x_2+x_3-3x_4=2,\\-3x_1+4x_2-2x_3+x_4=3,\\x_1+2x_2-x_3+3x_4=1,\\-2x_1+15x_2-6x_3+13x_4=4;\end{cases}$

(5) $\begin{cases}3x_1-x_2+2x_3+x_4=-1,\\x_1+3x_2-x_3+2x_4=2,\\-2x_1+5x_2+x_3-x_4=0,\\3x_1+10x_2+x_3+4x_4=3,\\-2x_1+15x_2-4x_3+4x_4=7;\end{cases}$

(6) $\begin{cases}x_1+x_2+x_3+4x_4-3x_5=-1,\\x_1-x_2+3x_3-2x_4-x_5=2,\\x_1+x_2+3x_3+5x_4-5x_5=1,\\3x_1+x_2+5x_3+6x_4-7x_5=0;\end{cases}$

(7) $\begin{cases}x_1+x_2=5,\\2x_1+x_2+x_3+2x_4=1,\\5x_1+3x_2+2x_3+2x_4=3;\end{cases}$

(8) $\begin{cases}x_1-5x_2+2x_3-3x_4=11,\\5x_1+3x_2+6x_3-x_4=-1,\\2x_1+4x_2+2x_3+x_4=-6;\end{cases}$

(9) $\begin{cases}x_1-5x_2+2x_3-3x_4=11,\\-3x_1+x_2-4x_3+2x_4=-5,\\-x_1-9x_2-4x_4=17,\\5x_1+3x_2+6x_3-x_4=-1;\end{cases}$

(10) $x_1-4x_2+2x_3-3x_4+6x_5=4$.

4. 选择题:

(1) 向量 $\boldsymbol{\alpha}_1=\begin{pmatrix}1\\0\\1\end{pmatrix},\boldsymbol{\alpha}_2=\begin{pmatrix}1\\1\\1\end{pmatrix},\boldsymbol{\alpha}_3=\begin{pmatrix}-1\\-1\\-1\end{pmatrix},\boldsymbol{\alpha}_4=\begin{pmatrix}2\\0\\2\end{pmatrix}$ 的秩为 2,则下列向量组,不是它的

极大线性无关组的是(　　).

A. $\boldsymbol{\alpha}_1,\boldsymbol{\alpha}_2$； B. $\boldsymbol{\alpha}_1,\boldsymbol{\alpha}_3$； C. $\boldsymbol{\alpha}_2,\boldsymbol{\alpha}_3$； D. $\boldsymbol{\alpha}_2,\boldsymbol{\alpha}_4$.

(2) 矩阵 $\boldsymbol{A}=(a_{ij})_{3\times4}$，$\boldsymbol{\gamma}_1,\boldsymbol{\gamma}_2,\boldsymbol{\gamma}_3,\boldsymbol{\gamma}_4$ 是矩阵 $\boldsymbol{A}$ 的第一至第四列，$\boldsymbol{A}$ 经过初等行变换化为矩阵 $\boldsymbol{B}=\begin{pmatrix}1 & -1 & -1 & 1\\0 & 0 & 1 & -1\\0 & 0 & 0 & 0\end{pmatrix}$，则下列结论错误的是(　　).

A. $\boldsymbol{\gamma}_1,\boldsymbol{\gamma}_2$ 线性相关； B. $\boldsymbol{\gamma}_1,\boldsymbol{\gamma}_3$ 线性无关；

C. $\boldsymbol{\gamma}_3,\boldsymbol{\gamma}_4$ 线性相关； D. $\boldsymbol{\gamma}_2,\boldsymbol{\gamma}_4$ 是 $\boldsymbol{\gamma}_1,\boldsymbol{\gamma}_2,\boldsymbol{\gamma}_3,\boldsymbol{\gamma}_4$ 的一个极大线性无关组.

(3) 矩阵 $\boldsymbol{A}=(a_{ij})_{4\times5}$，$\boldsymbol{\gamma}_1,\boldsymbol{\gamma}_2,\boldsymbol{\gamma}_3,\boldsymbol{\gamma}_4,\boldsymbol{\gamma}_5$ 是矩阵 $\boldsymbol{A}$ 的第一至第五列，$\boldsymbol{A}$ 经过初等行变换化为矩阵 $\boldsymbol{B}=\begin{pmatrix}1 & -1 & 1 & -1 & 1\\0 & 1 & -1 & -1 & 1\\0 & 0 & 0 & 1 & -1\\0 & 0 & 0 & 0 & 0\end{pmatrix}$，则下列结论错误的是(　　).

A. 齐次线性方程组 $x_1\boldsymbol{\gamma}_1+x_2\boldsymbol{\gamma}_2+x_3\boldsymbol{\gamma}_3=\boldsymbol{0}$ 有非零解；

B. 齐次线性方程组 $x_1\boldsymbol{\gamma}_1+x_2\boldsymbol{\gamma}_2+x_3\boldsymbol{\gamma}_4=\boldsymbol{0}$ 有非零解；

C. 齐次线性方程组 $x_1\boldsymbol{\gamma}_2+x_2\boldsymbol{\gamma}_3+x_3\boldsymbol{\gamma}_4=\boldsymbol{0}$ 有非零解；

D. 齐次线性方程组 $x_1\boldsymbol{\gamma}_3+x_2\boldsymbol{\gamma}_4+x_3\boldsymbol{\gamma}_5=\boldsymbol{0}$ 有非零解.

(4) 矩阵 $\boldsymbol{A}=(a_{ij})_{4\times5}$，$\boldsymbol{\gamma}_1,\boldsymbol{\gamma}_2,\boldsymbol{\gamma}_3,\boldsymbol{\gamma}_4,\boldsymbol{\gamma}_5$ 是矩阵 $\boldsymbol{A}$ 的第一至第五列，$\boldsymbol{A}$ 经过初等行变换化为矩阵 $\boldsymbol{B}=\begin{pmatrix}1 & -1 & 1 & -1 & 1\\0 & 1 & -1 & -1 & 1\\0 & 0 & 0 & 1 & -1\\0 & 0 & 0 & 0 & 0\end{pmatrix}$，则向量 $\boldsymbol{\gamma}_1,\boldsymbol{\gamma}_2,\boldsymbol{\gamma}_3,\boldsymbol{\gamma}_4,\boldsymbol{\gamma}_5$ 的极大线性无关组是(　　).

A. $\boldsymbol{\gamma}_1,\boldsymbol{\gamma}_2,\boldsymbol{\gamma}_3$； B. $\boldsymbol{\gamma}_2,\boldsymbol{\gamma}_3,\boldsymbol{\gamma}_4$； C. $\boldsymbol{\gamma}_3,\boldsymbol{\gamma}_4,\boldsymbol{\gamma}_5$； D. $\boldsymbol{\gamma}_1,\boldsymbol{\gamma}_2,\boldsymbol{\gamma}_5$.

(5) 矩阵 $\boldsymbol{A}=(a_{ij})_{4\times5}$，$\boldsymbol{A}$ 经过初等行变换化为矩阵

$\boldsymbol{B}=\begin{pmatrix}1 & -1 & 1 & -1 & 1\\0 & 1 & -1 & -1 & 1\\0 & 0 & 0 & 1 & -1\\0 & 0 & 0 & 0 & 0\end{pmatrix}$，则矩阵 $\boldsymbol{A}$ 的秩等于(　　).

A. 1； B. 2； C. 3； D. 4.

(6) 向量 $\boldsymbol{\alpha}_1=\begin{pmatrix}1\\1\\4\end{pmatrix}$，$\boldsymbol{\alpha}_2=\begin{pmatrix}-1\\-1\\-4\end{pmatrix}$，$\boldsymbol{\alpha}_3=\begin{pmatrix}-3\\2\\3\end{pmatrix}$，$\boldsymbol{\alpha}_4=\begin{pmatrix}1\\-1\\-2\end{pmatrix}$ 的秩等于(　　).

A. 1； B. 2； C. 3； D. 4.

(7) 设 a,b,c 是任意数,向量 $\boldsymbol{\alpha}_1=\begin{pmatrix}1\\a\\1\\1\end{pmatrix},\boldsymbol{\alpha}_2=\begin{pmatrix}1\\b\\1\\0\end{pmatrix},\boldsymbol{\alpha}_3=\begin{pmatrix}1\\c\\0\\0\end{pmatrix}$ 的秩等于(　　).

A. 1;　　B. 2;　　C. 3;　　D. 与实数 a,b,c 有关,不能确定.

(8) 矩阵 $\boldsymbol{A}=\begin{pmatrix}1\\2\\3\\4\end{pmatrix}(1\quad 2\quad 3\quad 4)$ 的秩 $\mathrm{r}(\boldsymbol{A})=$(　　).

A. 1;　　B. 2;　　C. 3;　　D. 4.

(9) 设 $\boldsymbol{A}=\begin{pmatrix}0&1&0&0\\0&0&1&0\\0&0&0&1\\0&0&0&0\end{pmatrix}$,则 $\boldsymbol{A}^3$ 的秩 $\mathrm{r}(\boldsymbol{A}^3)=$(　　).

A. 0;　　B. 1;　　C. 2;　　D. 3.

(10) m 个方程组成的 n 元线性方程组 $\boldsymbol{AX}=\boldsymbol{\beta}$ 的系数矩阵为 $\boldsymbol{A}$,增广矩阵为 $\overline{\boldsymbol{A}}$,它们的秩分别是 $\mathrm{r}(\boldsymbol{A}),\mathrm{r}(\overline{\boldsymbol{A}})$,则下列关于线性方程组 $\boldsymbol{AX}=\boldsymbol{\beta}$ 的表述错误的是(　　).

A. 若 $\mathrm{r}(\boldsymbol{A})=\mathrm{r}(\overline{\boldsymbol{A}})$,且 $m<n$,则 $\boldsymbol{AX}=\boldsymbol{\beta}$ 有无穷多解;

B. 若 $\mathrm{r}(\boldsymbol{A})=\mathrm{r}(\overline{\boldsymbol{A}})=m$,则 $\boldsymbol{AX}=\boldsymbol{\beta}$ 有唯一解;

C. 若 $\mathrm{r}(\boldsymbol{A})=\mathrm{r}(\overline{\boldsymbol{A}})=n$,则 $\boldsymbol{AX}=\boldsymbol{\beta}$ 有唯一解;

D. 若 $\mathrm{r}(\boldsymbol{A})=\mathrm{r}(\overline{\boldsymbol{A}})<n$,则 $\boldsymbol{AX}=\boldsymbol{\beta}$ 有无穷多解.

(11) 设 n 元线性方程组 $\boldsymbol{AX}=\boldsymbol{\beta}$ 的系数矩阵为 $\boldsymbol{A}$,增广矩阵为 $\overline{\boldsymbol{A}}$,它们的秩分别是 $\mathrm{r}(\boldsymbol{A}),\mathrm{r}(\overline{\boldsymbol{A}})$,则下列关于线性方程组 $\boldsymbol{AX}=\boldsymbol{\beta}$ 的表述错误的是(　　).

A. 若 $\mathrm{r}(\boldsymbol{A})=\mathrm{r}(\overline{\boldsymbol{A}})=$未知量个数,则方程组 $\boldsymbol{AX}=\boldsymbol{\beta}$ 有唯一解;

B. 若 $\mathrm{r}(\boldsymbol{A})=\mathrm{r}(\overline{\boldsymbol{A}})<$未知量个数,则方程组 $\boldsymbol{AX}=\boldsymbol{\beta}$ 有无穷多解;

C. 若 $\mathrm{r}(\overline{\boldsymbol{A}})<$未知量个数,则方程组 $\boldsymbol{AX}=\boldsymbol{\beta}$ 有无穷多解;

D. 若 $\mathrm{r}(\boldsymbol{A})<\mathrm{r}(\overline{\boldsymbol{A}})$,则方程组 $\boldsymbol{AX}=\boldsymbol{\beta}$ 无解.

(12) 线性方程组 $\begin{cases}x_1+x_2+x_3=1,\\x_1+ax_2+x_3=2,\\x_1+2x_2+x_3=2\end{cases}$ 有解,则 $a=$(　　).

A. 0;　　B. 1;　　C. 2;　　D. 3.

(13) 矩阵 $\boldsymbol{A}=\begin{pmatrix}-1&0&1&-2\\1&-1&0&\lambda\\0&1&-1&\lambda^2\end{pmatrix}$ 的秩 $\mathrm{r}(\boldsymbol{A})=2$,则(　　).

A. $\lambda=-2$； B. $\lambda=0$； C. $\lambda=1$； D. $\lambda^2+\lambda-2=0$.

(14) 矩阵 $\boldsymbol{A}=\begin{pmatrix}1&1&b\\b&1&b\\1&b&1\end{pmatrix}$ 的秩 $r(\boldsymbol{A})=2$，则(　　).

A. $b=-1$； B. $b=0$； C. $b=1$； D. $b^2=1$.

(15) 设 $\boldsymbol{A}=\begin{pmatrix}1&1&a\\0&a-1&0\\a&1&1\end{pmatrix}$，$\overline{\boldsymbol{A}}=\begin{pmatrix}1&1&a&1\\0&a-1&0&1\\a&1&1&b\end{pmatrix}$，若 $\boldsymbol{A}$ 的秩与 $\overline{\boldsymbol{A}}$ 的秩均为 2，则$a+b=$(　　).

A. 3； B. 1； C. -1； D. -3.

§2.5 方程组解的性质与解的结构

设 $\boldsymbol{A}=\begin{pmatrix}1&1&1&1&1\\2&3&1&1&-3\\1&0&2&2&6\\4&5&3&3&-1\end{pmatrix}$，$\boldsymbol{X}=\begin{pmatrix}x_1\\x_2\\x_3\\x_4\\x_5\end{pmatrix}$，$\boldsymbol{\beta}=\begin{pmatrix}2\\0\\6\\4\end{pmatrix}$，则 $\boldsymbol{AX}=\boldsymbol{\beta}$ 相应的线性方程组为

$$\begin{cases}x_1+x_2+x_3+x_4+x_5=2,\\2x_1+3x_2+x_3+x_4-3x_5=0,\\x_1+2x_3+2x_4+6x_5=6,\\4x_1+5x_2+3x_3+3x_4-x_5=4,\end{cases}$$

而与 $\boldsymbol{AX}=\boldsymbol{\beta}$ 有相同系数矩阵的齐次线性方程组 $\boldsymbol{AX}=\boldsymbol{0}$，相应的齐次线性方程组为

$$\begin{cases}x_1+x_2+x_3+x_4+x_5=0,\\2x_1+3x_2+x_3+x_4-3x_5=0,\\x_1+2x_3+2x_4+6x_5=0,\\4x_1+5x_2+3x_3+3x_4-x_5=0.\end{cases}$$

一般地,系数矩阵、未知量列、常数列分别是 $\boldsymbol{A}=\begin{pmatrix} a_{11} & a_{12} & \cdots & a_{1n} \\ a_{21} & a_{22} & \cdots & a_{2n} \\ \vdots & \vdots & \cdots & \vdots \\ a_{m1} & a_{m2} & \cdots & a_{mn} \end{pmatrix}$,

$\boldsymbol{X}=\begin{pmatrix} x_1 \\ x_2 \\ \vdots \\ x_n \end{pmatrix}$, $\boldsymbol{\beta}=\begin{pmatrix} b_1 \\ b_2 \\ \vdots \\ b_m \end{pmatrix}$ 的线性方程组 $\boldsymbol{AX}=\boldsymbol{\beta}$ 为

$$\begin{cases} a_{11}x_1+a_{12}x_2+\cdots+a_{1n}x_n=b_1, \\ a_{21}x_1+a_{22}x_2+\cdots+a_{2n}x_n=b_2, \\ \qquad\vdots \qquad\qquad\qquad \vdots \\ a_{m1}x_1+a_{m2}x_2+\cdots+a_{mn}x_n=b_m, \end{cases}$$

与方程组 $\boldsymbol{AX}=\boldsymbol{\beta}$ 有相同系数矩阵的齐次线性方程组 $\boldsymbol{AX}=\boldsymbol{0}$ 为

$$\begin{cases} a_{11}x_1+a_{12}x_2+\cdots+a_{1n}x_n=0, \\ a_{21}x_1+a_{22}x_2+\cdots+a_{2n}x_n=0, \\ \qquad\vdots \qquad\qquad\qquad \vdots \\ a_{m1}x_1+a_{m2}x_2+\cdots+a_{mn}x_n=0. \end{cases}$$

称与线性方程组 $\boldsymbol{AX}=\boldsymbol{\beta}$ 有相同系数矩阵的齐次线性方程组 $\boldsymbol{AX}=\boldsymbol{0}$ 为线性方程组 $\boldsymbol{AX}=\boldsymbol{\beta}$ 的导出齐次线性方程组.

设向量 $\boldsymbol{X}_0=\begin{pmatrix} k_1 \\ k_2 \\ \vdots \\ k_n \end{pmatrix}$,由向量的相等关系,$\begin{cases} x_1=k_1 \\ x_2=k_2 \\ \vdots \\ x_n=k_n \end{cases}$ 可以表示为 $\boldsymbol{X}=\boldsymbol{X}_0$,

$\begin{cases} x_1=k_1 \\ x_2=k_2 \\ \vdots \\ x_n=k_n \end{cases}$ 是 $\boldsymbol{AX}=\boldsymbol{\beta}$ 的解,就是 $\boldsymbol{X}_0$ 满足 $\boldsymbol{AX}_0=\boldsymbol{\beta}$. 所以,求 $\boldsymbol{AX}=\boldsymbol{\beta}$ 的解,就是求满足 $\boldsymbol{AX}_0=\boldsymbol{\beta}$ 的向量 $\boldsymbol{X}_0$.

满足 $\boldsymbol{AX}_0=\boldsymbol{\beta}$ 的向量 $\boldsymbol{X}_0$,称为方程组 $\boldsymbol{AX}=\boldsymbol{\beta}$ 的解向量. $\boldsymbol{AX}=\boldsymbol{\beta}$ 的所有解向量的集合,称为它的解集. 求解线性方程组 $\boldsymbol{AX}=\boldsymbol{\beta}$,就是求 $\boldsymbol{AX}=\boldsymbol{\beta}$ 的解向

量集.

齐次线性方程组的解向量满足以下性质.

性质 2.5.1 设 $\boldsymbol{X}_1,\boldsymbol{X}_2$ 是齐次线性方程组 $\boldsymbol{AX}=\boldsymbol{0}$ 的两个解向量，则 $\boldsymbol{X}_1+\boldsymbol{X}_2$ 仍是 $\boldsymbol{AX}=\boldsymbol{0}$ 的解向量.

性质 2.5.2 设 $\boldsymbol{X}_1$ 是齐次线性方程组 $\boldsymbol{AX}=\boldsymbol{0}$ 的一个解向量，k 为任意的数，则 $k\boldsymbol{X}_1$ 仍是 $\boldsymbol{AX}=\boldsymbol{0}$ 的解向量.

这是因为，$\boldsymbol{X}_1,\boldsymbol{X}_2$ 是齐次线性方程组 $\boldsymbol{AX}=\boldsymbol{0}$ 的两个解向量，满足 $\boldsymbol{AX}_1=\boldsymbol{0}$，$\boldsymbol{AX}_2=\boldsymbol{0}$，所以 $\boldsymbol{A}(\boldsymbol{X}_1+\boldsymbol{X}_2)=\boldsymbol{AX}_1+\boldsymbol{AX}_2=\boldsymbol{0}$，$\boldsymbol{A}(k\boldsymbol{X}_1)=k(\boldsymbol{AX}_1)=\boldsymbol{0}$，所以，$\boldsymbol{X}_1+\boldsymbol{X}_2,k\boldsymbol{X}_1$ 仍是 $\boldsymbol{AX}=\boldsymbol{0}$ 的解向量.

将上述两个性质一般化，则有下面这个性质.

性质 2.5.3 设 $\boldsymbol{X}_1,\boldsymbol{X}_2,\cdots,\boldsymbol{X}_m$ 是齐次线性方程组 $\boldsymbol{AX}=\boldsymbol{0}$ 的 m 个解向量，$k_1,k_2,\cdots,k_m$ 是 m 个任意的数，则 $k_1\boldsymbol{X}_1+k_2\boldsymbol{X}_2+\cdots+k_m\boldsymbol{X}_m$ 仍是 $\boldsymbol{AX}=\boldsymbol{0}$ 的解向量.

即齐次线性方程组解向量的线性组合仍是它的解向量.

由于齐次线性方程组解向量的组合仍是它的解向量，在 $\boldsymbol{AX}=\boldsymbol{0}$ 有无穷多解时，能否找到 $\boldsymbol{AX}=\boldsymbol{0}$ 的有限个解向量，组合得到它的解向量集？

例 2.5.1 求齐次线性方程组 $\begin{cases} x_1+x_2+x_3+x_4+x_5=0, \\ 2x_1+3x_2+x_3+x_4-3x_5=0, \\ x_1+2x_3+2x_4+6x_5=0, \\ 4x_1+5x_2+3x_3+3x_4-x_5=0 \end{cases}$ 的解向量集.

解 方程组的系数矩阵 $\boldsymbol{A}=\begin{pmatrix} 1 & 1 & 1 & 1 & 1 \\ 2 & 3 & 1 & 1 & -3 \\ 1 & 0 & 2 & 2 & 6 \\ 4 & 5 & 3 & 3 & -1 \end{pmatrix}$，对 $\boldsymbol{A}$ 实施初等行变换，化为标准阶梯形

$$\boldsymbol{A}\xrightarrow{\text{初等行变换}}\begin{pmatrix}1&0&2&2&6\\0&1&-1&-1&-5\\0&0&0&0&0\\0&0&0&0&0\end{pmatrix},$$

方程同解于$\begin{cases}x_1\quad+2x_3+2x_4+6x_5=0,\\x_2-\ x_3-\ x_4-5x_5=0,\end{cases}$

方程组的解为$\begin{cases}x_1=-2x_3-2x_4-6x_5,\\x_2=x_3+x_4+5x_5,\end{cases}$ x_3,x_4,x_5 是自由未知量.

取$\begin{cases}x_3=1,\\x_4=0,\\x_5=0,\end{cases}$得方程组的一个解向量 $\boldsymbol{X}_1=\begin{pmatrix}-2\\1\\1\\0\\0\end{pmatrix}$；

取$\begin{cases}x_3=0,\\x_4=1,\\x_5=0,\end{cases}$得方程组的一个解向量 $\boldsymbol{X}_2=\begin{pmatrix}-2\\1\\0\\1\\0\end{pmatrix}$；

取$\begin{cases}x_3=0,\\x_4=0,\\x_5=1,\end{cases}$得方程组的一个解向量 $\boldsymbol{X}_3=\begin{pmatrix}-6\\5\\0\\0\\1\end{pmatrix}$；

求得 3 个解向量 $\boldsymbol{X}_1,\boldsymbol{X}_2,\boldsymbol{X}_3$ 具有以下性质.

(1) 由于 $\boldsymbol{X}_1,\boldsymbol{X}_2,\boldsymbol{X}_3$ 是 $\begin{pmatrix}1\\0\\0\end{pmatrix},\begin{pmatrix}0\\1\\0\end{pmatrix},\begin{pmatrix}0\\0\\1\end{pmatrix}$ 的延伸组,所以线性无关.

(2) 任取自由未知量的一组值$\begin{cases}x_3=k_1,\\x_4=k_2,\\x_5=k_3,\end{cases}$得方程组的解向量

$$\boldsymbol{X}_0=\begin{pmatrix}-2k_1-2k_2-6k_3\\k_1+k_2+5k_3\\k_1\\k_2\\k_3\end{pmatrix},$$

所以,方程组的解向量集为

$$\left\{\begin{pmatrix}-2k_1-2k_2-6k_3\\k_1+k_2+5k_3\\k_1\\k_2\\k_3\end{pmatrix}\middle|\, k_1,k_2,k_3\text{ 是任意数}\right\}.$$

而

$$k_1\boldsymbol{X}_1+k_2\boldsymbol{X}_2+k_3\boldsymbol{X}_3=k_1\begin{pmatrix}-2\\1\\1\\0\\0\end{pmatrix}+k_2\begin{pmatrix}-2\\1\\0\\1\\0\end{pmatrix}+k_3\begin{pmatrix}-6\\5\\0\\0\\1\end{pmatrix}$$

$$=\begin{pmatrix}-2k_1-2k_2-6k_3\\k_1+k_2+5k_3\\k_1\\k_2\\k_3\end{pmatrix}=\boldsymbol{X}_0,$$

所以,方程组的解集又可以表示为$\{\boldsymbol{X}_0\,|\,\boldsymbol{X}_0=k_1\boldsymbol{X}_1+k_2\boldsymbol{X}_2+k_3\boldsymbol{X}_3$, k_1,k_2,k_3 是任意数$\}$.

注:5 元齐次线性方程组$\begin{cases}x_1+x_2+x_3+x_4+x_5=0,\\2x_1+3x_2+x_3+x_4-3x_5=0,\\x_1+2x_3+2x_4+6x_5=0,\\4x_1+5x_2+3x_3+3x_4-x_5=0\end{cases}$系数矩阵 $\boldsymbol{A}$ 的

秩 $r(\boldsymbol{A})=2$，它存在 3 个解向量 $\boldsymbol{X}_1=\begin{pmatrix}-2\\1\\1\\0\\0\end{pmatrix}$，$\boldsymbol{X}_2=\begin{pmatrix}-2\\1\\0\\1\\0\end{pmatrix}$，$\boldsymbol{X}_3=\begin{pmatrix}-6\\5\\0\\0\\1\end{pmatrix}$，满足

(1) $\boldsymbol{X}_1,\boldsymbol{X}_2,\boldsymbol{X}_3$ 线性无关；

(2) 齐次方程组的任何一个解 $\boldsymbol{X}_0$，$\boldsymbol{X}_0$ 可以由 $\boldsymbol{X}_1,\boldsymbol{X}_2,\boldsymbol{X}_3$ 线性表出；

(3) 齐次线性方程组的解集可以表示为 $\{\boldsymbol{X}_0 \mid \boldsymbol{X}_0=k_1\boldsymbol{X}_1+k_2\boldsymbol{X}_2+k_3\boldsymbol{X}_3,$ k_1,k_2,k_3 是任意数$\}$.

具有这种性质的向量 $\boldsymbol{X}_1,\boldsymbol{X}_2,\boldsymbol{X}_3$ 称为齐次线性方程组的基础解系.

定理 2.5.1　设 n 元齐次线性方程组 $\boldsymbol{AX}=\boldsymbol{0}$ 的系数矩阵 $\boldsymbol{A}$ 的秩 $r(\boldsymbol{A})=r<n$，则 $\boldsymbol{AX}=\boldsymbol{0}$ 有无穷多解，且存在 $(n-r)$ 个解向量 $\boldsymbol{X}_1,\boldsymbol{X}_2,\cdots,\boldsymbol{X}_{n-r}$，满足

(1) $\boldsymbol{X}_1,\boldsymbol{X}_2,\cdots,\boldsymbol{X}_{n-r}$ 线性无关；

(2) $\boldsymbol{AX}=\boldsymbol{0}$ 的任何解向量 $\boldsymbol{X}_0$，都可以由 $\boldsymbol{X}_1,\boldsymbol{X}_2,\cdots,\boldsymbol{X}_{n-r}$ 线性表出. 即存在系数 $k_1,k_2,\cdots,k_{n-r}$，满足 $\boldsymbol{X}_0=k_1\boldsymbol{X}_1+k_2\boldsymbol{X}_2+\cdots+k_{n-r}\boldsymbol{X}_{n-r}$；

(3) $\boldsymbol{AX}=\boldsymbol{0}$ 的解向量集为 $\{\boldsymbol{X}_0 \mid \boldsymbol{X}_0=k_1\boldsymbol{X}_1+k_2\boldsymbol{X}_2+\cdots+k_{n-r}\boldsymbol{X}_{n-r},$ $k_1,k_2,\cdots,k_{n-r}$ 是任意数$\}$.

具有这种性质的齐次线性方程组 $\boldsymbol{AX}=\boldsymbol{0}$ 的解向量 $\boldsymbol{X}_1,\boldsymbol{X}_2,\cdots,$ $\boldsymbol{X}_{n-r}$，称为 $\boldsymbol{AX}=\boldsymbol{0}$ 的基础解系.

注：求齐次线性方程组 $\boldsymbol{AX}=\boldsymbol{0}$ 的解向量集，就是求 $\boldsymbol{AX}=\boldsymbol{0}$ 的基础解系. 求 n 元齐次线性方程组 $\boldsymbol{AX}=\boldsymbol{0}$ 的基础解系和解向量集的一般步骤是：

(1) 写出 $\boldsymbol{AX}=\boldsymbol{0}$ 的系数矩阵 $\boldsymbol{A}$，并对 $\boldsymbol{A}$ 实施初等行变换，化为标准阶梯形 $\boldsymbol{B}$.

若 $\boldsymbol{B}$ 的主元个数等于 n，则 $r(\boldsymbol{A})=n$，等于未知量个数，$\boldsymbol{AX}=\boldsymbol{0}$ 只有零解；

若 $\boldsymbol{B}$ 的主元个数小于 n，则 $r(\boldsymbol{A})=r<n$，小于未知量个数，$\boldsymbol{AX}=\boldsymbol{0}$ 有非零解. $\boldsymbol{AX}=\boldsymbol{0}$ 存在含有 $n-r$ 个解向量的基础解系；

(2) 求得 $\boldsymbol{AX}=\boldsymbol{0}$ 的通解. 通解中含有 $n-r$ 个自由未知量；

(3) 取 $n-r$ 自由未知量的值，其中一个取值为 1，其余的均取 0，求得 $n-r$ 个解向量 $\boldsymbol{X}_1,\boldsymbol{X}_2,\cdots,\boldsymbol{X}_{n-r}$，则 $\boldsymbol{X}_1,\boldsymbol{X}_2,\cdots,\boldsymbol{X}_{n-r}$ 是 $\boldsymbol{AX}=\boldsymbol{0}$ 的基础解系；

(4) $\boldsymbol{AX}=\boldsymbol{0}$ 的解向量集为$\{\boldsymbol{X}_0 \mid \boldsymbol{X}_0=k_1\boldsymbol{X}_1+k_2\boldsymbol{X}_2+\cdots+k_{n-r}\boldsymbol{X}_{n-r}, k_1,k_2,\cdots,k_{n-r}$是任意数$\}$.

例 2.5.2 求齐次线性方程组$\begin{cases} x_1+x_2+x_3+4x_4-3x_5=0, \\ x_1-x_2+3x_3-2x_4-x_5=0, \\ 2x_1+x_2+3x_3+5x_4-5x_5=0, \\ 3x_1+x_2+5x_3+6x_4-7x_5=0 \end{cases}$的解向量集.

解 齐次线性方程组的系数矩阵$\boldsymbol{A}=\begin{pmatrix} 1 & 1 & 1 & 4 & -3 \\ 1 & -1 & 3 & -2 & -1 \\ 2 & 1 & 3 & 5 & -5 \\ 3 & 1 & 5 & 6 & -7 \end{pmatrix}$,对$\boldsymbol{A}$实施初等行变换,化为标准阶梯形

$$\boldsymbol{A}\xrightarrow[\substack{\text{第 1 行的}(-2)\text{倍加到第 3 行} \\ \text{第 1 行的}(-3)\text{倍加到第 4 行}}]{\text{第 1 行的}(-1)\text{倍加到第 2 行}}\begin{pmatrix} 1 & 1 & 1 & 4 & -3 \\ 0 & -2 & 2 & -6 & 2 \\ 0 & -1 & 1 & -3 & 1 \\ 0 & -2 & 2 & -6 & 2 \end{pmatrix}$$

$$\xrightarrow[\substack{\text{第 2 行加到第 3 行} \\ \text{第 2 行的 2 倍加到第 4 行}}]{\text{第 2 行乘}\left(-\frac{1}{2}\right)}\begin{pmatrix} 1 & 1 & 1 & 4 & -3 \\ 0 & 1 & -1 & 3 & -1 \\ 0 & 0 & 0 & 0 & 0 \\ 0 & 0 & 0 & 0 & 0 \end{pmatrix}$$

$$\xrightarrow[\text{第 2 行的}(-1)\text{倍加到第 1 行}]{}\begin{pmatrix} 1 & 0 & 2 & 1 & -2 \\ 0 & 1 & -1 & 3 & -1 \\ 0 & 0 & 0 & 0 & 0 \\ 0 & 0 & 0 & 0 & 0 \end{pmatrix},$$

$\boldsymbol{A}$ 化为标准阶梯形,有 2 个主元,$\mathrm{r}(\boldsymbol{A})=2$,小于未知量个数,方程组有无穷多解. 它的基础解系含有 $5-2=3$ 个解向量.

同解于$\begin{cases} x_1 \quad +2x_3+x_4-2x_5=0, \\ x_2-x_3+3x_4-x_5=0, \end{cases}$通解$\begin{cases} x_1=-2x_3-x_4+2x_5, \\ x_2=x_3-3x_4+x_5, \end{cases}$ x_3,x_4,x_5 为自由未知量.

取$\begin{cases}x_3=1,\\x_4=0,\\x_5=0,\end{cases}$得方程组的一个解向量 $\boldsymbol{X}_1=\begin{pmatrix}-2\\1\\1\\0\\0\end{pmatrix}$;

取$\begin{cases}x_3=0,\\x_4=1,\\x_5=0,\end{cases}$得方程组的一个解向量 $\boldsymbol{X}_2=\begin{pmatrix}-1\\-3\\0\\1\\0\end{pmatrix}$;

取$\begin{cases}x_3=0,\\x_4=0,\\x_5=1,\end{cases}$得方程组的一个解向量 $\boldsymbol{X}_3=\begin{pmatrix}2\\1\\0\\0\\1\end{pmatrix}$;

$\boldsymbol{X}_1,\boldsymbol{X}_2,\boldsymbol{X}_3$ 是方程组的基础解系;它的解向量集为

$$\{\boldsymbol{X}_0\mid\boldsymbol{X}_0=k_1\boldsymbol{X}_1+k_2\boldsymbol{X}_2+k_3\boldsymbol{X}_3,\ k_1,k_2,k_3\text{ 是任意数}\}$$

$$=\left\{\begin{pmatrix}-2k_1-k_2+2k_3\\k_1-3k_2+k_3\\k_1\\k_2\\k_3\end{pmatrix}\middle|\ k_1,k_2,k_3\text{ 是任意数}\right\}.$$

设 $\boldsymbol{X}_1,\boldsymbol{X}_2$ 是非齐次线性方程组 $\boldsymbol{AX}=\boldsymbol{\beta}$ 的两个解向量,则 $\boldsymbol{AX}_1=\boldsymbol{\beta}$, $\boldsymbol{AX}_2=\boldsymbol{\beta}$, $\boldsymbol{A}(\boldsymbol{X}_1+\boldsymbol{X}_2)=\boldsymbol{AX}_1+\boldsymbol{AX}_2=\boldsymbol{\beta}+\boldsymbol{\beta}=2\boldsymbol{\beta}$,在 $\boldsymbol{\beta}\neq\mathbf{0}$ 时,$2\boldsymbol{\beta}\neq\boldsymbol{\beta}$, $\boldsymbol{X}_1+\boldsymbol{X}_2$ 不再是 $\boldsymbol{AX}=\boldsymbol{\beta}$ 的解向量. 但 $\boldsymbol{A}(\boldsymbol{X}_1-\boldsymbol{X}_2)=\boldsymbol{AX}_1-\boldsymbol{AX}_2=\boldsymbol{\beta}-\boldsymbol{\beta}=\mathbf{0}$,所以($\boldsymbol{X}_1-\boldsymbol{X}_2$)是 $\boldsymbol{AX}=\mathbf{0}$ 的解向量.

性质 2.5.4 设 $\boldsymbol{X}_1,\boldsymbol{X}_2$ 是非齐次线性方程组 $\boldsymbol{AX}=\boldsymbol{\beta}$ 的两个解向量,则($\boldsymbol{X}_1-\boldsymbol{X}_2$)是它的导出齐次线性方程组 $\boldsymbol{AX}=\mathbf{0}$ 的解向量.

假设非齐次线性方程组 $\boldsymbol{AX}=\boldsymbol{\beta}$ 有无穷多解($\mathrm{r}(\overline{\boldsymbol{A}})=\mathrm{r}(\boldsymbol{A})$小于未知量个数),$\boldsymbol{X}_0$ 是 $\boldsymbol{AX}=\boldsymbol{\beta}$ 的一个解向量(已求得的),则对 $\boldsymbol{AX}=\boldsymbol{\beta}$ 的任意一个解向量

$\boldsymbol{X}$,都有$(\boldsymbol{X}-\boldsymbol{X}_0)$是它导出齐次线性方程组$\boldsymbol{AX}=\boldsymbol{0}$的解向量,从而能被$\boldsymbol{AX}=\boldsymbol{0}$的基础解系线性表出.

定理 2.5.2 设n元非齐次线性方程组$\boldsymbol{AX}=\boldsymbol{\beta}$的系数矩阵与增广矩阵的秩满足$\mathrm{r}(\overline{\boldsymbol{A}})=\mathrm{r}(\boldsymbol{A})=r<n$,$\boldsymbol{AX}=\boldsymbol{\beta}$有无穷多解.$\boldsymbol{X}_1,\boldsymbol{X}_2,\cdots,\boldsymbol{X}_{n-r}$是它的导出齐次线性方程组$\boldsymbol{AX}=\boldsymbol{0}$的基础解系,$\boldsymbol{X}_0$是$\boldsymbol{AX}=\boldsymbol{\beta}$的一个解向量,则$\boldsymbol{AX}=\boldsymbol{\beta}$的解向量集是

$$\{\boldsymbol{X}\mid\boldsymbol{X}=\boldsymbol{X}_0+k_1\boldsymbol{X}_1+k_2\boldsymbol{X}_2+\cdots+k_{n-r}\boldsymbol{X}_{n-r},\ k_1,k_2,\cdots,k_{n-r}\text{是任意数}\}.$$

注:求具有无穷多解的非齐次线性方程组$\boldsymbol{AX}=\boldsymbol{\beta}$的解向量集,就是求出$\boldsymbol{AX}=\boldsymbol{\beta}$的一个解向量$\boldsymbol{X}_0$,且求出它的导出齐次线性方程组$\boldsymbol{AX}=\boldsymbol{0}$的基础解系$\boldsymbol{X}_1,\boldsymbol{X}_2,\cdots,\boldsymbol{X}_{n-r}$.它的基本步骤如下:

(1) 写出$\boldsymbol{AX}=\boldsymbol{\beta}$的增广矩阵$\overline{\boldsymbol{A}}$,经初等行变换,化为标准阶梯形$\overline{\boldsymbol{B}}$.

若$\overline{\boldsymbol{B}}$的最后一列没有主元,且主元个数少于未知量个数,则$\mathrm{r}(\overline{\boldsymbol{A}})=\mathrm{r}(\boldsymbol{A})$,小于未知量个数,$\boldsymbol{AX}=\boldsymbol{\beta}$有无穷多解.

由$\overline{\boldsymbol{B}}$写出$\boldsymbol{AX}=\boldsymbol{\beta}$的通解,取自由未知量全为零,得$\boldsymbol{AX}=\boldsymbol{\beta}$的一个解向量$\boldsymbol{X}_0$;

(2) 在$\overline{\boldsymbol{B}}$中,去掉最后一列,则得到导出齐次线性方程组$\boldsymbol{AX}=0$的系数矩阵$\boldsymbol{A}$,经初等行变换化得的标准阶梯形$\boldsymbol{B}$,由此可以得到$\boldsymbol{AX}=\boldsymbol{0}$的通解;

(3) 利用$\boldsymbol{AX}=\boldsymbol{0}$的通解,一个自由未知量取值1,其余的自由未知量取值0,得到$\boldsymbol{AX}=\boldsymbol{0}$的基础解系$\boldsymbol{X}_1,\boldsymbol{X}_2,\cdots,\boldsymbol{X}_{n-r}$;

(4) $\boldsymbol{AX}=\boldsymbol{\beta}$的解向量集$\{\boldsymbol{X}\mid\boldsymbol{X}=\boldsymbol{X}_0+k_1\boldsymbol{X}_1+k_2\boldsymbol{X}_2+\cdots+k_{n-r}\boldsymbol{X}_{n-r},\ k_1,k_2,\cdots,k_{n-r}\text{是任意数}\}$.

例 2.5.3 求线性方程组$\begin{cases}x_1-5x_2+2x_3-3x_4=11,\\-3x_1+x_2-4x_3+2x_4=-5,\\x_1+9x_2+4x_4=-17,\\5x_1+3x_2+6x_3-x_4=-1\end{cases}$的解向量集.

解 线性方程组的增广矩阵$\overline{\boldsymbol{A}}=\begin{pmatrix}1&-5&2&-3&11\\-3&1&-4&2&-5\\1&9&0&4&-17\\5&3&6&-1&-1\end{pmatrix}$,对$\overline{\boldsymbol{A}}$实

施初等行变换，化为标准阶梯形

$$\overline{\boldsymbol{A}}\xrightarrow[\substack{\text{第 1 行的}(-1)\text{倍加到第 3 行}\\\text{第 1 行的}(-5)\text{倍加到第 4 行}}]{\text{第 1 行的 3 倍加到第 2 行}}\begin{pmatrix}1 & -5 & 2 & -3 & 11\\0 & -14 & 2 & -7 & 28\\0 & 14 & -2 & 2 & -28\\0 & 28 & -4 & 14 & -56\end{pmatrix}$$

$$\xrightarrow[\text{第 2 行的}(-2)\text{倍加到第 4 行}]{\text{第 2 行加到第 3 行}}\begin{pmatrix}1 & -5 & 2 & -3 & 11\\0 & -14 & 2 & -7 & 28\\0 & 0 & 0 & 0 & 0\\0 & 0 & 0 & 0 & 0\end{pmatrix}$$

$$\xrightarrow[\text{第 2 行的 5 倍加到第 1 行}]{\text{第 2 行乘}\left(-\frac{1}{14}\right)}\begin{pmatrix}1 & 0 & \frac{9}{7} & -\frac{1}{2} & 1\\0 & 1 & -\frac{1}{7} & \frac{1}{2} & -2\\0 & 0 & 0 & 0 & 0\\0 & 0 & 0 & 0 & 0\end{pmatrix},$$

增广矩阵$\overline{\boldsymbol{A}}$经初等行变换化为标准阶梯形

$$\overline{\boldsymbol{B}}=\begin{pmatrix}1 & 0 & \frac{9}{7} & -\frac{1}{2} & 1\\0 & 1 & -\frac{1}{7} & \frac{1}{2} & -2\\0 & 0 & 0 & 0 & 0\\0 & 0 & 0 & 0 & 0\end{pmatrix}.$$

$\overline{\boldsymbol{B}}$ 有 2 个主元，且常数列没有主元，所以 $\mathrm{r}(\overline{\boldsymbol{A}})=\mathrm{r}(\boldsymbol{A})=2<4$，方程组有无穷多解.

方程组同解于 $\begin{cases}x_1 \quad +\frac{9}{7}x_3-\frac{1}{2}x_4=1,\\ x_2-\frac{1}{7}x_3+\frac{1}{2}x_4=-2,\end{cases}$

通解为 $\begin{cases}x_1=1-\frac{9}{7}x_3+\frac{1}{2}x_4,\\ x_2=-2+\frac{1}{7}x_3-\frac{1}{2}x_4,\end{cases}$ x_3,x_4 是自由未知量.

取自由未知量$\begin{cases}x_3=0,\\x_4=0,\end{cases}$得方程组的一个解向量 $\boldsymbol{X}_0=\begin{pmatrix}1\\-2\\0\\0\end{pmatrix}$;

在 $\overline{\boldsymbol{B}}$ 中,删除最后一列,得到导出齐次线性方程组 $\boldsymbol{AX}=\boldsymbol{0}$ 的系数矩阵经初等行变换,化为的标准阶梯形 $\boldsymbol{B}=\begin{pmatrix}1 & 0 & \frac{9}{7} & -\frac{1}{2}\\0 & 1 & -\frac{1}{7} & \frac{1}{2}\\0 & 0 & 0 & 0\\0 & 0 & 0 & 0\end{pmatrix}$,有 2 个主元,$\mathrm{r}(\boldsymbol{A})=2$,小于未知量个数,$\boldsymbol{AX}=\boldsymbol{0}$ 有无穷多解.

导出齐次线性方程组同解于$\begin{cases}x_1 \quad +\frac{9}{7}x_3-\frac{1}{2}x_4=0,\\ \quad x_2-\frac{1}{7}x_3+\frac{1}{2}x_4=0,\end{cases}$

通解为$\begin{cases}x_1=-\frac{9}{7}x_3+\frac{1}{2}x_4,\\x_2=\frac{1}{7}x_3-\frac{1}{2}x_4,\end{cases}$ x_3,x_4 是自由未知量.

取自由未知量$\begin{cases}x_3=1,\\x_4=0,\end{cases}$得导出齐次线性方程组的一个解向量 $\boldsymbol{X}_1=\begin{pmatrix}-\frac{9}{7}\\\frac{1}{7}\\1\\0\end{pmatrix}$;

取自由未知量$\begin{cases}x_3=0,\\x_4=1,\end{cases}$得导出齐次线性方程组的一个解向量 $\boldsymbol{X}_2=\begin{pmatrix}\frac{1}{2}\\-\frac{1}{2}\\0\\1\end{pmatrix}$;

$\boldsymbol{X}_1,\boldsymbol{X}_2$ 是导出齐次线性方程组 $\boldsymbol{AX}=\boldsymbol{0}$ 的基础解系. 方程组的解向量集为$\{\boldsymbol{X}|\boldsymbol{X}=\boldsymbol{X}_0+k_1\boldsymbol{X}_1+k_2\boldsymbol{X}_2,\ k_1,k_2$ 是任意数$\}$.

习题 2.5

1. 求下列齐次线性方程组的基础解系，并由基础解系表示出各自的解向量集.

(1) $\begin{cases} x_1 - x_2 + 5x_3 - x_4 = 0, \\ x_1 + x_2 - 2x_3 + 3x_4 = 0, \\ 3x_1 - x_2 + 8x_3 + x_4 = 0, \\ x_1 + 3x_2 - 9x_3 + 7x_4 = 0; \end{cases}$

(2) $\begin{cases} x_1 - 3x_2 + x_3 - 2x_4 - x_5 = 0, \\ -3x_1 + 9x_2 - 3x_3 + 6x_4 + 3x_5 = 0, \\ 2x_1 - 6x_2 + 2x_3 - 4x_4 - 2x_5 = 0, \\ 5x_1 - 15x_2 + 5x_3 - 10x_4 - 5x_5 = 0; \end{cases}$

(3) $\begin{cases} x_1 - 3x_2 + x_3 - 2x_4 = 0, \\ -5x_1 + x_2 - 2x_3 + 3x_4 = 0, \\ -x_1 - 11x_2 + 2x_3 - 5x_4 = 0, \\ 3x_1 + 5x_2 + x_4 = 0; \end{cases}$

(4) $\begin{cases} 2x_1 - 5x_2 + x_3 - 3x_4 = 0, \\ -3x_1 + 4x_2 - 2x_3 + x_4 = 0, \\ x_1 + 2x_2 - x_3 + 3x_4 = 0, \\ -2x_1 + 15x_2 - 6x_3 + 13x_4 = 0; \end{cases}$

(5) $\begin{cases} 3x_1 - x_2 + 2x_3 + x_4 = 0, \\ x_1 + 3x_2 - x_3 + 2x_4 = 0, \\ -2x_1 + 5x_2 + x_3 - x_4 = 0, \\ 3x_1 + 10x_2 + x_3 + 4x_4 = 0, \\ -2x_1 + 15x_2 - 4x_3 + 4x_4 = 0; \end{cases}$

(6) $\begin{cases} x_1 + x_2 + x_3 + 4x_4 - 3x_5 = 0, \\ x_1 - x_2 + 3x_3 - 2x_4 - x_5 = 0, \\ x_1 + x_2 + 3x_3 + 5x_4 - 5x_5 = 0, \\ 3x_1 + x_2 + 5x_3 + 6x_4 - 7x_5 = 0. \end{cases}$

2. 设 $\boldsymbol{A} = \begin{pmatrix} 1 & 1 & a \\ 0 & a-1 & 0 \\ a & 1 & 1 \end{pmatrix}$. (1) 若 $\boldsymbol{AX}=\boldsymbol{0}$ 的基础解系含有 1 个解向量，求 a 的值；(2) 若 $\boldsymbol{AX}=\boldsymbol{0}$ 的基础解系含有 2 个解向量，求 a 的值.

3. 选择题：

(1) 设 $\boldsymbol{\eta}_1, \boldsymbol{\eta}_2$ 是非齐次线性方程组 $\boldsymbol{AX}=\boldsymbol{\beta}$ 的两个不同解，$\boldsymbol{\xi}_1, \boldsymbol{\xi}_2$ 是它的导出齐次线性方程组 $\boldsymbol{AX}=\boldsymbol{0}$ 的两个不同的解，则下列不是线性方程组 $\boldsymbol{AX}=\boldsymbol{\beta}$ 的解的是(　　).

A. $2\boldsymbol{\xi}_1 + 3\boldsymbol{\xi}_2 + \boldsymbol{\eta}_1$；　　B. $2\boldsymbol{\xi}_1 + 3\boldsymbol{\xi}_2 + \boldsymbol{\eta}_2$；

C. $\boldsymbol{\xi}_1 + 2\boldsymbol{\eta}_1 - \boldsymbol{\eta}_2$；　　D. $\boldsymbol{\xi}_1 + \boldsymbol{\xi}_2 + \boldsymbol{\eta}_1 + \boldsymbol{\eta}_2$.

(2) 设 $\boldsymbol{\eta}_1 = \begin{pmatrix} 1 \\ -1 \\ 0 \end{pmatrix}, \boldsymbol{\eta}_2 = \begin{pmatrix} 1 \\ 0 \\ -1 \end{pmatrix}$ 是齐次线性方程组 $\boldsymbol{AX}=\boldsymbol{0}$ 的基础解系，则下列向量中不是 $\boldsymbol{AX}=\boldsymbol{0}$ 解向量的是(　　).

A. $\begin{pmatrix} 2 \\ -1 \\ -1 \end{pmatrix}$；　B. $\begin{pmatrix} 2 \\ -2 \\ 0 \end{pmatrix}$；　C. $\begin{pmatrix} -2 \\ 0 \\ 2 \end{pmatrix}$；　D. $\begin{pmatrix} 2 \\ -2 \\ -2 \end{pmatrix}$.

(3) 下列关于齐次线性方程组 $\boldsymbol{AX}=\boldsymbol{0}$ 的解向量性质的表述错误的是(　　).

A. $\boldsymbol{AX}=\boldsymbol{0}$ 的任意两解向量之和仍是 $\boldsymbol{AX}=\boldsymbol{0}$ 的解向量；

B. $AX=0$ 的任意一个解向量的数倍仍是 $AX=0$ 的解向量；

C. $AX=0$ 有 $r(A)$ 个线性无关的解向量，其中 $r(A)$ 是系数矩阵 A 的秩；

D. $AX=0$ 有 $n-r(A)$ 个线性无关的解向量，其中 $r(A)$ 是系数矩阵 A 的秩，n 为未知量的个数.

(4) 设 $\boldsymbol{\alpha}_1=\begin{pmatrix}1\\-1\\0\end{pmatrix}$，$\boldsymbol{\alpha}_2=\begin{pmatrix}1\\0\\-1\end{pmatrix}$ 是齐次线性方程组 $AX=0$ 的基础解系，则 $AX=0$ 的解向量集为(　　).

A. $\left\{k\begin{pmatrix}1\\-1\\0\end{pmatrix}\middle| k\text{是任意数}\right\}$；

B. $\left\{k\begin{pmatrix}1\\0\\-1\end{pmatrix}\middle| k\text{是任意数}\right\}$；

C. $\left\{k\begin{pmatrix}1\\-1\\0\end{pmatrix}\middle| k\text{是任意数}\right\}\cup\left\{k\begin{pmatrix}1\\0\\-1\end{pmatrix}\middle| k\text{是任意数}\right\}$；

D. $\left\{k\begin{pmatrix}1\\-1\\0\end{pmatrix}+l\begin{pmatrix}1\\0\\-1\end{pmatrix}\middle| k,l\text{是任意数}\right\}$.

(5) 设齐次线性方程组 $AX=0$ 有两个自由未知量 x_3,x_4，且 $\boldsymbol{\eta}_1=\begin{pmatrix}1\\-2\\1\\0\end{pmatrix}$，$\boldsymbol{\eta}_2=\begin{pmatrix}2\\1\\0\\1\end{pmatrix}$ 是 $AX=0$ 的基础解系，若 $\boldsymbol{\eta}=\begin{pmatrix}a\\b\\2\\-1\end{pmatrix}$ 是 $AX=0$ 的一个解，则 $\begin{pmatrix}a\\b\end{pmatrix}=$(　　).

A. $\begin{pmatrix}2\\-1\end{pmatrix}$；　B. $\begin{pmatrix}0\\-5\end{pmatrix}$；　C. $\begin{pmatrix}-1\\2\end{pmatrix}$；　D. $\begin{pmatrix}-5\\0\end{pmatrix}$.

(6) 设 3 个未知量的齐次线性方程组 $AX=0$ 的系数矩阵的秩 $r(A)=2$，且 $\boldsymbol{\eta}=\begin{pmatrix}-1\\1\\1\end{pmatrix}$ 是 $AX=0$ 的一个解，若 $\boldsymbol{\alpha}=\begin{pmatrix}a\\b\\c\end{pmatrix}$ 是 $AX=0$ 的另一个解，则(　　).

A. $a+b+c=0$；　　B. $-a+b+c=0$；

C. $a=-b=-c$；　　D. $a=-b=c$.

(7) 若齐次线性方程组的通解 $\begin{cases} x_1=-x_3+x_4, \\ x_2=x_3-x_4, \end{cases}$ 则它的基础解系是(　　)

A. $\begin{pmatrix}-1\\0\\1\\0\end{pmatrix},\begin{pmatrix}0\\-1\\0\\1\end{pmatrix}$；　B. $\begin{pmatrix}-1\\1\\1\\0\end{pmatrix},\begin{pmatrix}0\\-1\\0\\1\end{pmatrix}$；　C. $\begin{pmatrix}-1\\0\\1\\0\end{pmatrix},\begin{pmatrix}1\\-1\\0\\1\end{pmatrix}$；　D. $\begin{pmatrix}-1\\1\\1\\0\end{pmatrix},\begin{pmatrix}0\\-1\\0\\1\end{pmatrix}$.

(8) $\boldsymbol{A}$ 是一个 4×5 矩阵，且 $\boldsymbol{A}$ 的秩 $\mathrm{r}(\boldsymbol{A})=2$，则齐次线性方程组 $\boldsymbol{AX}=\boldsymbol{0}$ 的基础解系中所含解的个数是(　　).

A. 1；　B. 2；　C. 3；　D. 4.

(9) 矩阵 $\boldsymbol{A}$ 经过初等行变换化为 $\begin{pmatrix}1&1&0&-1\\0&0&1&-1\\0&0&0&0\end{pmatrix}$，则齐次线性方程组 $\boldsymbol{AX}=\boldsymbol{0}$ 的基础解系为(　　).

A. $\begin{pmatrix}1\\0\\1\\0\end{pmatrix},\begin{pmatrix}1\\0\\1\\1\end{pmatrix}$；　B. $\begin{pmatrix}-1\\1\\0\\0\end{pmatrix},\begin{pmatrix}1\\0\\1\\1\end{pmatrix}$；　C. $\begin{pmatrix}1\\1\\0\\-1\end{pmatrix},\begin{pmatrix}0\\0\\1\\-1\end{pmatrix}$；　D. $\begin{pmatrix}1\\1\\0\\0\end{pmatrix},\begin{pmatrix}0\\0\\1\\-1\end{pmatrix}$.

(10) 非齐次线性方程组 $\boldsymbol{AX}=\boldsymbol{\beta}$ 有一个解 $\boldsymbol{\gamma}_0$，且其导出齐次线性方程组 $\boldsymbol{AX}=\boldsymbol{0}$ 有基础解系 $\boldsymbol{\eta}_1,\boldsymbol{\eta}_2$，则下列向量中，不是 $\boldsymbol{AX}=\boldsymbol{\beta}$ 的解的是(　　).

A. $\boldsymbol{\eta}_1+\boldsymbol{\eta}_2+\boldsymbol{\gamma}_0$；　　B. $2\boldsymbol{\eta}_1-3\boldsymbol{\eta}_2+\boldsymbol{\gamma}_0$；

C. $3\boldsymbol{\eta}_1+2\boldsymbol{\eta}_2-\boldsymbol{\gamma}_0$；　　D. $3(\boldsymbol{\eta}_1+\boldsymbol{\gamma}_0)-2(\boldsymbol{\eta}_2+\boldsymbol{\gamma}_0)$.

相关阅读

凯　利

凯利是英国数学家.生于里士满(Richmond)，卒于剑桥.17 岁时考入剑桥大学的三一学院，毕业后留校讲授数学，几年内发表论文数十篇.1846 年转攻法律学，三年后成为律师，工作卓有成效.任职期间，他仍业余研究数学，并结识数学家西尔维斯特(Sylvester).1863 年应邀返回剑桥大学任数学教授.他得到牛津大学、都柏林大学和莱顿大学的名誉学位.1859 年当选为伦敦皇家学会会员.

凯利和西尔维斯特同是不变量理论的奠基人. 在布尔 1841 年的工作的影响下,他首创代数不变式的符号表示法,给代数形式以几何解释,然后再用代数观点去研究几何学. 他第一次引入 n 维空间概念,详细讨论了四维空间的性质,为复数理论提供佐证,并为射影几何开辟了道路. 他还首先引入矩阵概念以化简记号,规定了矩阵的符号及名称,讨论矩阵性质,得到凯利—哈密顿定理,因而成为矩阵理论的先驱. 他的矩阵理论和不变量思想产生很大影响,特别对现代物理的量子力学和相对论的创立起到推动作用.

凯利一生仅出版一本专著,便是 1876 年的《椭圆函数初论》,但发表了近 1000 篇论文,其中一些影响极为深远. 凯利在劝说剑桥大学接受女学生中起了很大作用. 他在生前得到了他所处时代一位科学家可能得到的几乎所有重要荣誉.

复习题 2

1. 求下列向量的内积(α,β).

(1) $\alpha=\begin{pmatrix}-1\\0\\3\\-5\end{pmatrix}$, $\beta=\begin{pmatrix}4\\-2\\0\\1\end{pmatrix}$; (2) $\alpha=\begin{pmatrix}2\\-1\\2\\3\end{pmatrix}$, $\beta=\begin{pmatrix}2\\-2\\1\\5\end{pmatrix}$.

2. 因为向量的内积满足正定性,即任意的向量 $\boldsymbol{\alpha}$,都有$(\boldsymbol{\alpha},\boldsymbol{\alpha})\geqslant 0$. 所以,对任意的向量 $\boldsymbol{\alpha}$,$\sqrt{(\boldsymbol{\alpha},\boldsymbol{\alpha})}$都有意义. 称$\sqrt{(\boldsymbol{\alpha},\boldsymbol{\alpha})}$为 $\boldsymbol{\alpha}$ 的长度,记作$|\boldsymbol{\alpha}|$. 求下列向量的长度.

(1) $\boldsymbol{\alpha}_1=\begin{pmatrix}3\\0\\-1\\4\end{pmatrix}$; (2) $\boldsymbol{\alpha}_2=\begin{pmatrix}5\\1\\-2\\0\end{pmatrix}$; (3) $\boldsymbol{\alpha}_3=\begin{pmatrix}1\\2\\1\\4\end{pmatrix}$.

3. 设 $\boldsymbol{\alpha}_1=\begin{pmatrix}2\\-1\\2\\-2\end{pmatrix}$, $\boldsymbol{\alpha}_2=\begin{pmatrix}-1\\1\\2\\-2\end{pmatrix}$. 写出满足$(\boldsymbol{\alpha}_1,\boldsymbol{\beta})=(\boldsymbol{\alpha}_2,\boldsymbol{\beta})=\mathbf{0}$ 的向量 $\boldsymbol{\beta}$ 的分量满足的关系式.

4. 若齐次线性方程组 $\begin{cases} ax+y-z=0, \\ x+ay-z=0, \\ 2x-y+z=0 \end{cases}$ 只有零解，求 a 的值；

5. 若齐次线性方程组 $\begin{cases} ax+y-z=0, \\ x+ay-z=0, \\ 2x-y+z=0 \end{cases}$ 有非零解，求 a 的值，并求它的通解；

6. 若线性方程组 $\begin{cases} x_1+2x_2-2x_3+2x_4=2, \\ x_2-x_3-x_4=1, \\ x_1+x_2-x_3+3x_4=a, \\ x_1-x_2+x_3+5x_4=b \end{cases}$ 有解，求 a,b 的值，并求它的通解.

7. 设 $\boldsymbol{\alpha}_1=\begin{pmatrix}1\\a\\1\end{pmatrix}$，$\boldsymbol{\alpha}_2=\begin{pmatrix}a\\1\\1\end{pmatrix}$，$\boldsymbol{\alpha}_3=\begin{pmatrix}1\\1\\a\end{pmatrix}$，若向量 $\begin{pmatrix}1\\1\\1\end{pmatrix}$ 不能被 $\boldsymbol{\alpha}_1,\boldsymbol{\alpha}_2,\boldsymbol{\alpha}_3$ 线性表出，求 a 的值.

8. 若 $\boldsymbol{\alpha}_1=\begin{pmatrix}1\\a\\a\end{pmatrix}$，$\boldsymbol{\alpha}_2=\begin{pmatrix}a\\1\\a\end{pmatrix}$，$\boldsymbol{\alpha}_3=\begin{pmatrix}a\\a\\1\end{pmatrix}$ 线性无关，求 a 的值.

9. 求下列矩阵的秩，并求它的列向量的一个极大线性无关组.

(1) $\begin{pmatrix} 3 & -2 & 0 & 1 \\ -1 & -3 & 2 & 0 \\ 2 & 0 & -4 & 5 \\ 4 & 1 & -2 & 1 \end{pmatrix}$；　(2) $\begin{pmatrix} 1 & 1 & 2 & 2 & 1 \\ 0 & 2 & 1 & 5 & -1 \\ 2 & 0 & 3 & -1 & 3 \\ 1 & 1 & 2 & 4 & -1 \end{pmatrix}$；

(3) $\begin{pmatrix} 2 & 4 & 1 & 0 \\ 1 & 0 & 3 & 2 \\ -1 & 5 & -3 & 1 \\ 0 & 1 & 0 & 2 \end{pmatrix}$.

10. 求下列线性方程组的解向量集.

(1) $\begin{cases} x_1+x_2=5, \\ 2x_1+x_2+x_3+2x_4=1, \\ 5x_1+3x_2+2x_3+2x_4=3; \end{cases}$　(2) $\begin{cases} x_1-5x_2+2x_3-3x_4=11, \\ 5x_1+3x_2+6x_3-x_4=-1, \\ 2x_1+4x_2+2x_3+x_4=-6; \end{cases}$

(3) $\begin{cases} x_1-5x_2+2x_3-3x_4=11, \\ -3x_1+x_2-4x_3+2x_4=-5, \\ -x_1-9x_2-4x_4=17, \\ 5x_1+3x_2+6x_3-x_4=-1; \end{cases}$　(4) $x_1-4x_2+2x_3-3x_4+6x_5=4$.

11. 选择题:

(1) 设 $\boldsymbol{\alpha}_1=\begin{pmatrix}a_1\\a_2\\a_3\end{pmatrix}$, $\boldsymbol{\alpha}_2=\begin{pmatrix}b_1\\b_2\\b_3\end{pmatrix}$, $\boldsymbol{\alpha}_3=\begin{pmatrix}c_1\\c_2\\c_3\end{pmatrix}$, $\boldsymbol{\beta}=\begin{pmatrix}d_1\\d_2\\d_3\end{pmatrix}$, 则向量组合表示的方程组 $x_1\boldsymbol{\alpha}_1+x_2\boldsymbol{\alpha}_2+x_3\boldsymbol{\alpha}_3=\boldsymbol{\beta}$ 有解是矩阵运算表示的方程组 $\begin{pmatrix}b_1&c_1&a_1\\b_2&c_2&a_2\\b_3&c_3&a_3\end{pmatrix}\begin{pmatrix}x_1\\x_2\\x_3\end{pmatrix}=\begin{pmatrix}d_1\\d_2\\d_3\end{pmatrix}$ 有解的(　　).

A. 充分但非必要条件;　　B. 必要但非充分条件;

C. 充分必要条件;　　D. 既不是充分条件,也不是必要条件.

(2)设 $\boldsymbol{\alpha}_1=\begin{pmatrix}a_1\\a_2\\a_3\end{pmatrix}$, $\boldsymbol{\alpha}_2=\begin{pmatrix}b_1\\b_2\\b_3\end{pmatrix}$, $\boldsymbol{\alpha}_3=\begin{pmatrix}c_1\\c_2\\c_3\end{pmatrix}$, $\boldsymbol{\beta}=\begin{pmatrix}d_1\\d_2\\d_3\end{pmatrix}$, 则求 $\begin{cases}a_1x_1+b_1x_2+c_1x_3=d_1,\\a_2x_1+b_2x_2+c_2x_3=d_2,\\a_3x_1+b_3x_2+c_3x_3=d_3\end{cases}$ 的解,就是求系数 x_1,x_2,x_3,使得 $x_1\boldsymbol{\alpha}_1+x_2\boldsymbol{\alpha}_2+x_3\boldsymbol{\alpha}_3=\boldsymbol{\beta}$ 成立.(　　).

A. 上述陈述是正确的;　　B. 上述陈述是错误的.

(3) 设 $\boldsymbol{A}=\begin{pmatrix}a_{11}&a_{12}&a_{13}\\a_{21}&a_{22}&a_{23}\end{pmatrix}$, $\boldsymbol{\beta}=\begin{pmatrix}3\\-4\end{pmatrix}$, $\boldsymbol{X}=\begin{pmatrix}x_1\\x_2\\x_3\end{pmatrix}$,若 $\boldsymbol{X}_1=\begin{pmatrix}1\\2\\3\end{pmatrix}$, $\boldsymbol{X}_2=\begin{pmatrix}5\\4\\3\end{pmatrix}$ 是线性方程组 $\boldsymbol{AX}=\boldsymbol{\beta}$ 的两个不同解,则 $a_{11}+a_{12}+a_{13}=$(　　).

A. -1;　B. 0;　C. 1;　D. 不能确定.

(4) 设 $\boldsymbol{A}=\begin{pmatrix}a_{11}&a_{12}&a_{13}\\a_{21}&a_{22}&a_{23}\end{pmatrix}$, $\boldsymbol{\beta}=\begin{pmatrix}3\\-4\end{pmatrix}$, $\boldsymbol{X}=\begin{pmatrix}x_1\\x_2\\x_3\end{pmatrix}$,若 $\boldsymbol{X}_1=\begin{pmatrix}1\\2\\3\end{pmatrix}$, $\boldsymbol{X}_2=\begin{pmatrix}5\\4\\3\end{pmatrix}$ 是线性方程组 $\boldsymbol{AX}=\boldsymbol{\beta}$ 的两个不同解,则 $a_{21}+a_{22}+a_{23}=$(　　).

A. $-\frac{4}{3}$;　B. $-\frac{2}{3}$;　C. 0;　D. 不能确定.

(5) 设 $\boldsymbol{A}=(a_{ij})_{3\times3}$, $\boldsymbol{b}=\begin{pmatrix}1\\-1\\2\end{pmatrix}$,若 $\boldsymbol{X}_0=\begin{pmatrix}1\\1\\1\end{pmatrix}$ 是线性方程组 $\boldsymbol{AX}=\boldsymbol{\beta}$ 的一个解,$\boldsymbol{X}_0^T$ 是 $\boldsymbol{X}_0$ 的转置,则 $\boldsymbol{X}_0^T\boldsymbol{AX}_0=$(　　).

A. -1;　B. 0;　C. 1;　D. 2.

(6) 设 $\boldsymbol{A}=(a_{ij})_{3\times3}$, $\boldsymbol{\beta}=\begin{pmatrix}1\\-1\\2\end{pmatrix}$,若 $\boldsymbol{X}_1=\begin{pmatrix}1\\1\\0\end{pmatrix}$, $\boldsymbol{X}_2=\begin{pmatrix}0\\1\\1\end{pmatrix}$, $\boldsymbol{X}_3=\begin{pmatrix}0\\0\\1\end{pmatrix}$ 是线性方程组

$\boldsymbol{AX}=\boldsymbol{\beta}$ 的三个不同的解，则方程组的系数矩阵 $\boldsymbol{A}$ 的元素 $a_{11}=$(　　).

A. -1；　　B. 0；　　C. 1；　　D. 不能确定.

(7) 设 $\boldsymbol{A}=(a_{ij})_{3\times3}$，$\boldsymbol{\beta}=\begin{pmatrix}1\\2\\3\end{pmatrix}$，若 $\boldsymbol{X}_1=\begin{pmatrix}1\\2\\3\end{pmatrix}$，$\boldsymbol{X}_2=\begin{pmatrix}3\\1\\2\end{pmatrix}$ 是线性方程组 $\boldsymbol{AX}=\boldsymbol{\beta}$ 的两个不同的解，记 $\boldsymbol{Y}_1=\begin{pmatrix}2\\4\\6\end{pmatrix}$，$\boldsymbol{Y}_2=\begin{pmatrix}-2\\1\\1\end{pmatrix}$，$\boldsymbol{Y}_3=\begin{pmatrix}4\\3\\5\end{pmatrix}$，$\boldsymbol{Y}_4=\begin{pmatrix}2\\-1\\-1\end{pmatrix}$，则其一定是方程 $a_{11}x_1+a_{12}x_2+a_{13}x_3=2$ 的解的是(　　).

A. $\boldsymbol{Y}_1$ 和 $\boldsymbol{Y}_2$；　　B. $\boldsymbol{Y}_1$ 和 $\boldsymbol{Y}_3$；　　C. $\boldsymbol{Y}_2$ 和 $\boldsymbol{Y}_3$；　　D. $\boldsymbol{Y}_2$ 和 $\boldsymbol{Y}_4$.

(8) 设 $\begin{pmatrix}x_1\\x_2\\x_3\end{pmatrix}=\begin{pmatrix}1\\2\\3\end{pmatrix}$ 是方程 $ax_1+bx_2+cx_3=2$ 的一个解，也是 $cx_1+bx_2+ax_3=6$ 的一个解，则 $a+b+c=$(　　).

A. 0；　　B. 1；　　C. 2；　　D. 不能确定.

(9) 线性方程组 $\begin{cases}x_1-x_2+x_3=1,\\x_1-x_2-x_3=3,\\2x_1-2x_2-x_3=a\end{cases}$ 的增广矩阵经初等行变换化为阶梯形矩阵后，主元个数为 2，则(　　).

A. $a=1$；　　B. $a=3$；　　C. $a=5$；　　D. a 的值不能确定.

(10) 线性方程组 $\begin{cases}x_1+x_2=a,\\x_2+x_3=b,\\x_3+x_4=c,\\x_4+x_1=c\end{cases}$ 的增广矩阵经初等行变换化为阶梯形矩阵后，主元个数为 4，则(　　).

A. 线性方程组有唯一解；　　B. 线性方程组有无穷多解；

C. 线性方程组无解；　　D. 不能确定线性方程组解的情形.

(11) 线性方程组 $\begin{cases}x_1+x_2=a,\\x_2+x_3=b,\\x_3+x_4=c,\\x_4+x_1=d\end{cases}$ 的增广矩阵经初等行变换化为阶梯形矩阵后，主元个数为 4，则 a,b,c,d 满足的关系是(　　).

A. $a+b-c-d=0$；　　B. $a-b+c-d=0$；

C. $a+b-c-d\neq 0$; D. $a-b+c-d\neq 0$.

(12) 若向量 $\boldsymbol{\alpha}_1=\begin{pmatrix}1\\1\\2\end{pmatrix},\boldsymbol{\alpha}_2=\begin{pmatrix}3\\t\\1\end{pmatrix},\boldsymbol{\alpha}_3=\begin{pmatrix}0\\2\\-t\end{pmatrix}$ 线性无关,则(　　).

A. $t\neq 5$; B. $t\neq -2$; C. $t\neq 5$ 或 $t\neq -2$; D. t 的值不能确定.

(13) 若 $\boldsymbol{\alpha}_1=\begin{pmatrix}6\\a+1\\3\end{pmatrix},\boldsymbol{\alpha}_2=\begin{pmatrix}a\\2\\-2\end{pmatrix}$ 线性相关,则(　　).

A. $a=3$; B. $a=-4$; C. $a=3$ 或 $a=-4$; D. a 的值不能确定.

(14) 若 $\boldsymbol{\alpha}_1=\begin{pmatrix}6\\a+1\\3\end{pmatrix},\boldsymbol{\alpha}_2=\begin{pmatrix}a\\2\\-2\end{pmatrix},\boldsymbol{\alpha}_3=\begin{pmatrix}a\\1\\0\end{pmatrix}$ 线性相关,则(　　).

A. $a=-4$; B. $a=\dfrac{3}{2}$; C. $a=-4$ 或 $a=\dfrac{3}{2}$; D. a 的值不能确定.

(15) 若 $\boldsymbol{\alpha}=\begin{pmatrix}a_1\\a_2\\a_3\\a_4\end{pmatrix},\ \boldsymbol{\beta}=\begin{pmatrix}b_1\\b_2\\b_3\\b_4\end{pmatrix},\ \boldsymbol{\gamma}=\begin{pmatrix}c_1\\c_2\\c_3\\c_4\end{pmatrix}$ 线性相关,则下列向量不一定线性相关的是(　　).

A. $\boldsymbol{\alpha}_1=\begin{pmatrix}a_2\\a_3\\a_4\end{pmatrix},\boldsymbol{\beta}_1=\begin{pmatrix}b_2\\b_3\\b_4\end{pmatrix},\boldsymbol{\gamma}_1=\begin{pmatrix}c_2\\c_3\\c_4\end{pmatrix}$; B. $\boldsymbol{\alpha}_2=\begin{pmatrix}a_1\\a_3\\a_4\end{pmatrix},\boldsymbol{\beta}_2=\begin{pmatrix}b_1\\b_3\\b_4\end{pmatrix},\boldsymbol{\gamma}_2=\begin{pmatrix}c_1\\c_3\\c_4\end{pmatrix}$;

C. $\boldsymbol{\alpha}_3=\begin{pmatrix}a_2\\a_3\\a_4\end{pmatrix},\boldsymbol{\beta}_3=\begin{pmatrix}b_1\\b_3\\b_4\end{pmatrix},\boldsymbol{\gamma}_3=\begin{pmatrix}c_1\\c_2\\c_4\end{pmatrix}$; D. $\boldsymbol{\alpha}_4=\begin{pmatrix}a_3\\a_4\end{pmatrix},\boldsymbol{\beta}_4=\begin{pmatrix}b_1\\b_4\end{pmatrix},\boldsymbol{\gamma}_4=\begin{pmatrix}c_1\\c_2\end{pmatrix}$.

(16) 若 $\boldsymbol{\alpha}=\begin{pmatrix}a_1\\a_2\\a_3\end{pmatrix},\ \boldsymbol{\beta}=\begin{pmatrix}b_1\\b_2\\b_3\end{pmatrix},\ \boldsymbol{\gamma}=\begin{pmatrix}c_1\\c_2\\c_3\end{pmatrix}$ 线性无关,则下列向量不一定线性无关的是(　　).

A. $\boldsymbol{\alpha}_1=\begin{pmatrix}k\\a_1\\a_2\\a_3\end{pmatrix},\boldsymbol{\beta}_1=\begin{pmatrix}b_1\\l\\b_2\\b_3\end{pmatrix},\boldsymbol{\gamma}_1=\begin{pmatrix}c_1\\c_2\\m\\c_3\end{pmatrix}$; B. $\boldsymbol{\alpha}_2=\begin{pmatrix}a_1\\k\\a_2\\a_3\end{pmatrix},\boldsymbol{\beta}_2=\begin{pmatrix}b_1\\l\\b_2\\b_3\end{pmatrix},\boldsymbol{\gamma}_2=\begin{pmatrix}c_1\\m\\c_2\\c_3\end{pmatrix}$;

C. $\boldsymbol{\alpha}_3=\begin{pmatrix}a_1\\a_2\\k\\a_3\end{pmatrix},\boldsymbol{\beta}_3=\begin{pmatrix}b_1\\b_2\\l\\b_3\end{pmatrix},\boldsymbol{\gamma}_3=\begin{pmatrix}c_1\\c_2\\m\\c_3\end{pmatrix}$；　D. $\boldsymbol{\alpha}_4=\begin{pmatrix}k\\a_1\\a_2\\a_1\\a_2\\a_3\end{pmatrix},\boldsymbol{\beta}_4=\begin{pmatrix}b_1\\l\\b_2\\b_1\\b_2\\b_3\end{pmatrix},\boldsymbol{\gamma}_4=\begin{pmatrix}c_1\\c_2\\m\\c_1\\c_2\\c_3\end{pmatrix}$.

(17) 齐次线性方程组 $\boldsymbol{AX}=\boldsymbol{0}$ 与非齐次线性方程组 $\boldsymbol{AX}=\boldsymbol{\beta}$ 有相同的系数矩阵，则下列关于它们解之间的关系表述不正确的是(　　).

A. $\boldsymbol{AX}=\boldsymbol{\beta}$ 的两解向量之差是 $\boldsymbol{AX}=\boldsymbol{0}$ 的解向量；

B. $\boldsymbol{AX}=\boldsymbol{0}$ 的任一解向量与 $\boldsymbol{AX}=\boldsymbol{\beta}$ 任一解向量之和是 $\boldsymbol{AX}=\boldsymbol{\beta}$ 的解向量；

C. 若 $\boldsymbol{AX}=\boldsymbol{\beta}$ 有无穷多解，则 $\boldsymbol{AX}=\boldsymbol{0}$ 有非零解；

D. 若 $\boldsymbol{AX}=\boldsymbol{0}$ 有非零解，则 $\boldsymbol{AX}=\boldsymbol{\beta}$ 有无穷多解.

(18) 线性方程组 $\boldsymbol{AX}=\boldsymbol{\beta}$ 的增广矩阵 $\overline{\boldsymbol{A}}$ 经过初等行变换化为 $\begin{pmatrix}1&-1&0&-1&-2\\0&0&1&1&3\\0&0&0&0&0\end{pmatrix}$，则下列表述不正确的是(　　).

A. $\boldsymbol{AX}=\boldsymbol{\beta}$ 有一个解向量 $\boldsymbol{\gamma}_0=\begin{pmatrix}-2\\3\\0\\0\end{pmatrix}$；

B. $\boldsymbol{AX}=\boldsymbol{\beta}$ 有一个解向量 $\boldsymbol{\gamma}_0=\begin{pmatrix}-2\\0\\3\\0\end{pmatrix}$；

C. $\boldsymbol{AX}=\boldsymbol{0}$ 的基础解系为 $\begin{pmatrix}1\\1\\0\\0\end{pmatrix},\begin{pmatrix}1\\0\\-1\\1\end{pmatrix}$；

D. x_3,x_4 不能同时作为 $\boldsymbol{AX}=\boldsymbol{0}$ 的自由未知量.

(19) 设 $\boldsymbol{A}=\begin{pmatrix}1&2&-1&-2\\1&3&-1&-3\\2&5&-2&-5\end{pmatrix}$，则齐次线性方程组 $\boldsymbol{AX}=\boldsymbol{0}$ 的基础解系是(　　).

A. $\begin{pmatrix}1\\1\\1\\1\end{pmatrix},\begin{pmatrix}1\\0\\0\\1\end{pmatrix}$； B. $\begin{pmatrix}1\\0\\1\\0\end{pmatrix},\begin{pmatrix}0\\1\\0\\1\end{pmatrix}$； C. $\begin{pmatrix}1\\-1\\1\\-1\end{pmatrix},\begin{pmatrix}-1\\1\\-1\\1\end{pmatrix}$； D. $\begin{pmatrix}1\\-2\\1\\-2\end{pmatrix},\begin{pmatrix}0\\1\\1\\0\end{pmatrix}$.

(20) 设 $\boldsymbol{A}=\begin{pmatrix}1 & 1 & 1 & 1\\4 & 3 & 5 & -1\\a & 1 & 3 & -b\end{pmatrix}$ 且 $\boldsymbol{AX}=\mathbf{0}$ 的基础解系中含有两个解向量，则 $\begin{pmatrix}a\\b\end{pmatrix}$ =( ).

A. $\begin{pmatrix}\frac{1}{2}\\0\end{pmatrix}$ B. $\begin{pmatrix}1\\\frac{1}{2}\end{pmatrix}$； C. $\begin{pmatrix}\frac{3}{2}\\1\end{pmatrix}$； D. $\begin{pmatrix}2\\3\end{pmatrix}$.

扫一扫，获取参考答案

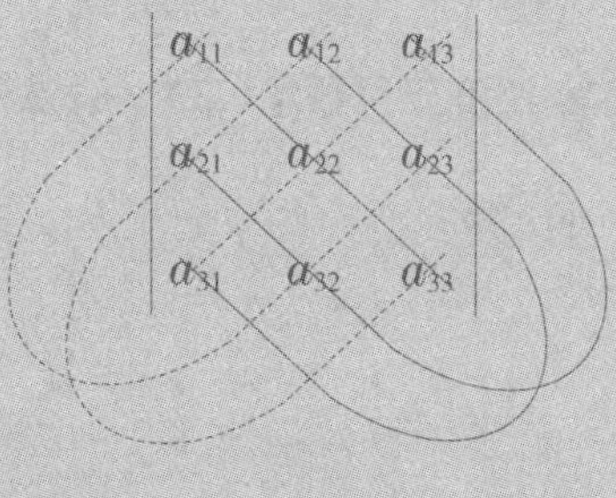

第3章 矩阵的相似与合同

§3.1 矩阵的相似对角化

许多时候，需要讨论 n 阶方阵 $\boldsymbol{A}$ 是否存在可逆矩阵 $\boldsymbol{P}$ 与对角阵 $\boldsymbol{D}$ 满足 $\boldsymbol{P}^{-1}\boldsymbol{A}\boldsymbol{P}=\boldsymbol{D}$ 的问题，矩阵的这种关系，称为相似.

> **定义 3.1.1** 设 $\boldsymbol{A},\boldsymbol{B}$ 是两个 n 阶方阵，若存在 n 阶可逆矩阵 $\boldsymbol{P}$，满足 $\boldsymbol{P}^{-1}\boldsymbol{A}\boldsymbol{P}=\boldsymbol{B}$，则称 $\boldsymbol{A}$ 与 $\boldsymbol{B}$ 相似，$\boldsymbol{P}$ 为 $\boldsymbol{A}$ 与 $\boldsymbol{B}$ 相似的变换矩阵.
>
> 若存在对角阵 $\boldsymbol{D}$ 和可逆矩阵 $\boldsymbol{P}$，满足 $\boldsymbol{P}^{-1}\boldsymbol{A}\boldsymbol{P}=\boldsymbol{D}$，则称 $\boldsymbol{A}$ 可以相似对角化，$\boldsymbol{D}$ 为 $\boldsymbol{A}$ 的相似标准形，$\boldsymbol{P}$ 为 $\boldsymbol{A}$ 的相似于对角阵 $\boldsymbol{D}$ 相似变换矩阵.

例如，$\boldsymbol{A}=\begin{pmatrix}0&1&0&1\\1&0&1&0\\0&1&0&1\\1&0&1&0\end{pmatrix}$，取可逆矩阵 $\boldsymbol{P}=\begin{pmatrix}1&-1&0&1\\-1&0&-1&1\\1&1&0&1\\-1&0&1&1\end{pmatrix}$，

对角矩阵 $\boldsymbol{D}=\begin{pmatrix}-2&0&0&0\\0&0&0&0\\0&0&0&0\\0&0&0&2\end{pmatrix}$. 则 $\boldsymbol{P}^{-1}=\begin{pmatrix}\frac{1}{4}&-\frac{1}{4}&\frac{1}{4}&-\frac{1}{4}\\-\frac{1}{2}&0&\frac{1}{2}&0\\0&-\frac{1}{2}&0&\frac{1}{2}\\\frac{1}{4}&\frac{1}{4}&\frac{1}{4}&\frac{1}{4}\end{pmatrix}$，

且

$$P^{-1}AP=\begin{pmatrix}\frac{1}{4} & -\frac{1}{4} & \frac{1}{4} & -\frac{1}{4}\\ -\frac{1}{2} & 0 & \frac{1}{2} & 0\\ 0 & -\frac{1}{2} & 0 & \frac{1}{2}\\ \frac{1}{4} & \frac{1}{4} & \frac{1}{4} & \frac{1}{4}\end{pmatrix}\begin{pmatrix}0 & 1 & 0 & 1\\ 1 & 0 & 1 & 0\\ 0 & 1 & 0 & 1\\ 1 & 0 & 1 & 0\end{pmatrix}\begin{pmatrix}1 & -1 & 0 & 1\\ -1 & 0 & -1 & 1\\ 1 & 1 & 0 & 1\\ 1 & 0 & 1 & 1\end{pmatrix}$$

$$=\begin{pmatrix}\frac{1}{4} & -\frac{1}{4} & \frac{1}{4} & -\frac{1}{4}\\ -\frac{1}{2} & 0 & \frac{1}{2} & 0\\ 0 & -\frac{1}{2} & 0 & \frac{1}{2}\\ \frac{1}{4} & \frac{1}{4} & \frac{1}{4} & \frac{1}{4}\end{pmatrix}\begin{pmatrix}-2 & 0 & 0 & 2\\ 2 & 0 & 0 & 2\\ -2 & 0 & 0 & 2\\ 2 & 0 & 0 & 2\end{pmatrix}$$

$$=\begin{pmatrix}-2 & 0 & 0 & 0\\ 0 & 0 & 0 & 0\\ 0 & 0 & 0 & 0\\ 0 & 0 & 0 & 2\end{pmatrix}=\boldsymbol{D},$$

所以 $\boldsymbol{A}$ 相似于对角阵 $\boldsymbol{D}$,且相似变换矩阵为 $\boldsymbol{P}$.

矩阵 $\boldsymbol{A}$ 满足什么条件时,可以相似对角化,在可以相似对角化时,又如何求对角阵 $\boldsymbol{D}$ 以及相似变换矩阵 $\boldsymbol{P}$?

把 $\boldsymbol{P}$ 看成 4 个 4 维列向量构成的矩阵. 记 $\boldsymbol{P}$ 的第 1,第 2,第 3,第 4 列分别是 $\boldsymbol{P}_1,\boldsymbol{P}_2,\boldsymbol{P}_3,\boldsymbol{P}_4$,即 $\boldsymbol{P}_1=\begin{pmatrix}1\\-1\\1\\-1\end{pmatrix},\boldsymbol{P}_2=\begin{pmatrix}-1\\0\\1\\0\end{pmatrix},\boldsymbol{P}_3=\begin{pmatrix}0\\-1\\0\\1\end{pmatrix},\boldsymbol{P}_4=\begin{pmatrix}1\\1\\1\\1\end{pmatrix}$,$\boldsymbol{P}$ 就是以 $\boldsymbol{P}_1,\boldsymbol{P}_2,\boldsymbol{P}_3,\boldsymbol{P}_4$ 为列的可逆矩阵.

$\boldsymbol{A}$ 与 $\boldsymbol{P}_1$ 乘积的 $\boldsymbol{AP}_1$ 就是 $\boldsymbol{AP}$ 的第 1 列,$\boldsymbol{A}$ 与 $\boldsymbol{P}_2$ 的乘积 $\boldsymbol{AP}_2$ 就是 $\boldsymbol{AP}$ 的第 2 列,$\boldsymbol{A}$ 与 $\boldsymbol{P}_3$ 乘积的 $\boldsymbol{AP}_3$ 就是 $\boldsymbol{AP}$ 的第 3 列,$\boldsymbol{A}$ 与 $\boldsymbol{P}_4$ 的乘积 $\boldsymbol{AP}_4$ 就是 $\boldsymbol{AP}$ 的第 4 列.

$$AP_1=\begin{pmatrix}0&1&0&1\\1&0&1&0\\0&1&0&1\\1&0&1&0\end{pmatrix}\begin{pmatrix}1\\-1\\1\\-1\end{pmatrix}=\begin{pmatrix}-2\\2\\-2\\2\end{pmatrix}=(-2)\begin{pmatrix}1\\-1\\1\\-1\end{pmatrix}=(-2)P_1,$$

$$AP_2=\begin{pmatrix}0&1&0&1\\1&0&1&0\\0&1&0&1\\1&0&1&0\end{pmatrix}\begin{pmatrix}-1\\0\\1\\0\end{pmatrix}=\begin{pmatrix}0\\0\\0\\0\end{pmatrix}=0\begin{pmatrix}-1\\0\\1\\0\end{pmatrix}=0P_2,$$

$$AP_3=\begin{pmatrix}0&1&0&1\\1&0&1&0\\0&1&0&1\\1&0&1&0\end{pmatrix}\begin{pmatrix}0\\-1\\0\\1\end{pmatrix}=\begin{pmatrix}0\\0\\0\\0\end{pmatrix}=0\begin{pmatrix}0\\-1\\0\\1\end{pmatrix}=0P_3,$$

$$AP_4=\begin{pmatrix}0&1&0&1\\1&0&1&0\\0&1&0&1\\1&0&1&0\end{pmatrix}\begin{pmatrix}1\\1\\1\\1\end{pmatrix}=\begin{pmatrix}2\\2\\2\\2\end{pmatrix}=2\begin{pmatrix}1\\1\\1\\1\end{pmatrix}=2P_4,$$

所以，

$$\begin{aligned}AP&=A(P_1\quad P_2\quad P_3\quad P_4)=(AP_1\quad AP_2\quad AP_3\quad AP_4)\\&=((-2)P_1\quad 0P_2\quad 0P_3\quad 2P_4)\\&=(P_1\quad P_2\quad P_3\quad P_4)\begin{pmatrix}-2&0&0&0\\0&0&0&0\\0&0&0&0\\0&0&0&2\end{pmatrix}=PD.\end{aligned}$$

假设 n 阶方阵 A，存在 n 个 n 维向量 $P_1,P_2,\cdots,P_n$，满足 $AP_k=\lambda_k P_k$，$k=1,2,\cdots,n$. 若以 $P_1,P_2,\cdots,P_n$ 为列，构作的矩阵 $P=(P_1\quad P_2\quad\cdots\quad P_n)$是可逆矩阵，则

$$\begin{aligned}AP&=A(P_1\quad P_2\quad\cdots\quad P_n)=(AP_1\quad AP_1\quad\cdots\quad AP_n)\\&=(\lambda_1P_1\quad\lambda_2P_2\quad\cdots\quad\lambda_nP_n)\\&=(P_1\quad P_2\quad\cdots\quad P_n)\begin{pmatrix}\lambda_1&0&\cdots&0\\0&\lambda_2&\cdots&0\\\vdots&\vdots&\ddots&\vdots\\0&0&\cdots&\lambda_n\end{pmatrix}\end{aligned}$$

$$=P\begin{pmatrix}\lambda_1 & 0 & \cdots & 0\\ 0 & \lambda_2 & \cdots & 0\\ \vdots & \vdots & \ddots & \vdots\\ 0 & 0 & \cdots & \lambda_n\end{pmatrix},$$

两边左乘 P^{-1},得 $P^{-1}AP=\begin{pmatrix}\lambda_1 & 0 & \cdots & 0\\ 0 & \lambda_2 & \cdots & 0\\ \vdots & \vdots & \ddots & \vdots\\ 0 & 0 & \cdots & \lambda_n\end{pmatrix}$为对角阵.

所以,方阵 A 可以相似对角化的条件是,存在 n 个数 $\lambda_1,\lambda_2,\cdots,\lambda_n$(可以重复),$n$ 个 n 维向量 $P_1,P_2,\cdots,P_n$,满足 $AP_k=\lambda_k P_k(k=1,2,\cdots,n)$,且 $P_1,P_2,\cdots,P_n$ 是线性无关的,以 $P_1,P_2,\cdots,P_n$ 为列构作的矩阵 $P=(P_1\quad P_2\quad\cdots\quad P_n)$是可逆矩阵.

定义 3.1.2 设 A 是 n 阶方阵,若存在数 λ 和非零 n 维向量 η,满足 $A\eta=\lambda\eta$,则称 λ 是 A 的特征值,η 是 A 属于特征值 λ 的特征向量.

由特征值和特征向量的概念,矩阵相似于对角阵的条件可以表述为下面定理.

定理 3.1.1 设 A 是 n 阶方阵.若 A 存在 n 个线性无关的特征向量 $P_1,P_2,\cdots,P_n$,相应的特征值分别为 $\lambda_1,\lambda_2,\cdots,\lambda_n$,即 $AP_k=\lambda_k P_k$ $(k=1,2,\cdots,n)$,则 A 相似于对角阵.

以 $P_1,P_2,\cdots,P_n$ 为列,构作矩阵 $P=(P_1\quad P_2\quad\cdots\quad P_n)$,则

$$P^{-1}AP=\begin{pmatrix}\lambda_1 & 0 & \cdots & 0\\ 0 & \lambda_2 & \cdots & 0\\ \vdots & \vdots & \ddots & \vdots\\ 0 & 0 & \cdots & \lambda_n\end{pmatrix}.$$

注:判断方阵 A 是否相似于对角阵,关键是求出 A 的特征值以及所有线性无关的特征向量.

若 η 是矩阵 A 属于特征值 λ 的特征向量,则 $A\eta=\lambda\eta$,依据矩阵运算的性质,可以改写为 $(\lambda I_n-A)\eta=0$,即 η 是齐次线性方程组 $(\lambda I_n-A)X=0$ 的非

零解.

又因为$(\lambda \boldsymbol{I}_n-\boldsymbol{A})\boldsymbol{X}=\boldsymbol{0}$有非零解的条件是行列式$|\lambda \boldsymbol{I}_n-\boldsymbol{A}|=0$，所以$\boldsymbol{A}$的特征值就是满足$|\lambda \boldsymbol{I}_n-\boldsymbol{A}|=0$的$\lambda$，而在$|\lambda \boldsymbol{I}_n-\boldsymbol{A}|=0$时，齐次线性方程组$(\lambda \boldsymbol{I}_n-\boldsymbol{A})\boldsymbol{X}=\boldsymbol{0}$的非零解$\boldsymbol{\eta}$就是属于特征值$\lambda$的特征向量.

定义 3.1.3　设$\boldsymbol{A}$是n阶方阵，则矩阵$(\lambda \boldsymbol{I}_n-\boldsymbol{A})$的行列式$|\lambda \boldsymbol{I}_n-\boldsymbol{A}|$是关于$\lambda$的一个$n$次多项式，称为矩阵$\boldsymbol{A}$的特征多项式.

定理 3.1.2　设$\boldsymbol{A}$是n阶方阵，则$\boldsymbol{A}$的特征值是$\boldsymbol{A}$的特征多项式$|\lambda \boldsymbol{I}_n-\boldsymbol{A}|=0$的根.

设$\lambda_1,\lambda_2,\cdots,\lambda_m$是$|\lambda \boldsymbol{I}_n-\boldsymbol{A}|=0$的$m$个不同的根，也是$\boldsymbol{A}$的$m$个不同的特征值. 将$\lambda=\lambda_k$代入齐次线性方程组$(\lambda \boldsymbol{I}_n-\boldsymbol{A})\boldsymbol{X}=\boldsymbol{0}$，得$|\lambda \boldsymbol{I}_n-\boldsymbol{A}|=0$，则$(\lambda_k \boldsymbol{I}_n-\boldsymbol{A})\boldsymbol{X}=\boldsymbol{0}$有非零解$(k=1,2,\cdots,m)$.

齐次线性方程组$(\lambda_k \boldsymbol{I}_n-\boldsymbol{A})\boldsymbol{X}=\boldsymbol{0}$的基础解系$\boldsymbol{\eta}_{k1},\boldsymbol{\eta}_{k1},\cdots,\boldsymbol{\eta}_{kr_k}$是$\boldsymbol{A}$属于特征值$\lambda_k$的线性无关的特征向量$(k=1,2,\cdots,m)$.

对每一个特征值λ_k，求出$(\lambda_k \boldsymbol{I}_n-\boldsymbol{A})\boldsymbol{X}=\boldsymbol{0}$的基础解系，得属于特征值$\lambda_k$的所有线性无关特征向量$\boldsymbol{\eta}_{k1},\boldsymbol{\eta}_{k1},\cdots,\boldsymbol{\eta}_{kr_k},k=1,2,\cdots,m$.

所得属于每一个特征值的线性无关的特征向量$\boldsymbol{\eta}_{1_1},\cdots,\boldsymbol{\eta}_{1_{r_1}},\boldsymbol{\eta}_{2_1}\cdots,\boldsymbol{\eta}_{2_{r_2}},\cdots,\boldsymbol{\eta}_{m_1},\cdots,\boldsymbol{\eta}_{m_{r_m}}$仍是线性无关的，也就是说，矩阵$\boldsymbol{A}$有$r_1+r_2+\cdots+r_m$个线性无关的特征向量.

若$r_1+r_2+\cdots+r_m=n$，以$\boldsymbol{\eta}_{1_1},\cdots,\boldsymbol{\eta}_{1_{r_1}},\boldsymbol{\eta}_{2_1}\cdots,\boldsymbol{\eta}_{2_{r_2}},\cdots,\boldsymbol{\eta}_{m_1},\cdots,\boldsymbol{\eta}_{m_{r_m}}$为列，构作矩阵$\boldsymbol{P}$，则$\boldsymbol{P}$是可逆矩阵，且$\boldsymbol{P}^{-1}\boldsymbol{AP}=\boldsymbol{D}$是对角阵. $\boldsymbol{D}$的第k个对角元素是$\boldsymbol{P}$的第k列对应的特征向量.

例 3.1.1　设$\boldsymbol{A}=\begin{pmatrix}1 & 2\\ -1 & 4\end{pmatrix}$，求$\boldsymbol{A}$的特征值与特征向量，并判断$\boldsymbol{A}$是否可以对角化. 可对角化时，求满足$\boldsymbol{P}^{-1}\boldsymbol{AP}=\boldsymbol{D}$的可逆矩阵$\boldsymbol{P}$和对角矩阵$\boldsymbol{D}$.

解　$\boldsymbol{A}$的特征多项式

$$\begin{aligned}|\lambda \boldsymbol{I}_2-\boldsymbol{A}|=\begin{vmatrix}\lambda-1 & -2\\ 1 & \lambda-4\end{vmatrix}&=(\lambda-1)(\lambda-4)-1\times(-2)\\ &=(\lambda-2)(\lambda-3),\end{aligned}$$

所以,$\boldsymbol{A}$ 有两个不同特征值$\lambda_1=2,\lambda_2=3$.

把 $\lambda_1=2$ 代入$(\lambda\boldsymbol{I}_2-\boldsymbol{A})\boldsymbol{X}=\boldsymbol{0}$,得齐次线性方程组$\begin{pmatrix}1 & -2\\ 1 & -2\end{pmatrix}\begin{pmatrix}x_1\\ x_2\end{pmatrix}=\begin{pmatrix}0\\ 0\end{pmatrix}$,

即$\begin{cases}x_1-2x_2=0,\\ x_1-2x_2=0,\end{cases}$同解于 $x_1-2x_2=0$,有基础解系 $\boldsymbol{\eta}_1=\begin{pmatrix}2\\ 1\end{pmatrix}$,所以,$\boldsymbol{A}$ 属于特征值$\lambda_1=2$ 的线性无关的特征向量为 $\boldsymbol{\eta}_1=\begin{pmatrix}2\\ 1\end{pmatrix}$;

把 $\lambda_2=3$ 代入$(\lambda\boldsymbol{I}_2-\boldsymbol{A})\boldsymbol{X}=\boldsymbol{0}$,得齐次线性方程组$\begin{pmatrix}2 & -2\\ 1 & -1\end{pmatrix}\begin{pmatrix}x_1\\ x_2\end{pmatrix}=\begin{pmatrix}0\\ 0\end{pmatrix}$,

即$\begin{cases}2x_1-2x_2=0,\\ x_1-\ x_2=0,\end{cases}$同解于 $x_1-x_2=0$,有基础解系 $\boldsymbol{\eta}_2=\begin{pmatrix}1\\ 1\end{pmatrix}$,

所以,$\boldsymbol{A}$ 属于特征值$\lambda_2=3$ 的线性无关的特征向量为 $\boldsymbol{\eta}_2=\begin{pmatrix}1\\ 1\end{pmatrix}$.

2 阶方阵 $\boldsymbol{A}$ 有 2 个线性无关的特征向量 $\boldsymbol{\eta}_1=\begin{pmatrix}2\\ 1\end{pmatrix}$,$\boldsymbol{\eta}_2=\begin{pmatrix}1\\ 1\end{pmatrix}$,所以,$\boldsymbol{A}$ 可以对角化.

取 $\boldsymbol{P}=\begin{pmatrix}2 & 1\\ 1 & 1\end{pmatrix}$,则 $\boldsymbol{P}^{-1}\boldsymbol{AP}=\begin{pmatrix}2 & 0\\ 0 & 3\end{pmatrix}$.

注:若取 $\boldsymbol{P}=\begin{pmatrix}1 & 2\\ 1 & 1\end{pmatrix}$,即 $\boldsymbol{P}$ 的第 1 列对应的特征值 $\lambda_2=3$,第 2 列对应的特征值 $\lambda_1=2$,则 $\boldsymbol{P}^{-1}\boldsymbol{AP}=\begin{pmatrix}3 & 0\\ 0 & 2\end{pmatrix}$.

例 3.1.2 设 $\boldsymbol{A}=\begin{pmatrix}2 & -2 & 2\\ -2 & -1 & 4\\ 2 & 4 & -1\end{pmatrix}$,求 $\boldsymbol{A}$ 的特征值与特征向量,并判断 $\boldsymbol{A}$ 是否可以对角化. 可以对角化时,求满足 $\boldsymbol{P}^{-1}\boldsymbol{AP}=\boldsymbol{D}$ 的可逆矩阵 $\boldsymbol{P}$ 和对角矩阵 $\boldsymbol{D}$.

解 $\boldsymbol{A}$ 的特征多项式

$$|\lambda\boldsymbol{I}_3-\boldsymbol{A}|=\begin{vmatrix}\lambda-2 & 2 & -2\\ 2 & \lambda+1 & -4\\ -2 & -4 & \lambda+1\end{vmatrix}$$

$$\xlongequal[\text{第 3 列乘}(-1)\text{加到第 2 列}]{\text{第 2 行加到第 3 行}}\begin{vmatrix}\lambda-2 & 4 & -2\\ 2 & \lambda+5 & -4\\ 0 & 0 & \lambda-3\end{vmatrix}$$

$$\xlongequal{\text{按第 3 行展开}}(\lambda-3)\begin{vmatrix}\lambda-2 & 4\\ 2 & \lambda+5\end{vmatrix}$$

$$\xlongequal{\text{计算 2 阶行列式}}(\lambda-3)[(\lambda-2)(\lambda+5)-2\times4]$$

$$=(\lambda-3)^2(\lambda+6),$$

所以，$\boldsymbol{A}$ 的特征多项式 $|\lambda\boldsymbol{I}_3-\boldsymbol{A}|=0$ 有两个不同的根，$\lambda_1=3,\lambda_2=-6$.

将 $\lambda_1=3$ 代入 $(\lambda\boldsymbol{I}_3-\boldsymbol{A})\boldsymbol{X}=\boldsymbol{0}$，得齐次线性方程组 $\begin{pmatrix}1 & 2 & -2\\ 2 & 4 & -4\\ -2 & -4 & 4\end{pmatrix}\begin{pmatrix}x_1\\ x_2\\ x_3\end{pmatrix}$ $=\begin{pmatrix}0\\0\\0\end{pmatrix}$，即 $\begin{cases}x_1+2x_2-2x_3=0,\\ 2x_1+4x_2-4x_3=0,\\ -2x_1-4x_2+4x_3=0,\end{cases}$ 同解于 $x_1+2x_2-2x_3=0$，通解为 $x_1=-2x_2+2x_3$，x_2,x_3 是自由未知量.

取 $x_2=1,x_3=0$；$x_2=0,x_3=1$，得 $x_1+2x_2-2x_3=0$ 的基础解系

$$\boldsymbol{\eta}_1=\begin{pmatrix}-2\\1\\0\end{pmatrix},\quad \boldsymbol{\eta}_2=\begin{pmatrix}2\\0\\1\end{pmatrix}.$$

所以，矩阵 $\boldsymbol{A}$ 属于特征值 $\lambda_1=3$ 有 2 个线性无关的特征向量

$$\boldsymbol{\eta}_1=\begin{pmatrix}-2\\1\\0\end{pmatrix},\quad \boldsymbol{\eta}_2=\begin{pmatrix}2\\0\\1\end{pmatrix}.$$

将 $\lambda_2=-6$ 代入 $(\lambda\boldsymbol{I}_3-\boldsymbol{A})\boldsymbol{X}=\boldsymbol{0}$，得齐次线性方程组 $\begin{pmatrix}-8 & 2 & -2\\ 2 & -5 & -4\\ -2 & -4 & -5\end{pmatrix}\begin{pmatrix}x_1\\ x_2\\ x_3\end{pmatrix}=$ $\begin{pmatrix}0\\0\\0\end{pmatrix}$，即 $\begin{cases}-8x_1+2x_2-2x_3=0,\\ 2x_1-5x_2-4x_3=0,\\ -2x_1-4x_2-5x_3=0,\end{cases}$ 同解于 $\begin{cases}x_1 \quad +\frac{1}{2}x_3=0,\\ \quad x_2+\quad x_3=0,\end{cases}$ 通解为

$$\begin{cases} x_1 = -\dfrac{1}{2}x_3, \\ x_2 = -x_3, \end{cases} \quad x_3\text{ 是自由未知量.}$$

取 $x_3=1$,得 $\begin{cases} x_1 \quad +\dfrac{1}{2}x_3=0, \\ \quad x_2 + \quad x_3=0, \end{cases}$ 的基础解系 $\boldsymbol{\eta}_3=\begin{pmatrix} -\dfrac{1}{2} \\ -1 \\ 0 \end{pmatrix}$.

所以,矩阵 $\boldsymbol{A}$ 属于特征值 $\lambda_2=-6$ 有 1 个线性无关的特征向量

$$\boldsymbol{\eta}_3=\begin{pmatrix} -\dfrac{1}{2} \\ -1 \\ 1 \end{pmatrix}.$$

3 阶方阵 $\boldsymbol{A}$ 有 3 个线性无关的特征向量 $\boldsymbol{\eta}_1,\boldsymbol{\eta}_2,\boldsymbol{\eta}_3$,所以,$\boldsymbol{A}$ 相似于对角阵,可以相似对角化.

以 $\boldsymbol{\eta}_1,\boldsymbol{\eta}_2,\boldsymbol{\eta}_3$ 为列,构作矩阵 $\boldsymbol{P}=\begin{pmatrix} -2 & 2 & -\dfrac{1}{2} \\ 1 & 0 & -1 \\ 0 & 1 & 1 \end{pmatrix}$,则 $\boldsymbol{P}$ 是可逆矩阵,且

$$\boldsymbol{P}^{-1}\boldsymbol{A}\boldsymbol{P}=\begin{pmatrix} 3 & 0 & 0 \\ 0 & 3 & 0 \\ 0 & 0 & -6 \end{pmatrix}.$$

注:若以 $\boldsymbol{\eta}_3,\boldsymbol{\eta}_1,\boldsymbol{\eta}_2$ 为列,构作矩阵 $\boldsymbol{P}=\begin{pmatrix} -\dfrac{1}{2} & -2 & 2 \\ -1 & 1 & 0 \\ 1 & 0 & 1 \end{pmatrix}$,则 $\boldsymbol{P}$ 的第 1 列对应特征值 $\lambda_2=-6$,P 的第 2 列,第 3 列对应特征值 $\lambda_1=3$,所以

$$\boldsymbol{P}^{-1}\boldsymbol{A}\boldsymbol{P}=\begin{pmatrix} -6 & 0 & 0 \\ 0 & 3 & 0 \\ 0 & 0 & 3 \end{pmatrix}.$$

例 3.1.3 设 $\boldsymbol{A}=\begin{pmatrix} 2 & 0 & -1 \\ 0 & -1 & 0 \\ 0 & 0 & 2 \end{pmatrix}$,求 $\boldsymbol{A}$ 的特征值与特征向量,并判

断 $\boldsymbol{A}$ 是否可以对角化. 可以对角化时,求满足 $\boldsymbol{P}^{-1}\boldsymbol{A}\boldsymbol{P}=\boldsymbol{D}$ 的可逆矩阵 $\boldsymbol{P}$ 和对角矩阵 $\boldsymbol{D}$.

解　$\boldsymbol{A}$ 的特征多项式

$$\det|\lambda \boldsymbol{I}_3-\boldsymbol{A}|=\begin{vmatrix}\lambda-2 & 0 & 1\\ 0 & \lambda+1 & 0\\ 0 & 0 & \lambda-2\end{vmatrix}=(\lambda-2)^2(\lambda+1),$$

所以,$\boldsymbol{A}$ 有两个不同特征值 $\lambda_1=2,\lambda_2=-1$.

将 $\lambda_1=2$ 代入 $(\lambda\boldsymbol{I}_3-\boldsymbol{A})\boldsymbol{X}=\boldsymbol{0}$,得齐次线性方程组 $\begin{pmatrix}0&0&1\\0&3&0\\0&0&0\end{pmatrix}\begin{pmatrix}x_1\\x_2\\x_3\end{pmatrix}=\begin{pmatrix}0\\0\\0\end{pmatrix}$,

即 $\begin{cases}0x_1+0x_2+\ x_3=0,\\0x_1+3x_2+0x_3=0,\\0x_1+0x_2+0x_3=0,\end{cases}$ 同解于 $\begin{cases}x_3=0,\\x_2=0,\end{cases}$ 通解为 $\begin{cases}x_3=0,\\x_2=0,\end{cases}$ x_1 是自由未知量.

取 $x_1=1$,得 $\begin{cases}x_3=0,\\x_2=0\end{cases}$ 的基础解系 $\boldsymbol{\eta}_1=\begin{pmatrix}1\\0\\0\end{pmatrix}$.

所以,$\boldsymbol{A}$ 属于特征值 $\lambda_1=2$ 的线性无关的特征向量为 $\boldsymbol{\eta}_1=\begin{pmatrix}1\\0\\0\end{pmatrix}$.

将 $\lambda_2=-1$ 代入 $(\lambda\boldsymbol{I}_3-\boldsymbol{A})\boldsymbol{X}=\boldsymbol{0}$,得齐次线性方程组 $\begin{pmatrix}-3&0&1\\0&0&0\\0&0&-3\end{pmatrix}\begin{pmatrix}x_1\\x_2\\x_3\end{pmatrix}$ $=\begin{pmatrix}0\\0\\0\end{pmatrix}$,即 $\begin{cases}-3x_1+0x_2+\ x_3=0,\\ \ \ 0x_1+0x_2+0x_3=0,\\ \ \ 0x_1+0x_2-3x_3=0,\end{cases}$ 同解于 $\begin{cases}x_1=0,\\x_3=0,\end{cases}$ 通解为 $\begin{cases}x_1=0,\\x_3=0,\end{cases}$ x_2 是自由未知量.

取 $x_2=1$,得 $\begin{cases}x_1=0,\\x_3=0\end{cases}$ 的基础解系 $\boldsymbol{\eta}_2=\begin{pmatrix}0\\1\\0\end{pmatrix}$.

所以,$\boldsymbol{A}$ 属于特征值 $\lambda_2=-1$ 的线性无关的特征向量为 $\boldsymbol{\eta}_2=\begin{pmatrix}0\\1\\0\end{pmatrix}$.

3 阶矩阵 $\boldsymbol{A}$ 有 2 个线性无关的特征向量 $\boldsymbol{\eta}_1,\boldsymbol{\eta}_2$,所以,$\boldsymbol{A}$ 不相似于对角形,不能相似对角化.

习题 3.1

1. 求下列矩阵的特征多项式,特征值,属于每一个特征值的全部特征向量.判断它们是否可以对角化,能对角化时,求出满足 $\boldsymbol{P}^{-1}\boldsymbol{AP}=\boldsymbol{D}$ 的可逆矩阵 $\boldsymbol{P}$ 和对角矩阵 $\boldsymbol{D}$.

(1) $\begin{pmatrix}1&0&0\\0&-1&0\\0&0&1\end{pmatrix}$; (2) $\begin{pmatrix}0&1&0\\0&0&1\\0&0&0\end{pmatrix}$; (3) $\begin{pmatrix}0&1&0\\1&0&1\\0&1&0\end{pmatrix}$; (4) $\begin{pmatrix}1&1&1\\1&1&1\\1&1&1\end{pmatrix}$;

(5) $\begin{pmatrix}2&3&2\\1&8&2\\-2&-14&-3\end{pmatrix}$; (6) $\begin{pmatrix}6&2&4\\2&3&2\\4&2&6\end{pmatrix}$; (7) $\begin{pmatrix}1&2&3\\2&1&3\\3&3&6\end{pmatrix}$; (8) $\begin{pmatrix}1&1&1\\0&1&1\\0&0&2\end{pmatrix}$.

2. 选择题:

(1) $-1,2,4$ 是 4 阶方阵 $\boldsymbol{A}$ 的三个不同特征值.若 $\boldsymbol{A}$ 属于特征值 -1 有两个线性无关的特征向量 $\boldsymbol{\eta}_1,\boldsymbol{\eta}_2$,属于特征值 2 的一个特征向量 $\boldsymbol{\eta}_3$,属于特征值 4 有一个特征向量 η_4,以它们为列构成矩阵 $\boldsymbol{P}=(\boldsymbol{\eta}_4\quad\boldsymbol{\eta}_1\quad\boldsymbol{\eta}_3\quad\boldsymbol{\eta}_2)$,则 $\boldsymbol{P}^{-1}\boldsymbol{AP}=(\quad)$.

A. $\begin{pmatrix}-1&0&0&0\\0&-1&0&0\\0&0&2&0\\0&0&0&4\end{pmatrix}$; B. $\begin{pmatrix}-1&0&0&0\\0&2&0&0\\0&0&-1&0\\0&0&0&4\end{pmatrix}$;

C. $\begin{pmatrix}4&0&0&0\\0&-1&0&0\\0&0&2&0\\0&0&0&-1\end{pmatrix}$; D. $\begin{pmatrix}2&0&0&0\\0&-1&0&0\\0&0&4&0\\0&0&0&-1\end{pmatrix}$.

(2) 关于矩阵 $\boldsymbol{A}=\begin{pmatrix}1&2\\-1&4\end{pmatrix}$ 的四个命题:① $\boldsymbol{A}$ 的特征多项式为 $(\lambda-2)(\lambda-3)$,$\boldsymbol{A}$ 有两个不同的特征值 $\lambda_1=2,\lambda_2=3$;② $\eta_1=\begin{pmatrix}2\\1\end{pmatrix}$ 是属于特征值 $\lambda_1=2$ 的特征向量,$\boldsymbol{\eta}_2=\begin{pmatrix}1\\1\end{pmatrix}$ 是

属于特征值 $\lambda_2=3$ 的特征向量；③矩阵 $\boldsymbol{A}$ 可以对角化；④记 $\boldsymbol{P}=\begin{pmatrix}1&2\\1&1\end{pmatrix}$，则 $\boldsymbol{P}^{-1}\boldsymbol{A}\boldsymbol{P}=\begin{pmatrix}2&0\\0&3\end{pmatrix}$. 其中正确的个数是(　　).

A. 4 个；　B. 3 个；　C. 2 个；　D. 1 个.

(3) 矩阵 $\boldsymbol{A}_1=\begin{pmatrix}1&0&0\\0&-2&0\\0&0&3\end{pmatrix}$，$\boldsymbol{A}_2=\begin{pmatrix}1&0&1\\0&3&0\\1&0&-2\end{pmatrix}$，$\boldsymbol{A}_3=\begin{pmatrix}3&-1&0\\0&1&-1\\0&0&-2\end{pmatrix}$，$\boldsymbol{A}_4=\begin{pmatrix}0&-2&0\\0&0&3\\1&0&0\end{pmatrix}$ 中，与矩阵 $\boldsymbol{A}=\begin{pmatrix}-2&0&0\\0&1&0\\0&0&3\end{pmatrix}$ 相似的是(　　).

A. $\boldsymbol{A}_1$ 和 $\boldsymbol{A}_2$；　B. $\boldsymbol{A}_3$ 和 $\boldsymbol{A}_4$；　C. $\boldsymbol{A}_1$ 和 $\boldsymbol{A}_3$；　D. $\boldsymbol{A}_2$ 和 $\boldsymbol{A}_4$.

(4) 矩阵 $\boldsymbol{A}\begin{pmatrix}0&1&0\\1&0&1\\0&1&0\end{pmatrix}$ 的特征多项式为(　　).

A. $\lambda^3-\lambda$；　B. $\lambda^3+\lambda$；　C. $\lambda^3-2\lambda$；　D. $\lambda^3+2\lambda$.

(5) 设 $\boldsymbol{A}$ 是 3 阶方阵，且齐次线性方程组 $\boldsymbol{AX}=\boldsymbol{0}$ 有非零解 $\boldsymbol{X}_0$，则矩阵 $\boldsymbol{A}$ 有特征值 0，且 $\boldsymbol{X}_0$ 是属于特征值 0 的特征向量. (　　).

A. 此陈述是正确的；　B. 此陈述是错误的.

§ 3.2　矩阵的合同对角化

矩阵的合同是两个方阵之间的另一种关系.

定义 3.2.1　设 $\boldsymbol{A}$，$\boldsymbol{B}$ 是两个 n 阶方阵. 若存在可逆矩阵 $\boldsymbol{P}$，满足 $\boldsymbol{P}^T\boldsymbol{A}\boldsymbol{P}=\boldsymbol{B}$，其中 $\boldsymbol{P}^T$ 是 $\boldsymbol{P}$ 的转置矩阵，则称矩阵 $\boldsymbol{A}$ 与 $\boldsymbol{B}$ 是合同的，可逆矩阵 $\boldsymbol{P}$ 称为 $\boldsymbol{A}$ 与 $\boldsymbol{B}$ 的合同变换矩阵.

设 $\boldsymbol{A}$ 是 n 阶方阵，若存在可逆矩阵 $\boldsymbol{P}$ 和对角矩阵 $\boldsymbol{D}$，满足 $\boldsymbol{P}^T\boldsymbol{A}\boldsymbol{P}=\boldsymbol{D}$，则称矩阵 $\boldsymbol{A}$ 可以合同对角化，可逆矩阵 $\boldsymbol{P}$ 称为 $\boldsymbol{A}$ 的合同对角化的合同变换矩阵.

因为对角矩阵 $\boldsymbol{D}$ 是对称阵，$\boldsymbol{D}^T=\boldsymbol{D}$，所以在 $\boldsymbol{P}^T\boldsymbol{A}\boldsymbol{P}=\boldsymbol{D}$ 的两边同时取转置，得 $(\boldsymbol{P}^T\boldsymbol{A}\boldsymbol{P})^T=\boldsymbol{P}^T\boldsymbol{A}^T(\boldsymbol{P}^T)^T=\boldsymbol{P}^T\boldsymbol{A}^T\boldsymbol{P}=\boldsymbol{D}^T=\boldsymbol{D}$，所以 $\boldsymbol{P}^T\boldsymbol{A}\boldsymbol{P}=\boldsymbol{P}^T\boldsymbol{A}^T\boldsymbol{P}$.

又因为 $\boldsymbol{P}$ 是可逆矩阵,所以 $\boldsymbol{P}^T$ 也是可逆矩阵. 在 $\boldsymbol{P}^T\boldsymbol{A}\boldsymbol{P}=\boldsymbol{P}^T\boldsymbol{A}^T\boldsymbol{P}$ 的左侧乘上 $(\boldsymbol{P}^T)^{-1}$,右侧乘上 $\boldsymbol{P}^{-1}$,得 $\boldsymbol{A}=\boldsymbol{A}^T$. $\boldsymbol{A}$ 是对称矩阵. 也就是说,$\boldsymbol{A}$ 合同于对角阵,则 $\boldsymbol{A}$ 一定是对称矩阵. 其实,对称矩阵也一定合同于对角阵.

定理 3.2.1 设 $\boldsymbol{A}$ 是对称矩阵,则存在可逆矩阵 $\boldsymbol{P}$ 和对角矩阵 $\boldsymbol{D}$,满足 $\boldsymbol{P}^T\boldsymbol{A}\boldsymbol{P}=\boldsymbol{D}$.

称对角阵 $\boldsymbol{D}$ 为 $\boldsymbol{A}$ 的合同标准形,$\boldsymbol{P}$ 为 $\boldsymbol{A}$ 合同对角化的合同变换矩阵.

设 $\boldsymbol{A}$ 是实对称矩阵,则 $\boldsymbol{A}$ 一定合同于对角阵. 为了求得合同变换矩阵 $\boldsymbol{P}$,需要对线性无关的向量进行"施密特正交化".

定义 3.2.2 设 $\boldsymbol{\alpha}=\begin{pmatrix}a_1\\a_2\\\vdots\\a_n\end{pmatrix}$,$\boldsymbol{\beta}=\begin{pmatrix}b_1\\b_2\\\vdots\\b_n\end{pmatrix}$ 是两个 n 维向量,若 $(\boldsymbol{\alpha},\boldsymbol{\beta})=\boldsymbol{\alpha}^T\boldsymbol{\beta}=a_1b_2+a_2b_2+\cdots+a_nb_n=\mathbf{0}$,则称 $\boldsymbol{\alpha}$ 与 $\boldsymbol{\beta}$ 正交.

例如,$\boldsymbol{\alpha}_1=\begin{pmatrix}1\\1\\1\end{pmatrix}$,$\boldsymbol{\alpha}_2=\begin{pmatrix}1\\0\\-1\end{pmatrix}$,$\boldsymbol{\alpha}_3=\begin{pmatrix}1\\-2\\1\end{pmatrix}$,则

$$(\boldsymbol{\alpha}_1,\boldsymbol{\alpha}_2)=(1\quad 1\quad 1)\begin{pmatrix}1\\0\\-1\end{pmatrix}=\mathbf{0},$$

$$(\boldsymbol{\alpha}_1,\boldsymbol{\alpha}_3)=(1\quad 1\quad 1)\begin{pmatrix}1\\-2\\1\end{pmatrix}=\mathbf{0},$$

$$(\boldsymbol{\alpha}_2,\boldsymbol{\alpha}_3)=(1\quad 0\quad -1)\begin{pmatrix}1\\-2\\1\end{pmatrix}=\mathbf{0},$$

所以,$\boldsymbol{\alpha}_1$ 与 $\boldsymbol{\alpha}_2$ 正交,$\boldsymbol{\alpha}_1$ 与 $\boldsymbol{\alpha}_3$ 正交,$\boldsymbol{\alpha}_2$ 与 $\boldsymbol{\alpha}_3$ 正交. 也就是 $\boldsymbol{\alpha}_1,\boldsymbol{\alpha}_2,\boldsymbol{\alpha}_3$ 中的任意两个向量都正交,称 $\boldsymbol{\alpha}_1,\boldsymbol{\alpha}_2,\boldsymbol{\alpha}_3$ 为两两正交的向量组.

以 $\boldsymbol{\alpha}_1,\boldsymbol{\alpha}_2,\boldsymbol{\alpha}_3$ 为列,构作 3 阶方阵 $\boldsymbol{P}=\begin{pmatrix}1&1&1\\1&0&-2\\1&-1&1\end{pmatrix}$,则

$$\boldsymbol{P}^T\boldsymbol{P}=\begin{pmatrix}1&1&1\\1&0&-1\\1&-2&1\end{pmatrix}\begin{pmatrix}1&1&1\\1&0&-2\\1&-1&1\end{pmatrix}=\begin{pmatrix}3&0&0\\0&2&0\\0&0&6\end{pmatrix},$$

$$\boldsymbol{P}\boldsymbol{P}^T=\begin{pmatrix}1&1&1\\1&0&-2\\1&-1&1\end{pmatrix}\begin{pmatrix}1&1&1\\1&0&-1\\1&-2&1\end{pmatrix}=\begin{pmatrix}3&0&0\\0&2&0\\0&0&6\end{pmatrix},$$

是一个对角阵.

也就是说,若矩阵 $\boldsymbol{P}$ 的列是两两正交时,则 $\boldsymbol{P}^T\boldsymbol{P}=\boldsymbol{P}\boldsymbol{P}^T$ 是对角矩阵.

特别地,取 $\boldsymbol{\beta}_1=\frac{1}{\sqrt{3}}\boldsymbol{\alpha}_1=\begin{pmatrix}\frac{1}{\sqrt{3}}\\\frac{1}{\sqrt{3}}\\\frac{1}{\sqrt{3}}\end{pmatrix}$,$\boldsymbol{\beta}_2=\frac{1}{\sqrt{2}}\boldsymbol{\alpha}_2=\begin{pmatrix}\frac{1}{\sqrt{2}}\\0\\-\frac{1}{\sqrt{2}}\end{pmatrix}$,$\boldsymbol{\beta}_3=\frac{1}{\sqrt{6}}\boldsymbol{\alpha}_3=\begin{pmatrix}-\frac{1}{\sqrt{6}}\\-\frac{2}{\sqrt{6}}\\\frac{1}{\sqrt{6}}\end{pmatrix}$,则

$\boldsymbol{\beta}_1,\boldsymbol{\beta}_2,\boldsymbol{\beta}_3$ 仍是两两正交的,且 $(\boldsymbol{\beta}_1,\boldsymbol{\beta}_1)=(\boldsymbol{\beta}_2,\boldsymbol{\beta}_2)=(\boldsymbol{\beta}_3,\boldsymbol{\beta}_3)=1$,称 $\boldsymbol{\beta}_1,\boldsymbol{\beta}_2,\boldsymbol{\beta}_3$ 是标准正交向量组.

定义 3.2.3 设 $\boldsymbol{\alpha}=\begin{pmatrix}a_1\\a_2\\\vdots\\a_n\end{pmatrix}$ 是实数集 $\mathbf{R}$ 上的 n 维向量,则

$$(\boldsymbol{\alpha},\boldsymbol{\alpha})=a_1^2+a_2^2+\cdots+a_n^2\geqslant 0,$$

称 $(\boldsymbol{\alpha},\boldsymbol{\alpha})$ 的算术根 $\sqrt{(\boldsymbol{\alpha},\boldsymbol{\alpha})}$ 为 $\boldsymbol{\alpha}$ 的长度. 记作 $|\boldsymbol{\alpha}|$.

若 $|\boldsymbol{\alpha}|=1$,则称 $\boldsymbol{\alpha}$ 为单位向量.

若 $\boldsymbol{\alpha}\neq\mathbf{0}$,则 $(\boldsymbol{\alpha},\boldsymbol{\alpha})>0$,由内积的运算性质,$\boldsymbol{\beta}=\frac{1}{|\boldsymbol{\alpha}|}\boldsymbol{\alpha}$ 是单位向量. 称 $\boldsymbol{\beta}$ 是 $\boldsymbol{\alpha}$ 的单位化.

$\boldsymbol{\beta}_1,\boldsymbol{\beta}_2,\boldsymbol{\beta}_3$ 是 $\boldsymbol{\alpha}_1,\boldsymbol{\alpha}_2,\boldsymbol{\alpha}_3$ 单位化后,得到的标准正交向量组. 以 $\boldsymbol{\beta}_1,\boldsymbol{\beta}_2,\boldsymbol{\beta}_3$ 为

列,构作矩阵 $Q=\begin{pmatrix}\frac{1}{\sqrt{3}} & \frac{1}{\sqrt{2}} & \frac{1}{\sqrt{6}}\\ \frac{1}{\sqrt{3}} & 0 & -\frac{2}{\sqrt{6}}\\ \frac{1}{\sqrt{3}} & -\frac{1}{\sqrt{2}} & \frac{1}{\sqrt{6}}\end{pmatrix}$,则 Q 的列是两两正交的单位向量,也就是标准单位向量组.

Q 和 Q^T 满足

$$Q^TQ=\begin{pmatrix}\frac{1}{\sqrt{3}} & \frac{1}{\sqrt{3}} & \frac{1}{\sqrt{3}}\\ \frac{1}{\sqrt{2}} & 0 & -\frac{1}{\sqrt{2}}\\ \frac{1}{\sqrt{6}} & -\frac{2}{\sqrt{6}} & \frac{1}{\sqrt{6}}\end{pmatrix}\begin{pmatrix}\frac{1}{\sqrt{3}} & \frac{1}{\sqrt{2}} & \frac{1}{\sqrt{6}}\\ \frac{1}{\sqrt{3}} & 0 & -\frac{2}{\sqrt{6}}\\ \frac{1}{\sqrt{3}} & -\frac{1}{\sqrt{2}} & \frac{1}{\sqrt{6}}\end{pmatrix}=\begin{pmatrix}1 & 0 & 0\\ 0 & 1 & 0\\ 0 & 0 & 1\end{pmatrix},$$

$$QQ^T=\begin{pmatrix}\frac{1}{\sqrt{3}} & \frac{1}{\sqrt{2}} & \frac{1}{\sqrt{6}}\\ \frac{1}{\sqrt{3}} & 0 & -\frac{2}{\sqrt{6}}\\ \frac{1}{\sqrt{3}} & -\frac{1}{\sqrt{2}} & \frac{1}{\sqrt{6}}\end{pmatrix}\begin{pmatrix}\frac{1}{\sqrt{3}} & \frac{1}{\sqrt{3}} & \frac{1}{\sqrt{3}}\\ \frac{1}{\sqrt{2}} & 0 & -\frac{1}{\sqrt{2}}\\ \frac{1}{\sqrt{6}} & -\frac{2}{\sqrt{6}} & \frac{1}{\sqrt{6}}\end{pmatrix}=\begin{pmatrix}1 & 0 & 0\\ 0 & 1 & 0\\ 0 & 0 & 1\end{pmatrix}.$$

所以,Q 是可逆矩阵,且 $Q^{-1}=Q^T$. 称 Q 为正交矩阵.

定义 3.2.4 设 P 是 n 阶方阵,若 P 是可逆矩阵,且 $P^{-1}=P^T$,即 $P^TP=PP^T=I$,则称 P 为正交矩阵.

定理 3.2.2 设 P 是 n 阶方阵,若 P 的列是两两正交的单位向量,即 P 的列是标准正交向量组,则 P 是正交阵.

设 $\boldsymbol{\alpha}_1,\boldsymbol{\alpha}_1,\cdots,\boldsymbol{\alpha}_s$ 是 s 个线性无关的 n 维向量,取

$$\boldsymbol{\beta}_1=\boldsymbol{\alpha}_1,$$

$$\boldsymbol{\beta}_2=\boldsymbol{\alpha}_2-\frac{(\boldsymbol{\beta}_1,\boldsymbol{\alpha}_2)}{(\boldsymbol{\beta}_1,\boldsymbol{\beta}_1)}\boldsymbol{\beta}_1,$$

$$\vdots$$

$$\boldsymbol{\beta}_k=\boldsymbol{\alpha}_k-\frac{(\boldsymbol{\beta}_1,\boldsymbol{\alpha}_k)}{(\boldsymbol{\beta}_1,\boldsymbol{\beta}_1)}\boldsymbol{\beta}_1-\frac{(\boldsymbol{\beta}_2,\boldsymbol{\alpha}_k)}{(\boldsymbol{\beta}_2,\boldsymbol{\beta}_2)}\boldsymbol{\beta}_2-\cdots-\frac{(\boldsymbol{\beta}_{k-1},\boldsymbol{\alpha}_k)}{(\boldsymbol{\beta}_{k-1},\boldsymbol{\beta}_{k-1})}\boldsymbol{\beta}_{k-1},$$

$$\vdots$$

$$\boldsymbol{\beta}_s=\boldsymbol{\alpha}_s-\frac{(\boldsymbol{\beta}_1,\boldsymbol{\alpha}_s)}{(\boldsymbol{\beta}_1,\boldsymbol{\beta}_1)}\boldsymbol{\beta}_1-\frac{(\boldsymbol{\beta}_2,\boldsymbol{\alpha}_s)}{(\boldsymbol{\beta}_2,\boldsymbol{\beta}_2)}\boldsymbol{\beta}_2-\cdots-\frac{(\boldsymbol{\beta}_{s-1},\boldsymbol{\alpha}_s)}{(\boldsymbol{\beta}_{s-1},\boldsymbol{\beta}_{s-1})}\boldsymbol{\beta}_{s-1}.$$

则得到的向量 $\boldsymbol{\beta}_1,\boldsymbol{\beta}_2,\cdots,\boldsymbol{\beta}_s$ 满足：

(1) $\boldsymbol{\beta}_1,\boldsymbol{\beta}_2,\cdots,\boldsymbol{\beta}_s$ 是两两正交的；

(2) 对任意的 $1\leqslant k\leqslant s$，$\boldsymbol{\alpha}_1,\boldsymbol{\alpha}_2,\cdots,\boldsymbol{\alpha}_k$ 中的每一个向量都可以由 $\boldsymbol{\beta}_1,\boldsymbol{\beta}_2,\cdots,\boldsymbol{\beta}_k$ 线性表出，且 $\boldsymbol{\beta}_1,\boldsymbol{\beta}_2,\cdots,\boldsymbol{\beta}_k$ 中的每一个向量也都可以由 $\boldsymbol{\alpha}_1,\boldsymbol{\alpha}_2,\cdots,\boldsymbol{\alpha}_k$ 线性表出.

称 $\boldsymbol{\beta}_1,\boldsymbol{\beta}_2,\cdots,\boldsymbol{\beta}_s$ 为 $\boldsymbol{\alpha}_1,\boldsymbol{\alpha}_2,\cdots,\boldsymbol{\alpha}_s$ 的施密特正交化.

再取 $\boldsymbol{\gamma}_1=\frac{1}{|\boldsymbol{\beta}_1|}\boldsymbol{\beta}_1,\boldsymbol{\gamma}_2=\frac{1}{|\boldsymbol{\beta}_2|}\boldsymbol{\beta}_2,\cdots,\boldsymbol{\gamma}_s=\frac{1}{|\boldsymbol{\beta}_s|}\boldsymbol{\beta}_s$，则 $\boldsymbol{\gamma}_1,\boldsymbol{\gamma}_2,\cdots,\boldsymbol{\gamma}_s$ 满足：

(3) $\boldsymbol{\gamma}_1,\boldsymbol{\gamma}_2,\cdots,\boldsymbol{\gamma}_s$ 是标准正交向量组；

(4) 对任意的 $1\leqslant k\leqslant s$，$\boldsymbol{\alpha}_1,\boldsymbol{\alpha}_2,\cdots,\boldsymbol{\alpha}_k$ 中的每一个向量都可以由 $\boldsymbol{\gamma}_1,\boldsymbol{\gamma}_2,\cdots,\boldsymbol{\gamma}_k$ 线性表出，且 $\boldsymbol{\gamma}_1,\boldsymbol{\gamma}_2,\cdots,\boldsymbol{\gamma}_k$ 中的每一个向量也都可以由 $\boldsymbol{\alpha}_1,\boldsymbol{\alpha}_2,\cdots,\boldsymbol{\alpha}_k$ 线性表出.

$\boldsymbol{\gamma}_1,\boldsymbol{\gamma}_2,\cdots,\boldsymbol{\gamma}_s$ 是向量 $\boldsymbol{\beta}_1,\boldsymbol{\beta}_2,\cdots,\boldsymbol{\beta}_s$ 的单位化；$\boldsymbol{\gamma}_1,\boldsymbol{\gamma}_2,\cdots,\boldsymbol{\gamma}_s$ 是向量 $\boldsymbol{\alpha}_1,\boldsymbol{\alpha}_2,\cdots,\boldsymbol{\alpha}_s$ 的标准正交化.

例 3.2.1　设 $\boldsymbol{\alpha}_1=\begin{pmatrix}1\\0\\1\end{pmatrix},\boldsymbol{\alpha}_2=\begin{pmatrix}0\\1\\1\end{pmatrix},\boldsymbol{\alpha}_3=\begin{pmatrix}1\\1\\0\end{pmatrix}$，将 $\boldsymbol{\alpha}_1,\boldsymbol{\alpha}_2,\boldsymbol{\alpha}_3$ 标准正交化.

解　先将 $\boldsymbol{\alpha}_1,\boldsymbol{\alpha}_2,\boldsymbol{\alpha}_3$ 进行施密特正交化.

取 $\boldsymbol{\beta}_1=\begin{pmatrix}1\\0\\1\end{pmatrix},\boldsymbol{\beta}_2=\boldsymbol{\alpha}_2-\frac{(\boldsymbol{\beta}_1,\boldsymbol{\alpha}_2)}{(\boldsymbol{\beta}_1,\boldsymbol{\beta}_1)}\boldsymbol{\beta}_1=\begin{pmatrix}0\\1\\1\end{pmatrix}-\frac{1}{2}\begin{pmatrix}1\\0\\1\end{pmatrix}=\begin{pmatrix}-\frac{1}{2}\\1\\\frac{1}{2}\end{pmatrix}$,

$$\boldsymbol{\beta}_3=\boldsymbol{\alpha}_3-\frac{(\boldsymbol{\beta}_1,\boldsymbol{\alpha}_3)}{(\boldsymbol{\beta}_1,\boldsymbol{\beta}_1)}\boldsymbol{\beta}_1-\frac{(\boldsymbol{\beta}_2,\boldsymbol{\alpha}_3)}{(\boldsymbol{\beta}_2,\boldsymbol{\beta}_2)}\boldsymbol{\beta}_2=\begin{pmatrix}1\\1\\0\end{pmatrix}-\frac{1}{2}\begin{pmatrix}1\\0\\1\end{pmatrix}-\frac{1}{3}\begin{pmatrix}-\frac{1}{2}\\1\\\frac{1}{2}\end{pmatrix}=\begin{pmatrix}\frac{2}{3}\\\frac{2}{3}\\-\frac{2}{3}\end{pmatrix},$$

则 $\boldsymbol{\beta}_1,\boldsymbol{\beta}_2,\boldsymbol{\beta}_3$ 是 $\boldsymbol{\alpha}_1,\boldsymbol{\alpha}_2,\boldsymbol{\alpha}_3$ 的正交化.

再取 $\boldsymbol{\gamma}_1=\frac{1}{|\boldsymbol{\beta}_1|}\boldsymbol{\beta}_1=\begin{pmatrix}\frac{1}{\sqrt{2}}\\0\\\frac{1}{\sqrt{2}}\end{pmatrix}$, $\boldsymbol{\gamma}_2=\frac{1}{|\boldsymbol{\beta}_2|}\boldsymbol{\beta}_2=\begin{pmatrix}-\frac{1}{\sqrt{6}}\\\frac{2}{\sqrt{6}}\\\frac{1}{\sqrt{6}}\end{pmatrix}$, $\boldsymbol{\gamma}_3=\frac{1}{|\boldsymbol{\beta}_3|}\boldsymbol{\beta}_3=\begin{pmatrix}\frac{1}{\sqrt{3}}\\\frac{1}{\sqrt{3}}\\-\frac{1}{\sqrt{3}}\end{pmatrix}$,则

$\boldsymbol{\gamma}_1,\boldsymbol{\gamma}_2,\boldsymbol{\gamma}_3$ 是 $\boldsymbol{\alpha}_1,\boldsymbol{\alpha}_2,\boldsymbol{\alpha}_3$ 的标准正交化.

实数集上的对称矩阵的特征向量有以下性质.

性质 3.2.1 设 $\boldsymbol{A}$ 是实数集上的对称阵,λ_1,λ_2 是 $\boldsymbol{A}$ 的两个不同特征值,$\boldsymbol{\eta}_1$ 是 $\boldsymbol{A}$ 属于特征值 λ_1 的特征向量,$\boldsymbol{\eta}_2$ 是 $\boldsymbol{A}$ 属于特征值 λ_2 的特征向量,则 $\boldsymbol{\eta}_1,\boldsymbol{\eta}_2$ 正交. 即 $(\boldsymbol{\eta}_1,\boldsymbol{\eta}_2)=\boldsymbol{\eta}_1^T\boldsymbol{\eta}_2=\boldsymbol{0}$.

性质 3.2.2 设 λ_0 是 n 阶方阵 $\boldsymbol{A}$ 的一个特征值,$\boldsymbol{\eta}_1,\boldsymbol{\eta}_2,\cdots,\boldsymbol{\eta}_s$ 是 $\boldsymbol{A}$ 属于特征值 λ_0 的线性无关的特征向量,$\boldsymbol{\gamma}_1,\boldsymbol{\gamma}_2,\cdots,\boldsymbol{\gamma}_s$ 是 $\boldsymbol{\eta}_1,\boldsymbol{\eta}_2,\cdots,\boldsymbol{\eta}_s$ 的标准正交化,则 $\boldsymbol{\gamma}_1,\boldsymbol{\gamma}_2,\cdots,\boldsymbol{\gamma}_s$ 仍是 $\boldsymbol{A}$ 属于特征值 λ_0 的线性无关的特征向量.

设 $\boldsymbol{A}$ 是实数集上的 n 阶对称阵,$\lambda_1,\lambda_2,\cdots,\lambda_m$ 是 $\boldsymbol{A}$ 的 m 个不同特征值,$\boldsymbol{\eta}_{k_1}$, $\boldsymbol{\eta}_{k_2},\cdots,\boldsymbol{\eta}_{k_{r_k}}$ 是 $\boldsymbol{A}$ 属于特征值 λ_k 的 r_k 个线性无关的特征向量,将 $\boldsymbol{\eta}_{k_1},\boldsymbol{\eta}_{k_2},\cdots,\boldsymbol{\eta}_{k_{r_k}}$ 标准正交化,得矩阵 $\boldsymbol{A}$ 属于特征值 λ_k 的标准正交的特征向量 $\boldsymbol{\gamma}_{k_1},\boldsymbol{\gamma}_{k_2},\cdots,\boldsymbol{\gamma}_{k_{r_k}}$.

对实对称矩阵 $\boldsymbol{A}$ 的每一个特征值线性无关的特征向量,都实施标准正交化,得矩阵 $\boldsymbol{A}$ 全部两两正交的单位特征向量 $\boldsymbol{\gamma}_{1_1},\cdots,\boldsymbol{\gamma}_{1_{r_1}},\boldsymbol{\gamma}_{2_1},\cdots,\boldsymbol{\gamma}_{2_{r_2}},\cdots,\boldsymbol{\gamma}_{m_1},\cdots,\boldsymbol{\gamma}_{m_{r_m}}$.

以 $\boldsymbol{\gamma}_{1_1},\cdots,\boldsymbol{\gamma}_{1_{r_1}},\boldsymbol{\gamma}_{2_1},\cdots,\boldsymbol{\gamma}_{2_{r_2}},\cdots,\boldsymbol{\gamma}_{m_1},\cdots,\boldsymbol{\gamma}_{m_{r_m}}$ 为列,构作矩阵 $\boldsymbol{P}$,则 $\boldsymbol{P}$ 是正

交阵，且 $\boldsymbol{P}$ 的列为 $\boldsymbol{A}$ 的特征向量，$\boldsymbol{P}^{-1}\boldsymbol{AP}=\boldsymbol{P}^T\boldsymbol{AP}=\boldsymbol{D}$ 为对角阵，$\boldsymbol{D}$ 的第 k 个对角元是 $\boldsymbol{P}$ 的第 k 列相应的特征值.

> **定理 3.2.3**　设 $\boldsymbol{A}$ 是实数集上的 n 阶对称矩阵，则存在正交矩阵 $\boldsymbol{P}$ 和对角矩阵 $\boldsymbol{D}$，满足 $\boldsymbol{P}^{-1}\boldsymbol{AP}=\boldsymbol{P}^T\boldsymbol{AP}=\boldsymbol{D}$. $\boldsymbol{P}$ 的列是 $\boldsymbol{A}$ 的两两正交的单位特征向量，$\boldsymbol{D}$ 的第 k 个对角元素是 $\boldsymbol{P}$ 的第 k 列对应的特征值.

例 3.2.2　设 $\boldsymbol{A}=\begin{pmatrix}1 & -2 & -4\\ -2 & 4 & -2\\ -4 & -2 & 1\end{pmatrix}$，求正交矩阵 $\boldsymbol{P}$，满足 $\boldsymbol{P}^T\boldsymbol{AP}=\boldsymbol{P}^{-1}\boldsymbol{AP}$ 为对角阵.

解　$\boldsymbol{A}$ 的特征多项式 $|\lambda\boldsymbol{I}-\boldsymbol{A}|=\begin{vmatrix}\lambda-1 & 2 & 4\\ 2 & \lambda-4 & 2\\ 4 & 2 & \lambda-1\end{vmatrix}$

$$\xlongequal{\text{第 2 行的}(-2)\text{倍加到第 3 行}}\begin{vmatrix}\lambda-1 & 2 & 4\\ 2 & \lambda-4 & 2\\ 0 & -2\lambda+10 & \lambda-5\end{vmatrix}$$

$$\xlongequal{\text{第 3 列的 2 倍加到第 2 列}}\begin{vmatrix}\lambda-1 & 10 & 4\\ 2 & \lambda & 2\\ 0 & 0 & \lambda-5\end{vmatrix}$$

$$\xlongequal{\text{按第 3 列展开}}(\lambda-5)\begin{vmatrix}\lambda-1 & 10\\ 2 & \lambda\end{vmatrix}$$

$$\xlongequal{\text{2 阶行列式展开}}(\lambda-5)[\lambda(\lambda-1)-2\times10]=(\lambda-5)^2(\lambda+4).$$

所以，$\boldsymbol{A}$ 有两个不同特征值 $\lambda_1=5,\lambda_2=-4$.

把 $\lambda_1=5$ 代入 $(\lambda\boldsymbol{I}-\boldsymbol{A})\boldsymbol{X}=\boldsymbol{0}$，得齐次线性方程组 $\begin{pmatrix}4 & 2 & 4\\ 2 & 1 & 2\\ 4 & 2 & 4\end{pmatrix}\begin{pmatrix}x_1\\ x_2\\ x_3\end{pmatrix}=\begin{pmatrix}0\\ 0\\ 0\end{pmatrix}$，

即 $\begin{cases}4x_1+2x_2+4x_3=0,\\ 2x_1+\ x_2+2x_3=0,\\ 4x_1+2x_2+4x_3=0\end{cases}$ 同解于 $2x_1+x_2+2x_3=0$，有基础解系 $\boldsymbol{\eta}_1=\begin{pmatrix}-\frac{1}{2}\\ 1\\ 0\end{pmatrix}$，

$\boldsymbol{\eta}_2=\begin{pmatrix}-1\\0\\1\end{pmatrix}$,所以,$\boldsymbol{A}$ 属于特征值 $\lambda_1=5$ 有两个线性无关的特征向量 $\boldsymbol{\eta}_1,\boldsymbol{\eta}_2$.

把 $\lambda_2=-4$ 代入 $(\lambda\boldsymbol{I}-\boldsymbol{A})\boldsymbol{X}=\boldsymbol{0}$,得齐次线性方程组 $\begin{pmatrix}-5&2&4\\2&-8&2\\4&2&-5\end{pmatrix}\begin{pmatrix}x_1\\x_2\\x_3\end{pmatrix}$ $=\begin{pmatrix}0\\0\\0\end{pmatrix}$,即 $\begin{cases}-5x_1+2x_2+4x_3=0,\\2x_1-8x_2+2x_3=0,\\4x_1+2x_2-5x_3=0,\end{cases}$ 同解于 $\begin{cases}-5x_1+2x_2+4x_3=0,\\2x_1-8x_2+2x_3=0,\end{cases}$ 有基础解系

$\boldsymbol{\eta}_3=\begin{pmatrix}1\\\frac{1}{2}\\1\end{pmatrix}$,所以,$\boldsymbol{A}$ 属于特征值 $\lambda_2=-4$ 有一个线性无关的特征向量 $\boldsymbol{\eta}_3$;

把属于特征值 $\lambda_1=5$ 的两个线性无关的特征向量进行施密特正交化,取

$$\boldsymbol{\beta}_1=\boldsymbol{\eta}_1=\begin{pmatrix}-\frac{1}{2}\\1\\0\end{pmatrix},\quad \boldsymbol{\beta}_2=\boldsymbol{\eta}_2-\frac{(\boldsymbol{\beta}_1,\boldsymbol{\eta}_2)}{(\boldsymbol{\beta}_1,\boldsymbol{\beta}_1)}\boldsymbol{\beta}_1=\begin{pmatrix}-1\\0\\1\end{pmatrix}-\frac{\frac{1}{2}}{\frac{5}{4}}\begin{pmatrix}-\frac{1}{2}\\1\\0\end{pmatrix}=\begin{pmatrix}-\frac{4}{5}\\-\frac{2}{5}\\1\end{pmatrix},$$

$\boldsymbol{\beta}_1,\boldsymbol{\beta}_2$ 是矩阵 $\boldsymbol{A}$ 属于特征值 $\lambda_1=5$ 的两个正交的特征向量.

再把 $\boldsymbol{\beta}_1,\boldsymbol{\beta}_2$ 单位化,取

$$\boldsymbol{\gamma}_1=\frac{1}{|\boldsymbol{\beta}_1|}\boldsymbol{\beta}_1=\frac{1}{\frac{\sqrt{5}}{2}}\begin{pmatrix}-\frac{1}{2}\\1\\0\end{pmatrix}=\begin{pmatrix}-\frac{1}{\sqrt{5}}\\\frac{2}{\sqrt{5}}\\0\end{pmatrix},$$

$$\boldsymbol{\gamma}_2=\frac{1}{|\boldsymbol{\beta}_2|}\boldsymbol{\beta}_2=\frac{1}{\frac{3}{\sqrt{5}}}\begin{pmatrix}-\frac{4}{5}\\-\frac{2}{5}\\1\end{pmatrix}=\begin{pmatrix}-\frac{4}{3\sqrt{5}}\\-\frac{2}{3\sqrt{5}}\\\frac{5}{3\sqrt{5}}\end{pmatrix},$$

$\boldsymbol{\gamma}_1,\boldsymbol{\gamma}_2$ 是 $\boldsymbol{A}$ 属于特征值 $\lambda_1=5$ 的两个正交的单位特征向量.

属于特征值 $\lambda_2=-4$ 只有一个线性无关的特征向量，不需要正交化，只要单位化. 取 $\boldsymbol{\gamma}_3=\dfrac{1}{|\boldsymbol{\eta}_3|}\boldsymbol{\eta}_3=\dfrac{1}{\frac{3}{2}}\begin{pmatrix}1\\ \frac{1}{2}\\ 1\end{pmatrix}=\begin{pmatrix}\frac{2}{3}\\ \frac{1}{3}\\ \frac{2}{3}\end{pmatrix}$，$\boldsymbol{\gamma}_3$ 是矩阵 $\boldsymbol{A}$ 属于特征值 $\lambda_2=-4$ 的单位特征向量；

$\boldsymbol{\gamma}_1,\boldsymbol{\gamma}_2,\boldsymbol{\gamma}_3$ 是矩阵 $\boldsymbol{A}$ 分别属于特征值 5,5,−4 的两两正交的单位特征向量. 以 $\boldsymbol{\gamma}_1,\boldsymbol{\gamma}_2,\boldsymbol{\gamma}_3$ 为列构作矩阵 $\boldsymbol{P}=\begin{pmatrix}-\frac{1}{\sqrt{5}} & -\frac{4}{3\sqrt{5}} & \frac{2}{3}\\ \frac{2}{\sqrt{5}} & -\frac{2}{3\sqrt{5}} & \frac{1}{3}\\ 0 & \frac{2}{3\sqrt{5}} & \frac{2}{3}\end{pmatrix}$，则 $\boldsymbol{P}$ 是正交矩阵，满足 $\boldsymbol{P}^T\boldsymbol{A}\boldsymbol{P}=\boldsymbol{P}^{-1}\boldsymbol{A}\boldsymbol{P}=\begin{pmatrix}5 & 0 & 0\\ 0 & 5 & 0\\ 0 & 0 & -4\end{pmatrix}$.

习题 3.2

1. 求下列实对称矩阵的特征值、特征向量，把它们特征向量正交化和单位化，求正交变换矩阵 $\boldsymbol{P}$ 和对角矩阵 $\boldsymbol{D}$，满足 $\boldsymbol{P}^T\boldsymbol{A}\boldsymbol{P}=\boldsymbol{D}$.

(1) $\boldsymbol{A}=\begin{pmatrix}0 & 1 & 0\\ 1 & 0 & 1\\ 0 & 1 & 0\end{pmatrix}$；　　(2) $\boldsymbol{A}=\begin{pmatrix}1 & 1 & 1\\ 1 & 1 & 1\\ 1 & 1 & 1\end{pmatrix}$；

(3) $\boldsymbol{A}=\begin{pmatrix}1 & 1 & 0\\ 1 & -1 & 0\\ 0 & 0 & 1\end{pmatrix}$；　　(4) $\boldsymbol{A}=\begin{pmatrix}1 & -1 & 0\\ -1 & 1 & -1\\ 0 & -1 & 1\end{pmatrix}$.

2. 求正交矩阵 $\boldsymbol{Q}$，满足 $\boldsymbol{Q}^T\boldsymbol{A}\boldsymbol{Q}$ 是对角阵.

(1) $A=\begin{pmatrix}1&1&-1\\1&-1&1\\-1&1&1\end{pmatrix}$； (2) $A=\begin{pmatrix}1&1&1&1\\1&1&-1&-1\\1&-1&1&-1\\1&-1&-1&1\end{pmatrix}$；

(3) $A=\begin{pmatrix}1&0&1&0\\0&1&0&1\\1&0&1&0\\0&1&0&1\end{pmatrix}$.

3. 选择题：

(1) 下列所给向量中，不是单位向量的是(　　).

A. $\frac{1}{\sqrt{2}}\begin{pmatrix}1\\-1\end{pmatrix}$； B. $\begin{pmatrix}\frac{1}{2}\\\frac{1}{2}\end{pmatrix}$； C. $\begin{pmatrix}\frac{2}{\sqrt{5}}\\-\frac{1}{\sqrt{5}}\end{pmatrix}$； D. $\begin{pmatrix}-\frac{1}{\sqrt{3}}\\-\frac{2}{\sqrt{6}}\end{pmatrix}$.

(2) 设 $\boldsymbol{\eta}_1,\boldsymbol{\eta}_2,\boldsymbol{\eta}_3$ 为 3 阶正交矩阵 $\boldsymbol{P}$ 的列，则下列结论不正确的是(　　).

A. $\boldsymbol{P}^T\boldsymbol{\eta}_1=\begin{pmatrix}1\\0\\0\end{pmatrix}$； B. $\boldsymbol{P}^T\boldsymbol{\eta}_2=\begin{pmatrix}0\\1\\0\end{pmatrix}$； C. $\boldsymbol{\eta}_2^T\boldsymbol{\eta}_2=1$； D. $\boldsymbol{\eta}_1^T\boldsymbol{\eta}_3=1$.

(3) 设 $\boldsymbol{\alpha}_1,\boldsymbol{\alpha}_2,\boldsymbol{\alpha}_3$ 是线性无关的三维实向量，将其施密特正交化，应取 $\boldsymbol{\beta}_1=\boldsymbol{\alpha}_1$，且 $\boldsymbol{\beta}_2,\boldsymbol{\beta}_3$ 分别是(　　).

A. $\boldsymbol{\alpha}_2-\frac{(\boldsymbol{\alpha}_2,\boldsymbol{\beta}_1)}{(\boldsymbol{\beta}_1,\boldsymbol{\beta}_1)}\boldsymbol{\beta}_1$, $\boldsymbol{\alpha}_3-\frac{(\boldsymbol{\alpha}_2,\boldsymbol{\beta}_1)}{(\boldsymbol{\beta}_1,\boldsymbol{\beta}_1)}\boldsymbol{\beta}_1-\frac{(\boldsymbol{\alpha}_3,\boldsymbol{\beta}_2)}{(\boldsymbol{\beta}_2,\boldsymbol{\beta}_2)}\boldsymbol{\beta}_2$；

B. $\boldsymbol{\alpha}_2-\frac{(\boldsymbol{\alpha}_2,\boldsymbol{\beta}_1)}{(\boldsymbol{\beta}_1,\boldsymbol{\beta}_1)}\boldsymbol{\beta}_1$, $\boldsymbol{\alpha}_3-\frac{(\boldsymbol{\alpha}_3,\boldsymbol{\beta}_1)}{(\boldsymbol{\beta}_1,\boldsymbol{\beta}_1)}\boldsymbol{\beta}_1-\frac{(\boldsymbol{\alpha}_3,\boldsymbol{\beta}_2)}{(\boldsymbol{\beta}_2,\boldsymbol{\beta}_2)}\boldsymbol{\beta}_2$；

C. $\boldsymbol{\alpha}_2+\frac{(\boldsymbol{\alpha}_2,\boldsymbol{\beta}_1)}{(\boldsymbol{\beta}_1,\boldsymbol{\beta}_1)}\boldsymbol{\beta}_1$, $\boldsymbol{\alpha}_3-\frac{(\boldsymbol{\alpha}_3,\boldsymbol{\beta}_1)}{(\boldsymbol{\beta}_1,\boldsymbol{\beta}_1)}\boldsymbol{\beta}_1+\frac{(\boldsymbol{\alpha}_3,\boldsymbol{\beta}_2)}{(\boldsymbol{\beta}_2,\boldsymbol{\beta}_2)}\boldsymbol{\beta}_2$；

D. $\boldsymbol{\alpha}_2-\frac{(\boldsymbol{\alpha}_2,\boldsymbol{\beta}_1)}{(\boldsymbol{\beta}_1,\boldsymbol{\beta}_1)}\boldsymbol{\beta}_1$, $\boldsymbol{\alpha}_3+\frac{(\boldsymbol{\alpha}_3,\boldsymbol{\beta}_1)}{(\boldsymbol{\beta}_1,\boldsymbol{\beta}_1)}\boldsymbol{\beta}_1-\frac{(\boldsymbol{\alpha}_3,\boldsymbol{\beta}_2)}{(\boldsymbol{\beta}_2,\boldsymbol{\beta}_2)}\boldsymbol{\beta}_2$.

(4) 设 3 阶实对称矩阵 $\boldsymbol{A}$ 有三个不同的特征值 $-1,1,2$，且属于它们的特征向量分别是 $\begin{pmatrix}-1\\0\\1\end{pmatrix}$，$\begin{pmatrix}1\\0\\1\end{pmatrix}$，$\begin{pmatrix}0\\2\\0\end{pmatrix}$，记 $\boldsymbol{P}=\begin{pmatrix}-1&1&0\\0&0&2\\1&1&0\end{pmatrix}$，$\boldsymbol{Q}=\begin{pmatrix}-\frac{1}{\sqrt{2}}&\frac{1}{\sqrt{2}}&0\\0&0&1\\\frac{1}{\sqrt{2}}&\frac{1}{\sqrt{2}}&0\end{pmatrix}$，$\boldsymbol{D}=\begin{pmatrix}-1&0&0\\0&1&0\\0&0&2\end{pmatrix}$，则下列结论错误的是(　　).

A. 矩阵 $\boldsymbol{A}$ 合同于对角阵 $\boldsymbol{D}$；

B. $\boldsymbol{P}$ 的向量组中的向量两两正交，所以 $\boldsymbol{P}\boldsymbol{P}^{\mathrm{T}}$ 是对角阵；

C. $\boldsymbol{P}^{\mathrm{T}}\boldsymbol{A}\boldsymbol{P}=\boldsymbol{D}$；

D. $\boldsymbol{Q}^{\mathrm{T}}\boldsymbol{A}\boldsymbol{Q}=\boldsymbol{D}$.

§3.3　二次型及其标准形

n 元二次型是关于 n 个变量的二次齐次式. 例如，$f(x_1,x_2,x_3)=2x_1^2-3x_2^2-x_1x_2+2x_1x_3+4x_2x_3$ 是 x_1,x_2,x_3 的二次齐次式(每一项都是 2 次项)，是关于 x_1,x_2,x_3 的二次型.

二次型 $f(x_1,x_2,x_3)$ 中，记 x_1^2 的系数为 a_{11}，x_2^2 的系数为 a_{22}，x_3^2 的系数为 a_{33}，即 $a_{11}=2,a_{22}=-3,a_{33}=0$；$x_1x_2$ 的系数为 $2a_{12}=-1$，x_1x_3 的系数为 $2a_{13}=2$，x_2x_3 的系数为 $2a_{23}=4$，即 $a_{12}=-\frac{1}{2},a_{13}=1,a_{23}=2$，以 a_{11},a_{12},a_{13}，$a_{21}(=a_{12})$，a_{22}，a_{23}，$a_{31}(=a_{13})$，$a_{32}(=a_{23})$，a_{33} 为元素构作对称矩阵 $\boldsymbol{A}=\begin{pmatrix}2&-\frac{1}{2}&1\\-\frac{1}{2}&-3&2\\1&2&0\end{pmatrix}$，则 $\boldsymbol{A}$ 被二次型 $f(x_1,x_2,x_3)=2x_1^2-3x_2^2-x_1x_2+2x_1x_3+4x_2x_3$ 唯一确定，称为二次型的矩阵.

记 $\boldsymbol{X}=\begin{pmatrix}x_1\\x_2\\x_3\end{pmatrix}$，由矩阵的乘法知，

$$\boldsymbol{X}^{T}\boldsymbol{A}\boldsymbol{X}=(x_1\quad x_2\quad x_3)\begin{pmatrix}2&-\frac{1}{2}&1\\-\frac{1}{2}&-3&2\\1&2&0\end{pmatrix}\begin{pmatrix}x_1\\x_2\\x_3\end{pmatrix}$$

$$=(2x_1^2-3x_2^2-x_1x_2+2x_1x_3+4x_2x_3),$$

是以二次型 $f(x_1,x_2,x_3)=2x_1^2-3x_2^2-x_1x_2+2x_1x_3+4x_2x_3$ 为元素的一阶方阵，称 $\boldsymbol{X}^{T}\boldsymbol{A}\boldsymbol{X}$ 为二次型 $f(x_1,x_2,x_3)$ 的矩阵表示.

例如，$f(x_1,x_2,x_3)=x_1x_2-x_1x_3+x_2x_3$ 是 3 元二次型，平方项系数全为

零,所以,它的矩阵 $\boldsymbol{A}$ 是 3 阶对称矩阵,且对角元素都是零;x_1x_2 的系数是 1,所以,它的矩阵 $\boldsymbol{A}$ 的元素 $a_{12}=a_{21}=\frac{1}{2}$;$x_1x_3$ 的系数是(−1),所以,它的矩阵 $\boldsymbol{A}$ 的元素 $a_{13}=a_{31}=-\frac{1}{2}$;$x_2x_3$ 的系数是 1,所以,它的矩阵 $\boldsymbol{A}$ 的元素 $a_{23}=a_{32}=\frac{1}{2}$.

所以,二次型 $f(x_1,x_2,x_3)=x_1x_2-x_1x_3+x_2x_3$ 的矩阵

$$\boldsymbol{A}=\begin{pmatrix} 0 & \frac{1}{2} & -\frac{1}{2} \\ \frac{1}{2} & 0 & \frac{1}{2} \\ -\frac{1}{2} & \frac{1}{2} & 0 \end{pmatrix},$$

用矩阵表示,则

$$f(x_1,x_2,x_3)=(x_1 \quad x_2 \quad x_3)\begin{pmatrix} 0 & \frac{1}{2} & -\frac{1}{2} \\ \frac{1}{2} & 0 & \frac{1}{2} \\ -\frac{1}{2} & \frac{1}{2} & 0 \end{pmatrix}\begin{pmatrix} x_1 \\ x_2 \\ x_3 \end{pmatrix}.$$

再如,二次型 $f(x_1,x_2,x_3,x_4)=x_1^2-2x_1x_2+4x_1x_4+3x_2^2-6x_2x_3-x_3^2+3x_3x_4$ 的矩阵 $\boldsymbol{A}=\begin{pmatrix} 1 & -1 & 0 & 2 \\ -1 & 3 & -3 & 0 \\ 0 & -3 & -1 & \frac{3}{2} \\ 2 & 0 & \frac{3}{2} & 0 \end{pmatrix}$,矩阵表示

$$f(x_1,x_2,x_3,x_4)=(x_1 \quad x_2 \quad x_3 \quad x_4)\begin{pmatrix} 1 & -1 & 0 & 2 \\ -1 & 3 & -3 & 0 \\ 0 & -3 & -1 & \frac{3}{2} \\ 2 & 0 & \frac{3}{2} & 0 \end{pmatrix}\begin{pmatrix} x_1 \\ x_2 \\ x_3 \\ x_4 \end{pmatrix}.$$

特别地,交叉项 $x_ix_j\,(i\neq j)$ 的系数全为零的二次型的矩阵是对角阵. 比如,三元二次型 $f(x_1,x_2,x_3)=-2x_1^2+x_2^2-5x_3^2$ 的矩阵是对角阵

$$A=\begin{pmatrix}-2&0&0\\0&1&0\\0&0&-5\end{pmatrix}.$$

在一些问题中，需要把二次型经可逆的线性变换，化为只含平方项的形式.

例如，二次型 $f(x_1,x_2,x_3)=2x_1^2+2x_2^2+2x_3^2+2x_1x_2+2x_1x_3+2x_2x_3$，矩阵运算表示为

$$f(x_1,x_2,x_3)=(x_1\quad x_2\quad x_3)\begin{pmatrix}2&1&1\\1&2&1\\1&1&2\end{pmatrix}\begin{pmatrix}x_1\\x_2\\x_3\end{pmatrix}.$$

作可逆线性变换 $\begin{cases}x_1=\frac{1}{2}y_1-\frac{1}{2}y_2+\frac{1}{2}y_3,\\x_2=\frac{1}{2}y_1+\frac{1}{2}y_2-\frac{1}{2}y_3,\\x_3=-\frac{1}{2}y_1+\frac{1}{2}y_2+\frac{1}{2}y_3,\end{cases}$ 也就是

$$\begin{pmatrix}x_1\\x_2\\x_3\end{pmatrix}=\begin{pmatrix}\frac{1}{2}&-\frac{1}{2}&\frac{1}{2}\\\frac{1}{2}&\frac{1}{2}&-\frac{1}{2}\\-\frac{1}{2}&\frac{1}{2}&\frac{1}{2}\end{pmatrix}\begin{pmatrix}y_1\\y_2\\y_3\end{pmatrix}.$$

把可逆线性变换 x_1,x_2,x_3 与 y_1,y_2,y_3 的关系，代入到二次型得

$$\begin{aligned}f(x_1,x_2,x_3)=&2\left(\frac{1}{2}y_1-\frac{1}{2}y_2+\frac{1}{2}y_3\right)^2+2\left(\frac{1}{2}y_1+\frac{1}{2}y_2-\frac{1}{2}y_3\right)^2\\&+2\left(-\frac{1}{2}y_1+\frac{1}{2}y_2+\frac{1}{2}y_3\right)^2\\&+2\left(\frac{1}{2}y_1-\frac{1}{2}y_2-\frac{1}{2}y_3\right)\left(\frac{1}{2}y_1+\frac{1}{2}y_2-\frac{1}{2}y_3\right)\\&+2\left(\frac{1}{2}y_1-\frac{1}{2}y_2+\frac{1}{2}y_3\right)\left(-\frac{1}{2}y_1+\frac{1}{2}y_2+\frac{1}{2}y_3\right)\\&+2\left(\frac{1}{2}y_1+\frac{1}{2}y_2-\frac{1}{2}y_3\right)\left(-\frac{1}{2}y_1+\frac{1}{2}y_2+\frac{1}{2}y_3\right)\\=&y_1^2+y_2^2+y_3^2,\end{aligned}$$

化为只含平方项的形式.

也就是说,可逆线性变换 $\begin{cases} x_1=\frac{1}{2}y_1-\frac{1}{2}y_2+\frac{1}{2}y_3, \\ x_2=\frac{1}{2}y_1+\frac{1}{2}y_2-\frac{1}{2}y_3, \\ x_3=-\frac{1}{2}y_1+\frac{1}{2}y_2+\frac{1}{2}y_3, \end{cases}$ 化二次型 $f(x_1,x_2,x_3)$为只含平方项的形式 $y_1^2+y_2^2+y_3^2$.

可逆线性变换代入二次型的运算过程,也能用矩阵运算表示.将可逆线性变换 $\begin{pmatrix} x_1 \\ x_2 \\ x_3 \end{pmatrix}=\begin{pmatrix} \frac{1}{2} & -\frac{1}{2} & \frac{1}{2} \\ \frac{1}{2} & \frac{1}{2} & -\frac{1}{2} \\ -\frac{1}{2} & \frac{1}{2} & \frac{1}{2} \end{pmatrix}\begin{pmatrix} y_1 \\ y_2 \\ y_3 \end{pmatrix}$代入二次型

$$f(x_1,x_2,x_3)=(x_1 \quad x_2 \quad x_3)\begin{pmatrix} 2 & 1 & 1 \\ 1 & 2 & 1 \\ 1 & 1 & 2 \end{pmatrix}\begin{pmatrix} x_1 \\ x_2 \\ x_3 \end{pmatrix},$$

得

$$f(x_1,x_2,x_3)=\left[\begin{pmatrix} \frac{1}{2} & -\frac{1}{2} & \frac{1}{2} \\ \frac{1}{2} & \frac{1}{2} & -\frac{1}{2} \\ -\frac{1}{2} & \frac{1}{2} & \frac{1}{2} \end{pmatrix}\begin{pmatrix} y_1 \\ y_2 \\ y_3 \end{pmatrix}\right]^T\begin{pmatrix} 2 & 1 & 1 \\ 1 & 2 & 1 \\ 1 & 1 & 2 \end{pmatrix}\left[\begin{pmatrix} \frac{1}{2} & -\frac{1}{2} & \frac{1}{2} \\ \frac{1}{2} & \frac{1}{2} & -\frac{1}{2} \\ -\frac{1}{2} & \frac{1}{2} & \frac{1}{2} \end{pmatrix}\begin{pmatrix} y_1 \\ y_2 \\ y_3 \end{pmatrix}\right]$$

$$=(y_1 \quad y_2 \quad y_3)\left[\begin{pmatrix} \frac{1}{2} & -\frac{1}{2} & \frac{1}{2} \\ \frac{1}{2} & \frac{1}{2} & -\frac{1}{2} \\ -\frac{1}{2} & \frac{1}{2} & \frac{1}{2} \end{pmatrix}^T\begin{pmatrix} 2 & 1 & 1 \\ 1 & 2 & 1 \\ 1 & 1 & 2 \end{pmatrix}\begin{pmatrix} \frac{1}{2} & -\frac{1}{2} & \frac{1}{2} \\ \frac{1}{2} & \frac{1}{2} & -\frac{1}{2} \\ -\frac{1}{2} & \frac{1}{2} & \frac{1}{2} \end{pmatrix}\right]\begin{pmatrix} y_1 \\ y_2 \\ y_3 \end{pmatrix}$$

$$=(y_1 \quad y_2 \quad y_3)\begin{pmatrix} 1 & 0 & 0 \\ 0 & 1 & 0 \\ 0 & 0 & 1 \end{pmatrix}\begin{pmatrix} y_1 \\ y_2 \\ y_3 \end{pmatrix}=y_1^2+y_2^2+y_3^2.$$

$$(y_1\quad y_2\quad y_3)\begin{pmatrix}1&0&0\\0&1&0\\0&0&1\end{pmatrix}\begin{pmatrix}y_1\\y_2\\y_3\end{pmatrix}$$ 是二次型 $y_1^2+y_2^2+y_3^2$ 的矩阵表示，且

$$\begin{pmatrix}\frac{1}{2}&-\frac{1}{2}&\frac{1}{2}\\\frac{1}{2}&\frac{1}{2}&-\frac{1}{2}\\-\frac{1}{2}&\frac{1}{2}&\frac{1}{2}\end{pmatrix}^T\begin{pmatrix}2&1&1\\1&2&1\\1&1&2\end{pmatrix}\begin{pmatrix}\frac{1}{2}&-\frac{1}{2}&\frac{1}{2}\\\frac{1}{2}&\frac{1}{2}&-\frac{1}{2}\\-\frac{1}{2}&\frac{1}{2}&\frac{1}{2}\end{pmatrix}=\begin{pmatrix}1&0&0\\0&1&0\\0&0&1\end{pmatrix},$$

经可逆的线性变换化得的新二次型的矩阵与原来二次型的矩阵是合同的.

定义 3.3.1　设 $\boldsymbol{C}=\begin{pmatrix}c_{11}&c_{12}&\cdots&c_{1n}\\c_{21}&c_{22}&\cdots&c_{2n}\\\vdots&\vdots&\ddots&\vdots\\c_{n1}&c_{n2}&\cdots&c_{nn}\end{pmatrix}$ 是 n 阶可逆矩阵，$\boldsymbol{X}=\begin{pmatrix}x_1\\x_2\\\vdots\\x_n\end{pmatrix}$，$\boldsymbol{Y}=\begin{pmatrix}y_1\\y_2\\\vdots\\y_n\end{pmatrix}$，称 $\begin{pmatrix}x_1\\x_2\\\vdots\\x_n\end{pmatrix}=\begin{pmatrix}c_{11}&c_{12}&\cdots&c_{1n}\\c_{21}&c_{22}&\cdots&c_{2n}\\\vdots&\vdots&\ddots&\vdots\\c_{n1}&c_{n2}&\cdots&c_{nn}\end{pmatrix}\begin{pmatrix}y_1\\y_2\\\vdots\\y_n\end{pmatrix}$ 为 $x_1,x_2,\cdots,x_n$ 到 $y_1,y_2,\cdots,y_n$ 的可逆线性变换. 简记为 $\boldsymbol{X}=\boldsymbol{CY}$.

定理 3.3.1　设 $\boldsymbol{A}=\begin{pmatrix}a_{11}&a_{12}&\cdots&a_{1n}\\a_{21}&a_{22}&\cdots&a_{2n}\\\vdots&\vdots&\ddots&\vdots\\a_{n1}&a_{n2}&\cdots&a_{nn}\end{pmatrix}$ 是 n 元二次型 $f(x_1,x_2,\cdots,x_n)=\boldsymbol{X}^T\boldsymbol{AX}$ 的矩阵，则存在可逆的线性变换 $\boldsymbol{X}=\boldsymbol{CY}$，化 $\boldsymbol{X}^T\boldsymbol{AX}=\boldsymbol{Y}^T(\boldsymbol{C}^T\boldsymbol{AC})\boldsymbol{Y}$ 为只含平方项的形式. 对角阵 $\boldsymbol{C}^T\boldsymbol{AC}$ 为二次型 $\boldsymbol{Y}^T(\boldsymbol{C}^T\boldsymbol{AC})\boldsymbol{Y}$ 的矩阵，它与 $\boldsymbol{A}$ 是合同的.

注：实数集上的对称矩阵 $\boldsymbol{A}$，一定存在正交矩阵 $\boldsymbol{P}$ 和对角矩阵 $\boldsymbol{D}$，满足 $\boldsymbol{P}^T\boldsymbol{AP}=\boldsymbol{P}^{-1}\boldsymbol{AP}=\boldsymbol{D}$.

所以，任何一个 n 元二次型 $f(x_1,x_2,\cdots,x_n)=\boldsymbol{X}^T\boldsymbol{AX}$，求出它的特征值

和特征向量,并将特征向量进行单位正交化,以两两正交的单位特征向量为列,构作正交矩阵 $\boldsymbol{P}$,满足 $\boldsymbol{P}^{T}\boldsymbol{A}\boldsymbol{P}=\boldsymbol{P}^{-1}\boldsymbol{A}\boldsymbol{P}$ 为对角阵,作可逆线性变换 $\boldsymbol{X}=\boldsymbol{P}\boldsymbol{Y}$,化二次型 $f(x_1,x_2,\cdots,x_n)$ 为只含平方项的形式.

例 3.3.1 设 $f(x_1,x_2,x_3)=x_1x_2-x_1x_3+x_2x_3$,求可逆的线性变换,化其为只含平方项的形式.

解 二次型的矩阵 $\boldsymbol{A}=\begin{pmatrix}0 & \frac{1}{2} & \frac{1}{2}\\ \frac{1}{2} & 0 & \frac{1}{2}\\ -\frac{1}{2} & \frac{1}{2} & 0\end{pmatrix}$,

$\boldsymbol{A}$ 的特征多项式 $|\lambda\boldsymbol{I}_3-\boldsymbol{A}|=\begin{vmatrix}\lambda & -\frac{1}{2} & \frac{1}{2}\\ -\frac{1}{2} & \lambda & -\frac{1}{2}\\ \frac{1}{2} & -\frac{1}{2} & \lambda\end{vmatrix}$

$$\xlongequal{\text{第 2 行加到第 3 行}}\begin{vmatrix}\lambda & -\frac{1}{2} & \frac{1}{2}\\ -\frac{1}{2} & \lambda & -\frac{1}{2}\\ 0 & \lambda-\frac{1}{2} & \lambda-\frac{1}{2}\end{vmatrix}$$

$$\xlongequal{\text{第 3 列乘}(-1)\text{加到第 2 列}}\begin{vmatrix}\lambda & -1 & \frac{1}{2}\\ -\frac{1}{2} & \lambda+\frac{1}{2} & -\frac{1}{2}\\ 0 & 0 & \lambda-\frac{1}{2}\end{vmatrix}$$

$$\xlongequal{\text{按第 3 行展开}}\left(\lambda-\frac{1}{2}\right)\begin{vmatrix}\lambda & -1\\ -\frac{1}{2} & \lambda+\frac{1}{2}\end{vmatrix}$$

$$\xlongequal{\text{2 阶行列式计算}}\left(\lambda-\frac{1}{2}\right)\left[\lambda\left(\lambda+\frac{1}{2}\right)-\frac{1}{2}\right]=\left(\lambda-\frac{1}{2}\right)^{2}(\lambda+1).$$

所以，$\boldsymbol{A}$ 有两个不同特征值 $\lambda_1=\frac{1}{2}$，$\lambda_2=-1$.

将 $\lambda_1=\frac{1}{2}$ 代入 $(\lambda\boldsymbol{I}_3-\boldsymbol{A})\boldsymbol{X}=\boldsymbol{0}$，得齐次线性方程组

$$\begin{pmatrix} \frac{1}{2} & -\frac{1}{2} & \frac{1}{2} \\ -\frac{1}{2} & \frac{1}{2} & -\frac{1}{2} \\ \frac{1}{2} & -\frac{1}{2} & \frac{1}{2} \end{pmatrix}\begin{pmatrix} x_1 \\ x_2 \\ x_3 \end{pmatrix}=\begin{pmatrix} 0 \\ 0 \\ 0 \end{pmatrix},$$

即 $\begin{cases} \frac{1}{2}x_1-\frac{1}{2}x_2+\frac{1}{2}x_3=0, \\ -\frac{1}{2}x_1+\frac{1}{2}x_2-\frac{1}{2}x_3=0, \\ \frac{1}{2}x_1-\frac{1}{2}x_2+\frac{1}{2}x_3=0, \end{cases}$ 同解于 $x_1-x_2+x_3=0$，通解为 $x_1=x_2-x_3$，x_2，x_3 是自由未知量.

分别取 $x_2=1$，$x_3=0$ 和 $x_2=0$，$x_3=1$，求得 $\boldsymbol{A}$ 属于特征值 $\lambda_1=\frac{1}{2}$ 的线性无关的特征向量 $\boldsymbol{\eta}_1=\begin{pmatrix} 1 \\ 1 \\ 0 \end{pmatrix}$，$\boldsymbol{\eta}_2=\begin{pmatrix} -1 \\ 0 \\ 1 \end{pmatrix}$.

将 $\lambda_2=-1$ 代入 $(\lambda\boldsymbol{I}_3-\boldsymbol{A})\boldsymbol{X}=\boldsymbol{0}$，得齐次线性方程组

$$\begin{pmatrix} -1 & -\frac{1}{2} & \frac{1}{2} \\ -\frac{1}{2} & -1 & -\frac{1}{2} \\ \frac{1}{2} & -\frac{1}{2} & -1 \end{pmatrix}\begin{pmatrix} x_1 \\ x_2 \\ x_3 \end{pmatrix}=\begin{pmatrix} 0 \\ 0 \\ 0 \end{pmatrix},$$

即 $\begin{cases} -x_1-\frac{1}{2}x_2+\frac{1}{2}x_3=0, \\ -\frac{1}{2}x_1-x_2-\frac{1}{2}x_3=0, \\ \frac{1}{2}x_1-\frac{1}{2}x_2-x_3=0, \end{cases}$ 同解于 $\begin{cases} x_1-x_3=0, \\ x_2+x_3=0, \end{cases}$ 通解为 $\begin{cases} x_1=x_3, \\ x_2=-x_3, \end{cases}$

x_3 是自由未知量.

取 $x_3=1$,求得 $\boldsymbol{A}$ 属于特征值 $\lambda_2=-1$ 的线性无关的特征向量 $\boldsymbol{\eta}_3=\begin{pmatrix}1\\-1\\1\end{pmatrix}$.

将 $\boldsymbol{\eta}_1,\boldsymbol{\eta}_2$ 正交化. 取 $\boldsymbol{\beta}_1=\boldsymbol{\eta}_1=\begin{pmatrix}1\\1\\0\end{pmatrix}$, $\boldsymbol{\beta}_2=\boldsymbol{\eta}_2-\dfrac{(\boldsymbol{\beta}_1,\boldsymbol{\eta}_2)}{(\boldsymbol{\beta}_1,\boldsymbol{\beta}_1)}\boldsymbol{\beta}_1=\begin{pmatrix}-\frac{1}{2}\\\frac{1}{2}\\1\end{pmatrix}$,则 $\boldsymbol{\beta}_1,\boldsymbol{\beta}_2$ 是矩阵 $\boldsymbol{A}$ 属于特征值 $\lambda_1=\dfrac{1}{2}$ 的两个正交的特征向量.

将 $\boldsymbol{\beta}_1,\boldsymbol{\beta}_2$ 单位化. 取 $\boldsymbol{\gamma}_1=\dfrac{1}{|\boldsymbol{\beta}_1|}\boldsymbol{\beta}_1=\begin{pmatrix}\frac{1}{\sqrt{2}}\\\frac{1}{\sqrt{2}}\\0\end{pmatrix}$, $\boldsymbol{\gamma}_2=\dfrac{1}{|\boldsymbol{\beta}_2|}\boldsymbol{\beta}_2\begin{pmatrix}-\frac{1}{\sqrt{6}}\\\frac{1}{\sqrt{6}}\\\frac{2}{\sqrt{6}}\end{pmatrix}$,则 $\boldsymbol{\gamma}_1,\boldsymbol{\gamma}_2$ 是矩阵 $\boldsymbol{A}$ 属于特征值 $\lambda_1=\dfrac{1}{2}$ 的两个正交的单位特征向量.

将 $\boldsymbol{\eta}_3$ 单位化. 取 $\boldsymbol{\gamma}_3=\dfrac{1}{|\boldsymbol{\beta}_3|}\boldsymbol{\beta}_3=\begin{pmatrix}\frac{1}{\sqrt{3}}\\-\frac{1}{\sqrt{3}}\\\frac{1}{\sqrt{3}}\end{pmatrix}$,则 $\boldsymbol{\gamma}_3$ 是矩阵 $\boldsymbol{A}$ 属于特征值 $\lambda_1=-1$ 的单位特征向量.

$\boldsymbol{\gamma}_1,\boldsymbol{\gamma}_2,\boldsymbol{\gamma}_3$ 是矩阵 $\boldsymbol{A}$ 分别属于特征值 $\dfrac{1}{2},\dfrac{1}{2},-1$ 的两两正交的单位特征向量. 以 $\boldsymbol{\gamma}_1,\boldsymbol{\gamma}_2,\boldsymbol{\gamma}_3$ 为列,构作矩阵 $\boldsymbol{P}=\begin{pmatrix}\frac{1}{\sqrt{2}}&-\frac{1}{\sqrt{6}}&\frac{1}{\sqrt{3}}\\\frac{1}{\sqrt{2}}&\frac{1}{\sqrt{6}}&-\frac{1}{\sqrt{3}}\\0&\frac{2}{\sqrt{6}}&\frac{1}{\sqrt{3}}\end{pmatrix}$,则 $\boldsymbol{P}$ 是正交阵,且

$$P^T AP = P^{-1}AP = \begin{pmatrix} \frac{1}{2} & 0 & 0 \\ 0 & \frac{1}{2} & 0 \\ 0 & 0 & -1 \end{pmatrix}.$$

作可逆的线性变换 $\begin{pmatrix} x_1 \\ x_2 \\ x_3 \end{pmatrix} = \begin{pmatrix} \frac{1}{\sqrt{2}} & -\frac{1}{\sqrt{6}} & \frac{1}{\sqrt{3}} \\ \frac{1}{\sqrt{2}} & \frac{1}{\sqrt{6}} & -\frac{1}{\sqrt{3}} \\ 0 & \frac{2}{\sqrt{6}} & \frac{1}{\sqrt{3}} \end{pmatrix} \begin{pmatrix} y_1 \\ y_2 \\ y_3 \end{pmatrix}$，即

$$\begin{cases} x_1 = \frac{1}{\sqrt{2}} y_1 - \frac{1}{\sqrt{6}} y_2 + \frac{1}{\sqrt{3}} y_3, \\ x_2 = \frac{1}{\sqrt{2}} y_1 + \frac{1}{\sqrt{6}} y_2 - \frac{1}{\sqrt{3}} y_3, \\ x_3 = \qquad\quad \frac{2}{\sqrt{6}} y_2 + \frac{1}{\sqrt{3}} y_3, \end{cases}$$

化二次型为 $\frac{1}{2} y_1^2 + \frac{1}{2} y_2^2 - y_3^2$.

注：可逆线性变换，化得的只含平方项的二次型，称为原二次型的标准形.

例 3.3.2 求可逆线性变换，化 $f(x_1, x_2, x_3) = 2x_1^2 + 2x_2^2 + 2x_3^2 + 2x_1x_2 + 2x_1x_3 + 2x_2x_3$ 为标准形.

解 二次型的矩阵 $A = \begin{pmatrix} 2 & 1 & 1 \\ 1 & 2 & 1 \\ 1 & 1 & 2 \end{pmatrix}$，

$$A \text{ 的特征多项式} |\lambda I_3 - A| = \begin{vmatrix} \lambda-2 & -1 & -1 \\ -1 & \lambda-2 & -1 \\ -1 & -1 & \lambda-2 \end{vmatrix}$$

$$\xlongequal{\text{第 2 行的}(-1)\text{倍加到第 3 行}} \begin{vmatrix} \lambda-2 & -1 & -1 \\ -1 & \lambda-2 & -1 \\ 0 & 1-\lambda & \lambda-1 \end{vmatrix}$$

$$\xlongequal{\text{第 3 列加到第 2 列}}\begin{vmatrix}\lambda-2 & -1 & -1\\ -1 & \lambda-3 & -1\\ 0 & 0 & \lambda-1\end{vmatrix}$$

$$\xlongequal{\text{按第 3 行展开}}(\lambda-1)\begin{vmatrix}\lambda-2 & -2\\ -1 & \lambda-3\end{vmatrix}$$

$$\xlongequal{\text{2 阶行列式展开计算}}(\lambda-1)[(\lambda-2)(\lambda-3)-2]$$

$$=(\lambda-1)^2(\lambda-4),$$

所以,$\boldsymbol{A}$ 有两个不同特征值 $\lambda_1=1,\lambda_2=4$.

将 $\lambda_1=1$ 代入 $(\lambda\boldsymbol{I}_3-\boldsymbol{A})\boldsymbol{X}=\boldsymbol{0}$,得齐次线性方程组

$$\begin{pmatrix}-1 & -1 & -1\\ -1 & -1 & -1\\ -1 & -1 & -1\end{pmatrix}\begin{pmatrix}x_1\\ x_2\\ x_3\end{pmatrix}=\begin{pmatrix}0\\ 0\\ 0\end{pmatrix},$$

即 $\begin{cases}-x_1-x_2-x_3=0,\\ -x_1-x_2-x_3=0,\\ -x_1-x_2-x_3=0\end{cases}$ 同解于 $x_1+x_2+x_3=0$,通解为 $x_1=-x_2-x_3$,x_2,x_3 为自由未知量.

分别取 $x_2=1,x_3=0$ 和 $x_2=0,x_3=1$,求得矩阵 $\boldsymbol{A}$ 属于特征值 $\lambda_1=1$ 的两个线性无关的特征向量 $\boldsymbol{\eta}_1=\begin{pmatrix}-1\\ 1\\ 0\end{pmatrix}$,$\boldsymbol{\eta}_2=\begin{pmatrix}-1\\ 0\\ 1\end{pmatrix}$.

将 $\lambda_2=4$ 代入 $(\lambda\boldsymbol{I}_3-\boldsymbol{A})\boldsymbol{X}=\boldsymbol{0}$,得齐次线性方程组

$$\begin{pmatrix}2 & -1 & -1\\ -1 & 2 & -1\\ -1 & -1 & 2\end{pmatrix}\begin{pmatrix}x_1\\ x_2\\ x_3\end{pmatrix}=\begin{pmatrix}0\\ 0\\ 0\end{pmatrix},$$

即 $\begin{cases}2x_1-x_2-x_3=0,\\ -x_1+2x_2-x_3=0,\\ -x_1-x_2+2x_3=0\end{cases}$ 同解于 $\begin{cases}x_1-x_3=0,\\ x_2-x_3=0,\end{cases}$ 通解为 $\begin{cases}x_1=x_3,\\ x_2=x_3,\end{cases}$ x_3 是自由未知量.

取 $x_3=1$,求得矩阵 $\boldsymbol{A}$ 属于特征值 $\lambda_2=4$ 的线性无关特征向量 $\boldsymbol{\eta}_3=\begin{pmatrix}1\\ 1\\ 1\end{pmatrix}$.

将 $\boldsymbol{\eta}_1,\boldsymbol{\eta}_2$ 进行施密特正交化. 取 $\boldsymbol{\beta}_1=\boldsymbol{\eta}_1=\begin{pmatrix}-1\\1\\0\end{pmatrix}$，$\boldsymbol{\beta}_2=\boldsymbol{\eta}_2-\dfrac{(\boldsymbol{\beta}_1,\boldsymbol{\eta}_2)}{(\boldsymbol{\beta}_1,\boldsymbol{\beta}_1)}\boldsymbol{\beta}_1$

$=\begin{pmatrix}-\dfrac{1}{2}\\-\dfrac{1}{2}\\1\end{pmatrix}$，则 $\boldsymbol{\beta}_1,\boldsymbol{\beta}_2$ 是矩阵 $\boldsymbol{A}$ 属于特征值 $\lambda_1=1$ 的两个正交的特征向量.

将 $\boldsymbol{\beta}_1,\boldsymbol{\beta}_2$ 单位化. 取 $\boldsymbol{\gamma}_1=\dfrac{1}{|\boldsymbol{\beta}_1|}\boldsymbol{\beta}_1=\begin{pmatrix}-\dfrac{1}{\sqrt{2}}\\\dfrac{1}{\sqrt{2}}\\0\end{pmatrix}$，$\boldsymbol{\gamma}_2=\dfrac{1}{|\boldsymbol{\beta}_2|}\boldsymbol{\beta}_2\begin{pmatrix}-\dfrac{1}{\sqrt{6}}\\-\dfrac{1}{\sqrt{6}}\\\dfrac{2}{\sqrt{6}}\end{pmatrix}$，则 $\boldsymbol{\gamma}_1,\boldsymbol{\gamma}_2$ 是矩阵 $\boldsymbol{A}$ 属于特征值 $\lambda_1=1$ 的两个正交的单位特征向量.

将 $\boldsymbol{\eta}_3$ 单位化. 取 $\boldsymbol{\gamma}_3=\dfrac{1}{\boldsymbol{\beta}_3}|\boldsymbol{\beta}_3|=\begin{pmatrix}\dfrac{1}{\sqrt{3}}\\\dfrac{1}{\sqrt{3}}\\\dfrac{1}{\sqrt{3}}\end{pmatrix}$，则 $\boldsymbol{\gamma}_3$ 是矩阵 $\boldsymbol{A}$ 属于特征值 $\lambda_2=4$ 的单位特征向量.

求得 $\boldsymbol{\gamma}_1,\boldsymbol{\gamma}_2,\boldsymbol{\gamma}_3$ 是 $\boldsymbol{A}$ 分别属于特征值 1,1,4 的两两正交的单位特征向量. 以 $\boldsymbol{\gamma}_1,\boldsymbol{\gamma}_2,\boldsymbol{\gamma}_3$ 为列，构作矩阵 $\boldsymbol{P}=\begin{pmatrix}-\dfrac{1}{\sqrt{2}} & -\dfrac{1}{\sqrt{6}} & \dfrac{1}{\sqrt{3}}\\\dfrac{1}{\sqrt{2}} & -\dfrac{1}{\sqrt{6}} & \dfrac{1}{\sqrt{3}}\\0 & \dfrac{2}{\sqrt{6}} & \dfrac{1}{\sqrt{3}}\end{pmatrix}$，则 $\boldsymbol{P}$ 是正交矩阵，且

$$\boldsymbol{P}^{T}\boldsymbol{AP}=\boldsymbol{P}^{-1}\boldsymbol{AP}=\begin{pmatrix}1&0&0\\0&1&0\\0&0&4\end{pmatrix}.$$

作可逆的线性变换 $\boldsymbol{X}=\boldsymbol{PY}$，即

$$\begin{pmatrix}x_1\\x_2\\x_3\end{pmatrix}=\begin{pmatrix}-\frac{1}{\sqrt{2}} & -\frac{1}{\sqrt{6}} & \frac{1}{\sqrt{3}}\\ \frac{1}{\sqrt{2}} & -\frac{1}{\sqrt{6}} & \frac{1}{\sqrt{3}}\\ 0 & \frac{2}{\sqrt{6}} & \frac{1}{\sqrt{3}}\end{pmatrix}\begin{pmatrix}y_1\\y_2\\y_3\end{pmatrix},\quad \begin{cases}x_1=-\frac{1}{\sqrt{2}}y_1-\frac{1}{\sqrt{6}}y_2+\frac{1}{\sqrt{3}}y_3,\\ x_2=\frac{1}{\sqrt{2}}y_1-\frac{1}{\sqrt{6}}y_2+\frac{1}{\sqrt{3}}y_3,\\ x_3=\frac{2}{\sqrt{6}}y_2+\frac{1}{\sqrt{3}}y_3,\end{cases}$$

将其代入二次型,化为标准形 $y_1^2+y_2^2+4y_3^2$.

习题 3.3

1. 写出下列二次型的矩阵以及矩阵表示.

(1) $f(x_1,x_2,x_3,x_4)=x_1x_2+x_2x_3+x_3x_4+x_1x_4$;

(2) $f(x_1,x_2,x_3)=x_1^2+x_1x_2+x_1x_3+x_2^2+x_2x_3+x_3^2$.

2. 求正交的线性变换,化以下二次型为标准形.

(1) $f(x_1,x_2,x_3,x_4)=x_1x_2+x_2x_3+x_3x_4+x_1x_4$;

(2) $f(x_1,x_2,x_3)=x_1^2+x_1x_2+x_1x_3+x_2^2+x_2x_3+x_3^2$;

(3) $f(x_1,x_2,x_3)=x_1^2+3x_2^2+x_3^2+2x_1x_2+2x_1x_3+2x_2x_3$;

(4) $f(x_1,x_2,x_3)=x_1^2+x_2^2+x_3^2-2x_1x_2-2x_2x_3$.

3. 选择题:

(1) 二次型 $f(x_1,x_2,x_3)=2x_1x_2+2x_1x_3+2x_2x_3$ 的矩阵是(　　).

A. $\begin{pmatrix}0&2&2\\2&0&2\\2&2&0\end{pmatrix}$; B. $\begin{pmatrix}0&1&1\\1&0&1\\1&1&0\end{pmatrix}$; C. $\begin{pmatrix}0&2&0\\0&0&0\\2&2&0\end{pmatrix}$; D. $\begin{pmatrix}1&1&1\\1&1&1\\1&1&1\end{pmatrix}$.

(2) 二次型 $f(x_1,x_2,x_3)=x_1^2+x_2^2+x_3^2+x_1x_2+x_1x_3+x_2x_3$ 的矩阵是(　　).

A. $\begin{pmatrix}1&1&1\\1&1&1\\1&1&1\end{pmatrix}$; B. $\begin{pmatrix}1&1&1\\0&1&1\\0&0&1\end{pmatrix}$; C. $\begin{pmatrix}1&\frac{1}{2}&\frac{1}{2}\\\frac{1}{2}&1&\frac{1}{2}\\\frac{1}{2}&\frac{1}{2}&1\end{pmatrix}$; D. $\begin{pmatrix}\frac{1}{2}&\frac{1}{2}&\frac{1}{2}\\\frac{1}{2}&\frac{1}{2}&\frac{1}{2}\\\frac{1}{2}&\frac{1}{2}&\frac{1}{2}\end{pmatrix}$.

(3) 设 $f(x_1,x_2,x_3)=x_1^2+2x_2^2+3x_3^2+2x_1x_2+2x_1x_3+4x_2x_3$

$$=(x_1\quad x_2\quad x_3)\begin{pmatrix}1&1&1\\1&2&2\\1&2&3\end{pmatrix}\begin{pmatrix}x_1\\x_2\\x_3\end{pmatrix},$$

作可逆的线性变换 $\begin{pmatrix}x_1\\x_2\\x_3\end{pmatrix}=\begin{pmatrix}1&-1&0\\0&1&-1\\0&0&1\end{pmatrix}\begin{pmatrix}y_1\\y_2\\y_3\end{pmatrix}$，将其化为只含平方项的形式是(　　).

A. $y_1^2+2y_2^2+3y_3^2$；　　B. $y_1^2-y_2^2+y_3^2$；

C. $-y_1^2-2y_2^2-3y_3^2$；　　D. $y_1^2+y_2^2+y_3^2$.

(4) 若存在 3 阶矩阵 $\boldsymbol{A}$，使得二次型 $f(x_1,x_2,x_3)=(x_1\quad x_2\quad x_3)\boldsymbol{A}\begin{pmatrix}x_1\\x_2\\x_3\end{pmatrix}$，则称矩阵 $\boldsymbol{A}$ 为二次型 $f(x_1,x_2,x_3)$ 的矩阵.(　　).

A. 此陈述是正确的；　　B. 此陈述是错误的.

(5) 若二次型 $f(x_1,x_2,x_3)$ 的矩阵 $\boldsymbol{A}$ 有特征值 1 和 2，且属于特征值 1 的特征向量为 $\boldsymbol{\eta}_1=\begin{pmatrix}1\\0\\1\end{pmatrix}$，$\boldsymbol{\eta}_2=\begin{pmatrix}1\\0\\-1\end{pmatrix}$，而属于特征值 2 的特征向量 $\boldsymbol{\eta}_3=\begin{pmatrix}0\\2\\0\end{pmatrix}$，作可逆线性变换 $\boldsymbol{X}=\boldsymbol{CY}$，化原来二次型为只含平方项的标准形 $y_1^2+2y_2^2+y_3^2$，则 $\boldsymbol{C}$ 等于(　　).

A. $\begin{pmatrix}1&1&0\\0&0&2\\1&-1&0\end{pmatrix}$；　　B. $\begin{pmatrix}1&0&1\\0&2&0\\1&0&-1\end{pmatrix}$；

C. $\begin{pmatrix}\frac{1}{\sqrt{2}}&0&\frac{1}{\sqrt{2}}\\0&1&0\\\frac{1}{\sqrt{2}}&0&-\frac{1}{\sqrt{2}}\end{pmatrix}$；　　D. $\begin{pmatrix}\frac{1}{\sqrt{2}}&\frac{1}{\sqrt{2}}&0\\0&0&1\\\frac{1}{\sqrt{2}}&-\frac{1}{\sqrt{2}}&0\end{pmatrix}$.

相关阅读

高　斯

高斯，(Carl Friedrich Gauss1777～1855). 德国数学家、天文学家和物理学家，被誉为历史上伟大的数学家之一，和阿基米德、I. 牛顿并列，同享盛名. 1777 年 4 月 30 日生于不伦瑞克的一个工匠家庭，1855 年 2 月 23 日卒于格丁根. 他童年时就显示出很高的才能. 1792 年在不伦瑞克公爵的资助下入不伦瑞克的卡罗琳学院学习.1795 年入格丁根大学,曾在攻读古代语还是数学专业上产生犹豫,但数学上的及时成功,促使他致力于数学研究.大学的第一年发明二次互反律,第二年又得出正十七边形的尺规作图法,并给出可用尺规作出的正多边形的条件,解决了两千年来悬而未决的难题.1798 年转入黑尔姆施泰特大学,翌年因证明代数基本定理而获博士学位.从 1807 年到 1855 年逝世,他一直担任格丁根大学教授兼格丁根天文台台长.高斯的数学成就遍及各个领域,在数论、代数学、非欧几里得几何、微分几何、超几何级数、复变函数论以及椭圆函数论等方面均有一系列开创性贡献.他十分注重数学的应用,并且在对天文学、大地测量学和磁学的研究中,发明和发展了最小二乘法、曲面论、位势论等.

1801 年发表的《算术研究》是数学史上为数不多的经典著作之一,它开辟了数论研究的全新时代.在这本书中,高斯不仅把 19 世纪以前数论中的一系列孤立的结果予以系统的整理,给出了标准记号的和完整的体系,而且详细地阐述了他自己的成果,其中主要是同余理论、剩余理论以及型的理论.同余概念最早是由 L.欧拉提出的,高斯则首次引进了同余的记号并系统而又深入地阐述了同余式的理论,包括定义相同模的同余式运算、多项余式的基本定理的证明、对幕以及多项式的同余式理论.19 世纪 20 年代,他再次发展同余式理论,着重研究了可应用于高次同余式的互反律,继二次剩余之后,得出了三次和双二次剩余理论.此后,为了使这一理论趋简单,他将复数引入数论,从而开创了复整数理论.高斯系统化并扩展了型的理论.他给出型的等价定义和一系列关于型的等价定理,研究了型的复合(乘积)以及关于二次和三次型的处理.1830 年,高斯对型和型类所给出的几何表示,标志着数的几何理论发展的开端.在《算术研究》中他还进一步发展了分圆理论,把分圆问题归结为解二项方程的问题,并建立起二项方程的理论.后来 N. H. 阿贝尔按高斯对二项方程的处理,着手探讨了高次方程的可解性问题.

高斯在代数方面的代表性成就是他对代数基本定理的证明.高斯的方法不是去计算一个根,而是证明它的存在.这个方式开创了探讨数学中整个存在性问题的新途径.他曾先后四次给出这个定理的证明,在这些证明中应用了复数,并且合理地给出了复数及其代数运算的几何表示,这不仅有效地巩固了复数的地位,而且使单复变函数理论的建立更为直切、合理.在复分析方面,高斯提出了不少单复变函数的基本概念,著名的柯西积分定理(复变函数沿不包括奇点的闭曲线上的积分为零),也是高斯在 1811 年首先提出并加以应用的. 复函数在数论中的深入应用，又使高斯发现椭圆函数的双周期性，开创椭圆函数论这一重大的领域；但与非欧几何一样，关于椭圆函数他生前未发表任何文章.

1812 年，高斯发表了在分析方面的重要论文《无穷级数的一般研究》，其中引入了高斯级数的概念. 他除了证明这些级数的性质外，还通过对它们敛散性的讨论，开创了关于级数敛散性的研究.

非欧几里得几何是高斯的又一重大发现. 有关的思想最早可以追溯到 1792 年，即高斯 15 岁那年. 那时他已经意识到除欧氏几何外还存在着一个无逻辑矛盾的几何，其中欧氏几何的平行公设不成立. 1799 年他开始重视开发新几何学的内容，并在 1813 年左右形成较完整的思想. 高斯深信非欧几何在逻辑上相容并确认其具有可应用性. 虽然高斯生前没有发表这一成果，但是他的遗稿表明，他是非欧几何的创立者之一.

高斯十分善于把数学成果有效地应用于其他科学领域. 他 1809 年发明的最小二乘法，对天文学和其他许多需要处理观察数据的学科有重要意义. 另外，像球面三角中高斯方程组和内插法计算中的高斯内插公式在天文学计算中也有广泛应用. 高斯致力于天文学研究前后约 20 年，在这领域内的伟大著作之一是《天体运动理论》(1809).

1816 年起，高斯把数学应用从天体转向大地. 他受汉诺威政府的委托进行大地测量. 在这项工作中他创造了两种彼此独立的方法，推导旋转椭圆体上计算经纬度及方位角之差至四次项的公式.

在对大地测量的研究中，高斯创立了关于曲面的新理论. 1827 年发表《关于曲面的一般研究》，书中全面阐述了三维空间中的曲面的微分几何，并提出了内蕴曲面理论，在微分几何中获得扩展和系统化. 高斯的曲面理论后来被他的学生 B. 黎曼所发展，成为爱因斯坦广义相对论的数学基础.

19 世纪 30 年代起，高斯的注意力转向磁学，1839～1840 年先后发表了《地磁概论》和《关于与距离平方成反比的引力和斥力的普遍定理》，后一篇论著还是 19 世纪位势理论方面的主导性文献.

高斯在学术上十分谨慎，他恪守“问题在思想上没有弄通之前决不动笔”原则，并且认为只有在证明的严密性，文字词句和叙述体裁都达到无懈可击时才发表自己的成果，这使得他发表的作品比起他一生中所做的大量研究来说相对地要少得多.

复习题 3

1. 设 $\boldsymbol{\eta}=\begin{pmatrix}1\\1\\-1\end{pmatrix}$ 是 $\boldsymbol{A}=\begin{pmatrix}2&-1&2\\5&a&3\\1&b&-2\end{pmatrix}$ 的一个特征向量.

(1) 求 $\boldsymbol{\eta}$ 相应的特征值;(2) 求 a,b 的值;(3) $\boldsymbol{A}$ 能否对角化?说明理由.

2. 选择题:

(1) 若 $\boldsymbol{A}$ 是一个秩 $r(\boldsymbol{A})=2$ 的三阶方阵,则 $\boldsymbol{A}$ 一定有 0 特征值.( ).

A. 此陈述是正确的; B. 此陈述是错误的.

(2) 设对称矩阵 $\boldsymbol{A}=\begin{pmatrix}1&-2&0\\-2&a&-2\\0&-2&1\end{pmatrix}$,若 $\boldsymbol{A}$ 与对角阵 $\begin{pmatrix}-1&0&0\\0&1&0\\0&0&5\end{pmatrix}$ 相似,则 $a=$( ).

A. 3; B. 2; C. 1; D. 0.

(3) 设 $\boldsymbol{\alpha}=\begin{pmatrix}1\\1\\1\end{pmatrix}$,则下列向量中,与 $\boldsymbol{\alpha}$ 正交的单位向量是( )

A. $\begin{pmatrix}-1\\1\\0\end{pmatrix}$; B. $\begin{pmatrix}2\\-1\\-1\end{pmatrix}$; C. $\begin{pmatrix}-\frac{1}{\sqrt{6}}\\-\frac{1}{\sqrt{6}}\\\frac{2}{\sqrt{6}}\end{pmatrix}$; D. $\begin{pmatrix}\frac{1}{\sqrt{3}}\\-\frac{1}{\sqrt{3}}\\\frac{1}{\sqrt{3}}\end{pmatrix}$.

(4) 设 $\boldsymbol{A}=\begin{pmatrix}1&1&1\\1&1&1\\1&1&1\end{pmatrix}$,则 $\boldsymbol{A}$ 相似于( ).

A. $\begin{pmatrix}1&0&0\\0&1&0\\0&0&1\end{pmatrix}$; B. $\begin{pmatrix}1&0&0\\0&1&0\\0&0&0\end{pmatrix}$; C. $\begin{pmatrix}3&0&0\\0&0&0\\0&0&0\end{pmatrix}$; D. $\begin{pmatrix}1&0&0\\0&0&0\\0&0&0\end{pmatrix}$.

(5) 3 阶实矩阵 $\boldsymbol{A}=\begin{pmatrix}1&-1&c\\a&1&2\\3&b+1&1\end{pmatrix}$ 既相似于对角阵,又合同于对角阵,则 $a+b+c=$( ).

A. 0; B. 1; C. 2; D. 3.

(6) a 是任意实数，则 2 阶矩阵 $\boldsymbol{A}=\begin{pmatrix}-1 & 1\\ 1 & a\end{pmatrix}$ 一定不相似的对角阵是(　　).

A. $\begin{pmatrix}-2 & 0\\ 0 & 0\end{pmatrix}$；　B. $\begin{pmatrix}0 & 0\\ 0 & 1\end{pmatrix}$；　C. $\begin{bmatrix}\sqrt{2} & 0\\ 0 & -\sqrt{2}\end{bmatrix}$；　D. $\begin{bmatrix}1 & 0\\ 0 & -\frac{3}{2}\end{bmatrix}$.

(7) a 是任意的实数，则下列矩阵一定不相似于对角阵的是(　　).

A. $\begin{pmatrix}1 & 2\\ 0 & a\end{pmatrix}$；　B. $\begin{pmatrix}1 & a\\ 0 & 1\end{pmatrix}$；　C. $\begin{pmatrix}1 & a\\ 0 & 2\end{pmatrix}$；　D. $\begin{pmatrix}a & 1\\ 0 & a\end{pmatrix}$.

(8) 设 3 阶方阵 $\boldsymbol{A}$ 的各行元素之和都等于 3，则 3 是 $\boldsymbol{A}$ 的一个特征值，且 $\begin{pmatrix}1\\ 1\\ 1\end{pmatrix}$ 是矩阵 $\boldsymbol{A}$ 属于特征值 3 的一个特征向量.(　　).

A. 此陈述是正确的；　　B. 此陈述是错误的.

(9) 若二次型 $f(x_1,x_2,x_3)=x_1^2+ax_2^2+x_3^2+bx_1x_2-8x_1x_3-4x_2x_3$ 的矩阵 $\boldsymbol{A}=\begin{pmatrix}1 & -2 & -4\\ -2 & -4 & -2\\ -4 & -2 & 1\end{pmatrix}$，则 $\begin{pmatrix}a\\ b\end{pmatrix}=$(　　).

A. $\begin{pmatrix}4\\ 4\end{pmatrix}$；　B. $\begin{pmatrix}-4\\ 4\end{pmatrix}$；　C. $\begin{pmatrix}4\\ -4\end{pmatrix}$；　D. $\begin{pmatrix}-4\\ -4\end{pmatrix}$.

(10) 相似矩阵一定有相同的特征多项式，而有相同特征多项式的两个同阶方阵不一定相似. 如下所给的矩阵中，有相同的特征多项式而不相似的是(　　).

A. $\begin{pmatrix}1 & 1\\ 0 & 1\end{pmatrix}$ 与 $\begin{pmatrix}1 & 0\\ 1 & 1\end{pmatrix}$；　B. $\begin{pmatrix}1 & 1\\ 0 & 2\end{pmatrix}$ 与 $\begin{pmatrix}2 & 0\\ 1 & 1\end{pmatrix}$；

C. $\begin{pmatrix}1 & 0\\ 0 & 1\end{pmatrix}$ 与 $\begin{pmatrix}1 & 0\\ 1 & 1\end{pmatrix}$；　D. $\begin{pmatrix}3 & 1\\ 0 & 2\end{pmatrix}$ 与 $\begin{pmatrix}1 & 2\\ -1 & 4\end{pmatrix}$.

扫一扫，获取参考答案

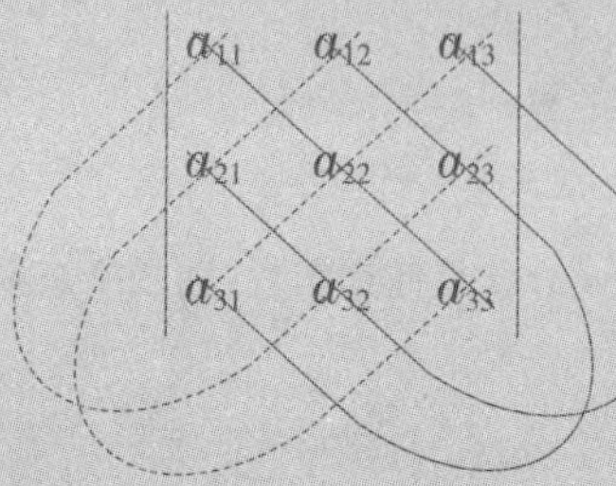

参考文献

[1] 丘维声.高等代数(上、下册)(第二版)[M].北京:高等教育出版社,2002.

[2] (美)Lay. D. D 著,刘深泉等译.线性代数及其应用[M].北京:机械工业出版社,2005.

[3] 同济大学数学教研室.线性代数[M]. 北京:高等教育出版社,1999.

[4] 宁群.线性代数(第 2 版)[M].合肥:中国科学技术大学出版社,2019.

[5] 李小平.关于《线性代数》教学改革的一些思考[J].大学数学,2011,27(3): 22—25.

[6] 刘彦芬,王汝锋.教学改革之我见——从行列式的定义说起[J].佳木斯教育学院学报,2011,(3):140.

[7] 段勇,黄廷祝.将数学建模思想融入线性代数课程教学[J].中国大学教学,2009,(3):43—44.

[8] 黄玉梅,彭涛.线性代数中矩阵的应用典型案例[J].兰州大学学报(自然科学),2009, 45:123—125.

[9] 江立辉,等.应用型本科院校线性代数课程建设的思考[J].合肥学院学报,2012,22(2): 88—92.

[10] 朱凤林.浅谈线性代数中的一些应用实例[J].企业导报,2011,(19):201.

[11] 宁群. 行列式映射唯一性的一个证明[J]. 大学数学,2005, 21(2): 78—81.
[12] 陈怀深,高淑萍. 论非数学专业线性代数的内容改革[J]. 高等数学研究, 2015, 18(2): 8—11.